サイバー・ポルノの刑事規制

永井善之 著

信山社

はしがき

本書は、インターネットに代表されるコンピュータ・ネットワークの急速な普及、利用の拡大に伴い、ここでの公開や流通が近年社会問題化している性表現画像、いわゆるサイバー・ポルノに対するわが国の刑事法的規制の現状について、再検討を試みたものである。その法的規制における諸問題と主に解釈論的な検討を経た結論ないし解決策は、それぞれ序章と終章において述べた。

本書は、東北大学に提出した学位論文に加筆修正を加えたものである。研究テーマや具体的な研究方法など、私の自由な選択を認めていただいた恩師岡本勝先生には、長年にわたり常に暖かなご指導を賜ってきた。先生に対して、改めて心からの感謝と御礼を申し上げたい。また、本学においてご教示をいただいた齊藤豊治先生、成瀬幸典先生をはじめとして、数々の機会にご指導を賜った福山平成大学教授・岡山大学名誉教授江口三角先生、島根大学教授門田成人先生、その他多くの諸先生方、先輩方に対しても、心より厚く御礼を申し上げたい。

本書の刊行を快諾していただくとともに、編集作業を担当していただいた信山社の渡辺左近氏、斉藤美代子氏に対して、心より厚く御礼を申し上げる。

二〇〇三年三月

永井善之

目次

序章　サイバー・ポルノの刑事規制の現状と問題

一　サイバー・ポルノの現状と法的対応

科学技術の進歩により開発されたコンピュータは、その高度な計算・情報処理能力のゆえに、現代社会における人類の様々な活動局面において必要不可欠の道具となるまで浸透している。また、コンピュータ単体としての利用（スタンド・アローン）もさることながら、近時は、その性能向上や情報通信技術の著しい発達により、電話回線や専用回線を用いたコンピュータのネットワーク化も急激に進展している。これにより、パソコン通信あるいはインターネットというコンピュータ・ネットワークを利用した情報の授受も急速に普及しており、企業、官公庁、大学などといったいわば公的な場面でのみならず、各家庭ないし個人のレベルでも、このようなネットワークの利用はもはや日常的となりつつある。『平成一四年版情報通信白書』によれば、わが国のインターネット利用者数は、二〇〇一年（平成一三年）末には五五九三万人と推計され、この数値は二〇〇五年（同一七年）には八七二〇万人に達すると見込まれている。(1) また、世界全体での利用者数については、二〇〇二年（同一四年）五月現在でおよそ五億八〇七八万人にまで達しているとの試算もある。(2)

このようなコンピュータ・ネットワーク利用の急速な普及を促進した要因の一つは、それが従来の個別的なメディアにはない技術特性に基づいた利便性を提供しうることにある。インターネット上での電子メール（E-mail）やワールド・ワイド・ウェッブ（World Wide Web（WWW））などに代表される各種のサービスは、従来の郵便、通信、放送等のメディアとの類似性を保ちつつも、郵便にはない即時性、放送にはない双方向性などの技術的特性を有しており、これらのサービスの媒体となるコンピュータ・ネットワークのユーザーは、多様かつ複合的な利便性を享受することが可能となる。そしてまた、現代社会における情報通信インフラとしてのコンピュータ・ネットワークの重要性やその構築による潜在的な経済効果などを捉えて、ここ数年来先進諸国がいわゆるIT政策を積極的に押し進めてきていること[3]も、とりわけインターネットの爆発的な普及に拍車をかける要因となっている。

しかしながら一方では、コンピュータ・ネットワークの利用のこのような拡大が、新たにこれが犯罪的行為の対象ないし手段として用いられる機会を急激に増幅させていることも事実である。すでに一般的となりつつある「ハイテク犯罪」との呼称は、警察庁によれば、「コンピュータや電磁的記録を対象とした犯罪」と、「コンピュータ・ネットワークをその手段として利用した犯罪」との総称であるとされるが、前者には、刑法典上の電子計算機を対象とする犯罪のほか、コンピュータ・ウイルスに感染したファイルの送信によりコンピュータを機能不全に陥れる場合などが該当し、情報通信ネットワークが犯罪行為の手段として利用される場合を意味する後者には、電子掲示板上での違法薬物等の販売やオンライン取引での詐欺、わいせつ画像の公開などが該当するとされている。[4]

この「コンピュータ・ネットワークをその手段として利用した犯罪」の類型において、近時のわが国で特に社会問題化し重大視されているのが、ネットワーク上でのわいせつな画像をはじめとするポルノグラフィーの公開である。一般に「サイバー・ポルノ」[5]とも呼ばれるこのようなネットワーク上で提供されるポルノ画像は、いわゆる違法・有害コンテンツとされるものの中でも群を抜いて多い。[6]今後インターネットのさらなる普及が予測され、また一般家庭においてはもとより各種学校等児童・生徒の教育現場においてもその導入、積極的な活用が推進されている現在、[7]サイバー・ポルノの法的あるいは技術的な規制のあり方の確立が緊急を要する重要な課題となっている。

近時急激に増加したこのようなネットワーク上のポルノ画像に対する、わが国の刑事法的規制による現時点での対応は、おおむね次のように類型化することができる。

第一に、わいせつと評価される画像については、刑法一七五条の適用によりわいせつ物公然陳列罪の成立を認める。

第二に、わいせつには至らないが青少年に対し有害と考えられる画像に関しては、その営利目的での提供につき、「風俗営業等の規制及び業務の適正化等に関する法律」(昭和二三年法律第一二二号。以下「風適法」)の改正によって対応する。

第三に、児童を被写体としたいわゆる児童ポルノに関しては、「児童買春、児童ポルノに係る行為等の処罰及び児童の保護等に関する法律」(平成一一年法律第五二号。以下「児童ポルノ等規制法」)の制定によって規制する。

これらのうち、わいせつと評価される画像をネットワーク上で公開する行為に、現行刑法典上のわいせつ物公然陳列を適用するという第一の類型は、現在のわが国におけるサイバー・ポルノへの法的対応策の中で、最も主要な規制方法となっている。(8) すでに一九九五年(平成七年)七月には、パソコン通信のホスト・コンピュータにわいせつ画像データを記憶・蔵置し、不特定多数の者にこれを閲覧させた行為につき、わいせつ物公然陳列の罪名に基づく訴追が行われた事案で、本罪の成立を認める判決が下されており、(9) また翌九六年(同八年)一月には、インターネット・サービス・プロバイダの管理するサーバー・コンピュータ内にわいせつ画像データを記憶・蔵置させ、不特定多数の者にその閲覧が可能な状況を設定した者が一七五条違反の容疑で摘発を受け、この行為につきわいせつ図画公然陳列罪の成立を認めた同年四月の東京地裁判決が、インターネット上のわいせつ画像に関するわが国初の判例として登場している。(10) その後、このような事案に対するわいせつ物(図画)公然陳列による検挙・起訴は実務上ほぼ定着し、地方裁判所レベルでは今日までにすでに十数件の有罪判決が存在しており、さらに二〇〇一年（同一三年）七月には、パソコン通信に関する下級審の有罪判決を支持する初の最高裁決定も下されるに至っている。[11]

続いて第二の、わいせつには至らないが青少年にとって有害なポルノ画像の規制については、このような画像の有償での提供は、店舗を設けて行われる限り、従来から風適法により一八歳未満者の立入禁止等の規制を受けていた。ところが、コンピュータ・ネットワーク上での同様の営業は無店舗で行われることから同法の規制の対象とはならなかったため、一九九八年（平成一〇年）の改正によりこれを新たに映像送信型性風俗特殊営業とし、店舗型の営業と同様の規制が課されることとされた（届出制・一八歳未満者の利用制限等）。また、インターネット・サービス・プロバイダ、いわゆるプロバイダに対しては、その管理するサーバーに映像送信型性風俗特殊営業者によりわいせつな映像が記録されたことを知った際にはその送信を阻止する措置を講ずる努力義務が課されることとされ、これら改正規定は九九年（同一一年）四月より施行されている。[12]

また、児童ポルノに関する第三の規制類型については、わが国においては従来は、被写体が児童であることを理由とした特別の（通常のポルノグラフィーに対するとは別個の）規制は、そのネットワーク上での流布に関すると否とを問わず存在していなかった。そのため、わいせつであると評価されない限り、わが国においては児童ポルノ自体は一般的には法的に禁止されないままであったが、子供に対する性的搾取に直結する児童ポルノは厳しく規制すべきであるとする近年の国際世論の影響もあり、一九九九年（平成一一年）五月には、児童買春等と並んで児童ポルノの作成や交付、公然陳列等を禁止する児童ポルノ等規制法が新たに制定された。同法の児童ポルノ関連条文は、規制対象となるその流通の態様として、おおむね刑法典を踏襲しており、コンピュータ・ネットワークでのその流通を明示的に規定してはいないが、同年一一月の施行以来二〇〇〇年（同一二年）末までの約一年の間に、ネットワーク上での児童ポルノ関連の違反ですでにおよそ一二〇件もの検挙数が報告され、これは翌二〇〇一年（同一三年）中にも一二八件に達するなど、[13]実際上もサイバー・ポルノに対する重要な規制法規となっている。

二　問題の所在と研究視角

現在までのところ、わが国におけるサイバー・ポルノへの法的対応は、公開されるポルノ画像の性表現としての具体的内容に応じて、おおむね以上のような枠組みで一応の定着をみせている。しかしながら、このような法的規制の現状に対しては、解釈論的にも立法論的にもなお慎重な再検討が必要であるように思われる。

まず、わいせつなサイバー・ポルノに対する、刑法一七五条におけるわいせつ物（図画）公然陳列罪の適用との関係では、（画像内容のわいせつ性は前提として）サイバー・ポルノ事案への本罪の適用を可能にする理論構成が明らかにされなければならない。いうまでもなく、本罪は客体たるわいせつ物を陳列し、公衆がこれを認識しうる状態におく行為を規制する犯罪類型である。その成否の検討に当たっては、客体としてのわいせつ物、実行行為としての陳列行為の有無が主たる論点となるが、長年にわたる判例解釈の蓄積により、客体として、外観・形状などおよそこの物自体から直接的にわいせつ性が認識可能であることや、実行行為たる陳列として、客体の物理的存在自体の直接的な認識可能性を設定することについては、それが必須の要件ではないとして、緩和されている。しかし、このような解釈の延長線上で、実質的には画像データの送受信であってむしろデータの頒布ないし販売であるとの評価が自然であると解されるサイバー・ポルノに対し、本罪を適用することが可能であるかが問題となる。

またこの点は、すでにサイバー・ポルノが社会問題化した段階での新たな立法でありながらも、実務による刑法一七五条の解釈適用を前提としたうえで、規制対象となる提供行為につき公然陳列という本条の構成要件を踏襲した児童ポルノ等規制法（七条一項）による、児童ポルノたるサイバー・ポルノの規制についても同様に問題となる。(14)

さらに、青少年に有害なサイバー・ポルノの規制を意図された一九九八年(平成一〇年)の風適法改正の意義についても慎重な検討が必要となる。本法による規制が青少年の健全育成を目的とするものであっても、ここでは成人との関係では憲法上保障される表現が規制対象となることから、規制手段の必要最小限性が要請される。他方で、今回の改正では従来の店舗型営業との間の規制格差の是正が実質的な目的であったことから、同様に青少年に対して有害なサイバー・ポルノであっても営業によらずに提供されるもの（いわゆる「無料サイト」等によるもの）については相変わらず無制限に閲覧可能であって、新たにこの面での規制格差が生じる結果となっている。[15]この状況は、今回の改正による規制が青少年保護との目的にとっての必要不可欠性を欠いていることを表しており、このような規制が憲法上の表現の自由保障の観点から是認されうるかが問題となる。また、今回の風適法改正では同時にプロバイダの努力義務規定も新設されており、学説では従来から、自己の管理するサーバー・コンピュータに記憶・蔵置された第三者に由来する違法な内容のデータについてのプロバイダの刑事責任の余地も論じられていたことからすれば、この規定によりプロバイダに課される作為義務の意義や程度の検討も極めて重要となる。

わが国でのサイバー・ポルノの法的規制は以上のような課題を内包しつつ実施されているが、この全く新しいメディアにおいて急激に拡大したサイバー・ポルノ問題への取り組みは、とりわけインターネットのグローバルな性質から必然的に、わが国のみに限られるものではない。むしろドイツ、イギリス、アメリカ等の先進各国においては、わが国におけるよりも早い時点から、その規制のための一定の法整備が図られてきた。

例えばドイツでは、一九九七年八月には、刑法典上の「文書」概念に、ポルノ画像データが記憶・蔵置される「データ記憶装置」を含ませる改正をその一部とする、いわゆる連邦マルチメディア法（Multimediagesetz）が施行されており、[16]またイギリスでも、一九九四年刑事裁判および公的秩序法（Criminal Justice and Public Order Act of 1994）によって、電子データの送信が従来のわいせつ物公表罪における「公表」に該当することを明示するなどの改正が行われている。[17]

そして、インターネット発祥の地であるアメリカ[18]においてもまた、コンピュータ・ネットワーク上でのわいせつ表現と並んで、未成年者保護のためにわいせつには至らない性表現をも規制する一九九六年通信品位法(Communications Decency Act of 1996)が制定されていたが、翌九七年には、わいせつには至らない性表現の規制を定めていた本法上の諸条項が、憲法上の表現の自由保障の観点から連邦最高裁により違憲無効と判断されるに至ったことは周知のとおりである。これを受けてアメリカ連邦議会は、同様に未成年者の保護を立法目的とした非わいせつ表現の規制ではあるが、これを営業規制に限定した一九九八年児童オンライン保護法(Child Online Protection Act of 1998)を新たに制定したが、本法に対しても成立直後からその執行の差し止めを求める違憲訴訟が提起され、現在までに連邦控訴裁判所によりそれを認める判決が下されている。

サイバー・ポルノの法的規制をめぐる諸外国の動向の中でも、アメリカにおける立法的対応はこのように、十分な法的理論的検討に基づいたものというよりはむしろ行動先行型の観があり、いまだ試行錯誤を繰り返している段階であるようにもみえるが、それだけに、人類の未経験であったこのニュー・メディアにおいて流通する情報の法的規制を試みる場合に生じる、数多くの極めて困難な問題を一層浮き彫りにしているものということもできる。

本書は、このようなアメリカにおける動向を比較法的分析の対象としつつ、わが国におけるサイバー・ポルノの法的規制の現状を再検討することを目的とする。

サイバー・ポルノの刑事法的規制に際しては、性表現の規制根拠、表現の自由保障との抵触の回避やわいせつ概念の定義づけなどの伝統的で難解な問題に加えて、インターネットに代表されるコンピュータ・ネットワークというニュー・メディアの有する数多くの法的技術的特性、すなわち、表現活動への参入障壁の低さ、グローバル性、あるいは具体的な画像表示のプロセスやリンク機能など、全く新規かつ多様な特性に伴う法的諸問題への対応が要請される。しかも、このメディア特性という要素は、それ自体独立した個別的な問題を提起するのみならず、性表現規制についての伝統的な諸問題に新たな複雑性を付加する要因としても現れる。例えば、インターネットのグローバル性のゆえに、そのデータの送信もサーバーへの記憶・蔵置も国外で行われた、完全に国外に由来するポルノ画像も大量に流入しうるにもかかわらず、一国の規制法規をその発信者に適用することが実際上不可能であるために、当該国家における従来までの性表現の規制根拠やわいせつ概念の妥当性・通用性の基盤が脆弱化する可能性さえも生じることなどは、その典型例である。

サイバー・ポルノの法的規制に伴うこのような特色を前提とすれば、わが国におけるその現状を再検討し今後のあり方を模索するに際して、すでにいくつかの先駆的な規制立法を制定してきたアメリカでのそれらの法律の具体的な規制構造や、それらが違憲無効と判断されるに至った理論的根拠などを参照する意義は少なくないと思われる。両国間では実際の規制方法やその立法形式などの相違に由来する、個別的な論点やそれに関する議論の焦点などについての一定の相違も存在しているが、サイバー・ポルノ対策がその性質上国家的地理的限定をもたないサイバー・スペースを対象とした課題であり、早晩超国家的統一的な対策の検討をも迫られることが必至の問題領域であることに鑑みれば[19]、国家間のこれらの相違を把握すること自体にもまた独自の意義が認められる。また、そのような国家的差異の一方で、アメリカにおける性表現の刑事規制が従来から、表現の自由の保障外であることを理由とした「わいせつ表現」と「児童ポルノ」、青少年保護の観点に基づいたわいせつには至らない「下品な（未成年者に有害な）表現」との三類型の下に実施されてきたことにより、これらの類型化を前提とした同国におけるサイバー・ポルノの法的規制と現在のわが国のそれとの間に共通の規制体系の存在を認めることもできる。この点については、改正風適法および児童ポルノ等規制法という新立法の具体的内容や成立時期の点からしても、わが国の側からのアメリカ法制の参照も行われたものと解されるが、そうであるとすれば、同国でのサイバー・ポルノの法的規制に対する詳細かつ総合的な分析は一層不可欠となる。

ただし、本書では、児童を被写体とする性表現類型たる児童ポルノがコンピュータ・ネットワーク上で公開ないし流布される場合の、その法的規制については独立の検討対象として採り上げていない。前述のように、わが国におけるそのサイバー・ポルノとしての規制、すなわち、児童ポルノ等規制法の制定による児童ポルノ公然陳列罪の創設は、刑法一七五条におけるわいせつ物公然陳列罪のわいせつなサイバー・ポルノに対する適用が判例上定着したのちに、この解釈適用を前提としつつこれを児童ポルノ規制についても踏襲したものであり、サイバー・ポルノ規制との側面では、わいせつなそれに対する本条の適用に関する諸論点がほぼそのまま児童ポルノ規制にも妥当するからである。また、児童ポルノの法的規制については、これが、その作成のために不可欠な、被写体となる児童が性的に露骨な行為を行わされること（児童に対する性的虐待）からの当該児童自身の保護を本来的な規制根拠とするものであり、当該性表現の受け手となる者の側の利益の保護を意図された他の性表現の規制とはその本質的性質を異にしていること、さらに、このような保護法益についてのより具体的な理解との関連で、規制対象となるべき児童ポルノの概念やその範囲につき広狭を生じうることなど、サイバー・ポルノとしての規制に特定的ではないが極めて重要な特性やそれに関連する諸論点を伴っている。そのため、本書で行うサイバー・ポルノの法的規制の検討は、性表現類型としてはわいせつ表現と青少年に有害な表現とに限定することとし[20]、以下では、日米に共通する「わいせつ表現」と「青少年に有害な表現」との性表現の類型化に基づいて、まずアメリカにおけるこれらサイバー・ポルノの法的規制の経過と現状とを紹介し分析する。そのうえで、これを参考としつつわが国におけるその現在の法規制の問題点を検討し、あわせて今後のあるべき方向性の提示を試みていくこととする。

（1）　総務省編『平成一四年版情報通信白書』（二〇〇二年）四頁。ちなみに、財団法人インターネット協会監修『インターネット白書二〇〇二』（二〇〇二年）三二頁では、二〇〇二年（平成一四年）二月時点でのわが国のインターネット利用者数の推定は四六一九万六千人、将来予測としての同年一二月時の数値が五四三〇万人とされている（なお、財団法人インターネット協会と総務省とでは、その利用人口推計の基礎となる調査の時期や調査対象者の年齢が異なっている。同協会の調査は一六歳以上の者を対象に二〇〇二年三月に実施されており、総務省の調査は六歳以上の者を対象として二〇〇一年（同一三年）一一月に実施されている）。

（2）　*See Nua Internet Surveys, available at* http://www. nua. ie/surveys/how_many_online/index. html.なお、本書で引用しているWWW上のサイトは、すべて二〇〇二年九月現在で閲覧したものである。

（3）　わが国では、世界規模で生じている情報通信技術（IT）による産業・社会構造の変革（IT革命）に取り組むことで、IT革命の恩恵を国民が享受でき、かつ国際的に競争力のあるIT立国の形成を推進するためとして、二〇〇〇年（同一二年）七月の閣議決定により内閣に情報通信技術（IT）戦略本部・IT戦略会議が設置され、同年一一月に同会議の取りまとめた「IT基本戦略」において、超高速ネットワークインフラの整備、電子商取引制度の基盤整備、電子政府の構築等を具体的な重点政策分野とした国家戦略が示されることとなった。この政策方針は、同月に制定された高度情報通信ネットワーク社会形成基本法（平成一二年一二月六日法律第一四四号。いわゆるIT基本法）二五条に基づき二〇〇一年（同一三年）一月に内閣に設置された高度情報通信ネットワーク社会推進戦略本部（IT戦略本部）により同月に決定され、わが国が五年以内に世界最高水準のIT国家となることを目標とすることを定める「e-Japan戦略」ならびにこれを具体化した同年三月の「e-Japan重点計画」、これらを年次プログラムとした同年六月の「e-Japan二〇〇二プログラム」、「e-Japan重点計画」を見直した二〇〇二年（同一四年）六月の「e-Japan重点計画―二〇〇二」（以上の諸決定の本文は、首相官邸ホームページ内http://www. kantei. go. jp/jp/singi/it2/enkaku. htmlのリンク先から閲覧可能）へと受け継がれ、実施されつつある。

さらに、新千年紀の始まりにあたっての、人類の直面する課題への対応と新産業の創出のための大胆な技術革新への取組みとしての、内閣総理大臣決定たる一九九九年（同一一年）一二月の「ミレニアム・プロジェクト」（首相官邸ホームページ内http://www. kantei. go. jp/jp/mille/991222millpro. pdf）においても、誰もが自由に情報にアクセスできる社会の構築を目的とした、情報化とのプロジェクト分野において、教育の情報化、電子政府の実現、ならびに、二〇〇五年度（平成一七年度）までの超高速インターネット（スーパーインターネット）環境の実現を中心とするＩＴ二一（情報通信技術二一世紀計画）の推進、が挙げられている。

（4）　警察庁ホームページ内 http://www.npa.go.jp/hightech/pr/02file/02_01a.html 参照。ハイテク犯罪一般の現状とその対策については、警察庁長官官房総務課監修ハイテク犯罪対策研究会編『ハイテク犯罪の現状と対策―平成一〇年警察白書特集解説書―』（一九九九年）一頁以下、荒川雅行「ハイテク犯罪の現状と課題」刑政一一一巻一〇号（二〇〇〇年）四二頁以下、大塚祥央「ハイテク犯罪の現状と対策」『国民の不安を解消する警察活動』（捜査研究六〇六号）（二〇〇二年）一二〇頁以下等を参照。なお、ハイテク犯罪全般を、特にその具体的な技術的側面から詳細に解説するものとして、大橋充直「検証ハイテク犯罪の捜査（一）ハイテク犯罪の捜査の基礎」捜査研究五九六号（二〇〇一年）八六頁以降の連載、同「ハイテク犯罪捜査官入門（一）愉快な？ハイテク犯罪（犯行動機）」研修六四四号（二〇〇二年）三七頁以下以降の連載がある。

（5）　「サイバー（cyber）」との言葉は、アメリカの作家ウィリアム・ギブソン（William Gibson）がその一九八四年のＳＦ作品（『ニューロマンサー（Neuromancer）』）において、それに接続した人々があたかも現実の物理世界で活動しているかのように感じるコンピュータ・ネットワーク構造に付与した「サイバー・スペース（cyber-space）」との名称に由来するようである（*see* Edward M. Wise, *Criminal Law: Sex, Crime, and Cyberspace*, 43 Wayne L. Rev. 137, 146 (1996)）。今日では、「電脳空間」と邦訳される「サイバー・スペース」との言葉は、一般にインターネットをはじめとするコンピュータ・ネットワークによって構成される擬似空間を指すものとして用いられ、このようなネットワーク上の様々な事象の規律・規制のための法律は「サイバー・ロー（cyber law）」、ネットワーク上の性表現画像は「サイバー・ポルノ（cyber-porn）」などと俗称されることも多い。

なお、人の裸体や性行為等を描写する性表現には、その性描写の程度によっていわゆるハードコア・ポルノグラフィーと評価されるものから比較的穏当なものまで様々であり、それに対する「わいせつな」、「青少年に有害な」、あるいは単に「下品」に過ぎない等の評価により法的規制の可否や程度も異なりうることから、本書では、「ポルノ（グラフィー）」という言葉を、これら様々な性表現を総称する意味で用いることとする。

また、ネットワーク上で公開ないし流布される性表現としては、被写体の像を写実的に再現している画像（静止画像）に限らず、小説や物語などの文章の体裁をとるもの、あるいは、専用のプログラムを通じて再生することのできる音声や動画（映像）によるものも存在しうる。しかし、実際上、ネットワーク上で流通している性表現としては画像によるものが多いようであり、わが国において、現在までのところ裁判においてそのネットワーク上での公開等の刑事責任が問われた事案もポルノ画像に係るものに限られていることから（ただし、わいせつな姿態をとる出演者の映像をインターネット上で即時配信した事案（ライブ映像の送信の事案）につき、公然わいせつ罪の成立を認めた判例が一件存在している。第三章注（12）参照）、本書においても、「サイバー・ポルノ」としては基本的に性表現画像を前提とすることとする。

(6)　インターネット上のポルノサイトの現状については、伊藤智「インターネット上の違法・有害コンテンツの現状と対応」警察学論集五三巻八号（二〇〇〇年）四〇頁以下、木岡保雅「インターネット上の少年に有害なコンテンツ対策」警察学論集五五巻六号（二〇〇二年）九六頁以下等を参照。

なお、警察庁のまとめたハイテク犯罪の検挙状況によれば、一九九九年（平成一一年）中の「ネットワーク利用犯罪」検挙総数二四七件のうち、「わいせつ物頒布等」（後述のように、わが国では現在、わいせつと評価されるサイバー・ポルノの公開は本罪に関する刑法一七五条におけるわいせつ物公然陳列で検挙・起訴されている）が一四七件で全体比五九・五パーセントである。また、翌二〇〇〇年（同一二年）中の「ネットワーク利用犯罪」検挙総数四八四件に対しては、「わいせつ物頒布等」は一五四件であるが、同年の検挙総数には、児童買春行為とともに児童ポルノの公然陳列等を規制する、九九年一一月一日からの施行に係る「児童買春、児童ポルノに係る行為等の処罰及び児童の保護等に関する法律」（平成一一年法律第五二号）による「児童買春・児童ポルノ法違反」一二一件が含まれており、このうち児童買春関連の五件（同法による児童買春周旋罪・同勧誘罪もネットワーク利用犯罪に該当しうる）を除く一一六件と「わいせつ物頒布等」との合計（サイバー・ポルノ関連犯罪の合計）二七〇件は、全体比五五・七パーセントに達する。なお、それ以前からの「わいせつ物頒布等」の検挙数の推移、すなわち一九九五年（平成七年）二〇件、九六年（同八年）五七件、九七年（同九年）五八件、九八年（同一〇年）八〇件をみると、ネットワーク上のわいせつなサイバー・ポルノの急増傾向がうかがえる。

ただし、二〇〇一年（同一三年）中のハイテク犯罪検挙状況においては、「ネットワーク利用犯罪」の検挙総数がネットオークション利用等に係る詐欺の増加傾向などによって七一二件へと急増したことにより、「わいせつ物頒布等」一〇三件と、「児童買春・児童ポルノ法違反」二四五件のうち児童買春関連を除く一二八件との合計二三一件は、全体比三二・四パーセントに止まっている（本年中には、「わいせつ物頒布等」の検挙数自体も初めて前年を下回っている）。

これらの統計につき、警察庁ホームページ内 http://www. npa. go. jp/hightech/toukei/index. htm のリンク先のほか、伊藤・前掲四七頁、同「コンピュータネットワーク上のわいせつ事犯の現状」現代刑事法二巻三号（二〇〇〇年）三一頁を参照。

（7）　高度情報通信ネットワーク社会推進戦略本部（ＩＴ戦略本部）が二〇〇一年（平成一三年）三月に決定した「e-Japan 重点計画」（本章注（3）参照）においては、国民の情報リテラシーの向上やＩＴ関連技術・専門知識を有する人材の育成等のための、教育・学習の情報化、学校のＩＴも重点政策分野のひとつに含まれており、その具体的施策として、二〇〇一年度中にすべての公立小中高等学校等が、二〇〇四年（同一六年）度までにすべての私立小中高等学校等がインターネット接続を行えるようにするとされ、この「e-Japan 重点計画」を見直した二〇〇二年（同一四年）六月の「e-Japan 重点計画―二〇〇二」（本章注（3）参照）では、ブロードバンド化などの時代の変化への対応として、二〇〇五年（同一七年）度までにおおむねすべての公立小中高等学校等における高速インターネットへの常時接続を可能にするとされている（なお、この「e-Japan 重点計画―二〇〇二」では、二〇〇一年度中のすべての公立小中高等学校等のインターネット接続は達成したと見込まれるとされている）。

（8）　この類型による検挙状況につき、本章注（6）参照。実際上、他の規制類型に服するポルノ画像に係るよりも、わいせつ画像の公開に関する事案の件数の方が多いためであると思われる（ただし、二〇〇一年（平成一三年）中の検挙数では、「児童買春・児童ポルノ法違反」（のうちの児童ポルノ関連）が「わいせつ物頒布等」を初めて上回ることとなった。本章注（6）参照）。

(9)　横浜地裁川崎支判平成七年七月一四日公刊物未登載（確定）。コンピュータ・ネットワーク上でのポルノ画像の規制に関する諸判例は、公刊物未登載のものも含め、園田寿教授のホームページ（http://www. juri. konan-u. ac. jp/sonoda/）上にて紹介されている。以下本書では、わが国におけるサイバー・ポルノ事案に係る公刊物未登載判例はすべて同ホームページに依拠することとする。

(10)　東京地判平成八年四月二二日判時一五九七号一五一頁、判タ九二九号二六六頁（確定）。本件は、問題となった画像データを記憶・蔵置されたプロバイダの名称に因んで、「ベッコアメ事件」と通称される。

(11)　最決平成一三年七月一六日刑集五五巻五号三一七頁、判時一七六二号一五〇頁、判タ一〇七一号一五七頁。

(12)　後藤啓二「風俗営業等の規制及び業務の適正化等に関する法律の一部を改正する法律について」ジュリスト一一四〇号（一九九八年）六六頁以下、風俗問題研究会『最新風営適正化法ハンドブック』（一九九九年）一四頁、六三頁以下参照。

なお、その後二〇〇一年（平成一三年）には再度風適法の一部改正が行われ、プロバイダに対し、その管理するサーバーに記録されたことを知ったときに送信防止措置を講ずる努力義務が課される映像として、わいせつな映像に加えて、新たに「児童ポルノ映像」が追加されている。

(13)　本章注（6）、およびそこで引用した警察庁ホームページを参照。

(14)　本法の国会における法案審議の段階で、実務による刑法典上のわいせつ物（図画）公然陳列罪の解釈適用を前提とした、ネットワーク上での児童ポルノの規制の趣旨が明示されている。第一四五回国会参議院法務委員会会議録八号（一九九九年四月二七日）五頁四段目（大森礼子参議院議員（法案発議者）答弁）参照。

なお、本法の具体的な規定内容についての全般的な分析・検討として、さしあたり、岡本勝「『児童買春等処罰法』雑感」刑政一一〇巻九号（一九九九年）七六頁以下、木村光江「児童買春・児童ポルノ処罰法」法律のひろば五二巻一二号（一九九九年）三五頁以下等を参照。

(15)　この状況は、大衆に向けての表現行為への参入障壁が存在しないに等しいコンピュータ・ネットワーク上での性表現に、一定の店舗でのその提供を性風俗特殊営業として規制することで青少年保護の目的を達成しえた時代の風適法を適合させるという一時的な対応策の問題点を示しているように思われる（山口いつ子「風営法改正と青少年保護―インターネット上の表現に対する規制を中心として」法律時報七〇巻一一号（一九九八年）四四頁参照）。

(16)　正式名称は、「情報・通信サービスのための大綱条件の規律に関する法律（Gesetz zur Regelung der Rahmenbedingungen für Informations- und Kommunikationsdienste)」。本法を解説・分析する邦語文献として、米丸恒治「ドイツ流サイバースペース規制―情報・通信サービス大綱法の検討―」立命館法学二五五号（一九九八年）一四一頁以下、小澤哲郎「ドイツのマルチメディア法―情報および通信サービスの枠組みを定める法律―」国際商事法務二六巻三号（一九九八年）二七七頁以下、鈴木秀美「インターネットと表現の自由―ドイツ・マルチメディア法制の現状と課題」ジュリスト一一五三号（一九九九年）九一頁以下等がある。

(17)　イギリスにおけるサイバー・ポルノの刑事規制につき、川崎友巳「ネットワーク犯罪の現状と対策」犯罪と非行一二二号（一九九九年）三〇頁以下、同「サイバーポルノの刑事規制（一）―イギリス刑事法との比較法的考察―」同志社法学五一巻六号（二〇〇〇年）八二頁以下参照。

(18)　インターネットの起源は、一九六九年に、アメリカ国防総省の高等研究計画局（Advanced Research Projects Agency（ARPA））が、合衆国内に点在する軍事機関や大学、政府等の高等研究機関におけるコンピュータの間でのデータ・ファイルの送受信や共有を可能にするため、これらを電話回線により接続したことに始まると一般に解されている。当初ARPAnetと呼ばれたこのコンピュータ・ネットワークは、核戦争による通信の部分的途絶にも耐えうるよういくつものネットワークを重畳的に組み合わせた構造となっており、しかもそこでのデータ通信は伝達経路の自動選択により行われるため、この点は、現在のインターネットにおいても中央集権的管理主体が存在しないことや、情報遮断措置がネットワーク上のダメージとみなされ情報は自動的にこれを迂回して流通していくといった、極めて重要なメディア特性となっている。ARPAnetはその後も地域的なネットワークとの接続を続けていたが（「ネットワークのネットワーク」化）、八〇年代後半に教育研究目的に基づく米国科学財団（National Science Foundation（NSF））のNSFnetに吸収され、主に研究者間での情報交換に用いられるようになり、その後一九九〇年に商業利用が開始され、これ以降広く一般に開放されて今日のインターネットとなっている（*see* Robyn Forman Pollack, Comment, *Creating the Standards of a Global Community: Regulating Pornography on the Internet — An International Concern*, 10 TEMP. INT'L & COMP. L. J. 467, 469-70 & n. 19 (1996)）。

(19)　ハイテク犯罪一般については、すでに一九九八年のバーミンガム・サミットで初めて主要議題の一つとされた国際犯罪対策において、これが最重要テーマとして扱われている。

また、インターネット上の犯罪に関しては、欧州評議会（Council of Europe）によるサイバー犯罪条約（Convention on Cybercrime）案の作成が進み、二〇〇〇年一二月にはその最終案が発表され（この最終案につき、園田寿「サイバー犯罪条約」現代刑事法三巻九号（二〇〇一年）二九頁以下参照）、二〇〇一年一一月八日の同評議会閣僚委員会での正式採択に至っている。同月二三日には、同評議会加盟国のほか、策定段階からオブザーバーとして参加していたわが国や米国などを含む三〇ヶ国が本条約に署名している（条約の原文は、欧州評議会ホームページ内 http://conventions. coe. int/Treaty/en/Treaties/Html/185. htm より、外務省によるその仮訳は、毎日新聞社ホームページ内 http://www. mainichi. co. jp/digital/zenbun/cyber-jouyaku/01. html より閲覧可能。採択により確定した本条約の条文の紹介・解説としては、瀧波宏文「『サイバー犯罪に関する条約』について—その意義及び刑事実体法規定—」警察学論集五五巻五号（二〇〇二年）一二四頁以下、同「サイバー犯罪条約への署名について」現代刑事法四巻六号（二〇〇二年）七〇頁以下がある）。

(20)　サイバー・ポルノとしての児童ポルノの規制につき、刑法一七五条における公然陳列との実行行為を踏襲しているわが国の児童ポルノ等規制法に関しては、近時のコンピュータ関連技術の発達との関係では、むしろ、コンピュータ・グラフィックス（CG）技術を用いて作成される、児童への現実の性的虐待を伴わないいわゆるヴァーチャル・チャイルド・ポルノグラフィーの規制の可否が固有の論点となりうる。

その作成に際し、児童に性的に露骨な行為を現実に行わせることがない点で、このようなヴァーチャル・チャイルド・ポルノは絵と類似すると考えられるが、児童ポルノ等規制法の定義規定上は、「児童ポルノ」には「絵」は含まれていない（二条三項柱書。法案段階では存在したこの文言は、最終的に削除された。なお、立法者は、実在する一八歳未満の者による現実の性行為等の姿態を描写した絵であれば、この定義規定上の「その他の物」に該当しうるとの解釈を示している。参院法務委会議録・前掲注（14）四頁二段目以下、第一四五回国会衆議院法務委員会議録一一号（一九九九年五月一二日）四頁四段目（ともに大森議員答弁）。CG技術をはじめ、写真の加工などにより作成される、描写対象たる児童に対する現実の性的虐待は伴わないが高度のリアル性を有する擬似的な児童ポルノ自体は近時増加傾向にあり、これらをも児童ポルノそのものとして法的に規制することが世界的な趨勢となりつつあるが、このような傾向に対しては、児童ポルノ規制の保護法益や本質的意義とともに表現の自由保障の観点からの慎重な検討が必要となる。アメリカ法における擬似的児童ポルノ規制の現状を参考としつつ、わが国の児童ポルノ等規制法によるその規制の可能性と限界を検討したものとして、法学六七巻三号（二〇〇三年）、同四号（同年）に掲載予定の拙稿を参照願いたい。

第一部　アメリカにおけるサイバー・ポルノ規制

第一章　わいせつ表現

本章および次章では、アメリカ合衆国におけるサイバー・ポルノの法的規制の経緯と現状を、「わいせつ表現」と「下品な（未成年者に有害な）表現」という規制類型ごとに紹介、分析していくが、その対象とする規制法規および裁判例は連邦レベルのものに限定する。

第一節　連邦刑法典

一　概観

表現の自由に極めて手厚い保護を与えることで知られるアメリカではあるが、この国においても、「わいせつな（obscene）表現」は、闘争的言論、名誉毀損表現等と並んで、合衆国憲法修正一条による表現の自由の保障を認められていない(1)。連邦最高裁は従来から、わいせつ表現は思想の自由な流通に資する何らの価値をも有さず、そもそも修正一条にいう「言論」には該当しない、したがってこれを法的に規制しても憲法上の問題を生じることはない、と判断している(2)。つまり、アメリカでは判例上、わいせつ表現が社会風俗に与える悪影響や犯罪誘発の傾向をもつことなども指摘されるものの、基本的には、これは何らかの害悪の惹起のゆえにではなく、その社会的無価値性のゆえに規制されるものと理解されており、社会的価値のない性表現の範囲、すなわちわいせつ概

念の定義づけについて、これをハードコア・ポルノグラフィーに限定することで規制範囲の妥当性が図られている。(3)

連邦法上も、わいせつ表現を規制する刑罰規定は従来から整備されている。わいせつ表現ないしわいせつ物を規制する連邦法上の規定は、現在、個々の連邦法規を条文内容ごとに分類し体系化した合衆国法典（United States Code）の第一八編「犯罪および刑事手続」第一章「犯罪」（以下「連邦刑法典」）(4)における、「わいせつ（Obscenity）」との表題をもつ第七一節にその多くが配列されているほか、同法典第四七編「電信、電話および無線電信」第五章「有線または無線通信」にも、これら通信メディア上でのわいせつ表現を規制する条項が割り当てられている。これら諸条項のなかで主要なものをそれぞれに付された表題によって概観すると、まず連邦刑法典については、第七一節を構成する一一の条文のうち、一四六〇条「連邦所有地上でのわいせつ物の販売・取引目的所持」、一四六一条「わいせつ物の郵送」、一四六二条「わいせつ物の輸入・輸送」、一四六四条「ラジオにおけるわいせつ表現の放送」、一四六五条「販売・頒布目的によるわいせつ物の輸送」、一四六六条「営業としてのわいせつ物の販売・輸送」、一四六八条「ケーブル・テレビ等におけるわいせつ表現の放送」、一四七〇条「未成年者へのわいせつ物の送付」、などがある。また合衆国法典第四七編では、第五章第二節「コモン・キャリア」第一款「コモン・キャリア規制」における二二三条「州際もしくは国際通信におけるわいせつ的なまたはいやがらせ的な架電」、同章第五—A節「ケーブル通信」第四款「雑則」における五五九条「ケーブル・テレビでのわいせつ番組」、などを挙げることができる。(5)

これら諸条項のうち、アメリカにおける初のサイバー・ポルノ規制立法である一九九六年通信品位法(6)によって、連邦刑法典では一四六二条と一四六五条とが、また合衆国法典第四七編においては二二三条が、それぞれ改正を受けている。このうち連邦刑法典関連ではいずれもわいせつと評価されるサイバー・ポルノのみが規制対象となっているが、合衆国法典第四七編二二三条ではわいせつ表現とともに未成年者保護を目的としたわいせつには至らないサイバー・ポルノも規制対象とされており、その後の違憲訴訟により通信品位法が無効と判断されたのも、この同法典第四七編二二三条関連の非わいせつ表現規制についてである。そのため、この二二三条や通信品位法自体の諸条項、またその違憲訴訟などについてはのちに詳述することとし（第二章第一節）、ここではわいせつなサイバー・ポルノのみに関する連邦刑法典一四六二条と一四六五条とを紹介し、その具体的な規制構造を分析することとする。

二　一四六二条

連邦刑法典一四六二条は当初、「合衆国の刑罰法規を法典化し、修正および改正する法律」の二四五条「わいせつな書籍等の輸入および輸送」として一九〇九年に制定され、これら書籍等の州際もしくは国際通商での輸送および受領の禁止を規定していた。(7)

本条の新設後まもなくして映画が普及し始めるにつれて、次第にわいせつ映画の規制が求められるようになったため、一九二〇年の改正によって客体に新たに「映画フィルム（motion-picture film）」が追加された。(8)この時点での本条の客体は、「いかなるわいせつな、淫らな、もしくは好色な、もしくはいかなる卑猥な書籍、小冊子、写真、映画フィルム、書類、書簡、著述、印刷物、またはその他の下品な性質の物をも（any obscene, lewd, or lascivious, or any filthy book, pamphlet, picture, motion-picture film, paper, letter, writing, print, or other matter of indecent character)」であり、わいせつ性が視覚的に認識される物が列挙されていたが、その後判例において、本条がわいせつな物語などを録音したレコード盤にも適用されるかが争われることとなった。

その判例である一九四九年の Alpers v. United States 判決において、第九巡回区連邦控訴裁判所はこの問題を肯定に解した連邦地裁判決を覆したが、翌年連邦最高裁は、通商経路がわいせつ思想を伝達するいかなる物の流通ルートとなることをも防ぐという議会による本条の立法趣旨を挙げ、「その他の下品な性質の物」との一般的な文言は同類解釈則（ejusdem generis）の適用を受けず、それに先行して列挙されたわいせつ性が視覚により認識される物と同じ性質の物に限定されないことから、レコード盤はこの文言に含まれるとして、控訴審判決を破棄した(9)。

この連邦最高裁判決により、本条の客体はその内容が聴覚により認識される物をも含むことが確定したが、判決から四ヵ月後には、連邦議会によって、本条につき従来の客体を（a）項としたうえで、新たに（b）項として、「レコード盤、録音テープ、またはその他の音声を生じることのできる物品あるいは物体（phonograph recording, electrical transcription, or other article or thing capable of producing sound）」を客体に加える改正が行われた(10)。

これ以降は、一九九六年通信品位法による改正を受けるまでは特に重要な修正等はなされておらず（条文番号は現行の一四六二条へと変更されている）、本法により改正される直前の関連部分の文言は、（a）項のわいせつな書籍等または（b）項のレコード盤等を「合衆国内に、もしくはその裁判権に服するいかなる土地にも搬入し（brings）、もしくは州際もしくは国際通商で運搬するために、そう認識しつついかなる至急便運送会社もしくはその他の運送業者をも利用する（uses）いかなる者も、または本条においてその運搬が違法とされているいかなる物もしくは物体をも、そうと知りつつ当該至急便運送会社もしくはその他の運送業者から受領する（takes）いかなる者も、本罪の初犯につき、本編のもとでの罰金もしくは五年以下の自由刑に処し、またはこれらを併科する」と規定されていた。これに対し通信品位法は、その五〇七条（a）項において、一四六二条の実行行為に「双方向コンピュータ・サービス（interactive computer service）」の利用を追加し、その結果上記の文言は現在、「合衆国内に、もしくはその裁判権に服するいかなる土地にも搬入し、もしくは州際もしくは国際通商で運搬するために、そう認識しつついかなる至急便運送会社もしくはその他の運送業者もしくは（一九三四年通信法二三〇条（e）項（二）号で規定された）双方向コンピュータ・サービスをも利用するいかなる者も、または本条においてその運搬もしくは輸入が違法とされているいかなる物もしくは物体をも、そうと知りつつ当該至急便運送会社もしくはその他の運送業者もしくは（一九三四年通信法二三〇条（e）項（二）号で規定された）双方向コンピュータ・サービスから受領しもしくは受信する（receives）いかなる者も」となっている。(11)

三　一四六五条

一方、通信品位法により同時に改正された連邦刑法典一四六五条は、一四六二条よりも半世紀近くのちの一九五五年に同法典第七一節に新設された条文であり、わいせつ物を頒布ないし販売する意図をもって、これを州際あるいは国際通商で輸送する（transports）行為を禁止していた。(12)

本条は制定が比較的最近であったため、フィルムやレコード盤は当初から客体として列挙されており、その後一九八八年の改正で、実行行為に新たにわいせつ物を州際通商において運搬する（travels）ことと並んで、これを州際もしくは国際通商で輸送する目的で州際通商の施設もしくは手段を利用する（uses a facility or means of interstate commerce for the purpose of transporting obscene material in interstate or foreign commerce）行為が追加された(13)他は、重要な改正は行われていない。

本条につき通信品位法五〇七条（b）項は、以上のような実行行為が行われる場として従来から規定されている「州際もしくは国際通商」に加えて、「これらの通商における、もしくは影響を及ぼす（in or affecting such commerce）双方向コンピュータ・サービス」を追加することとしている。そのため、現行一四六五条の関連部分は、「いかなるわいせつな、淫らな、好色な、もしくは卑猥な書籍、小冊子、写真、フィルム、書類、書簡、著述、印刷物、影絵、素描、肖像、彫像、鋳造物、レコード盤、録音テープ、またはその他の音声を生じることのできる物品またはいかなるその他の下品なもしくは不道徳な性質の物をも、販売もしくは頒布の目的で、そう認識しつつ州際もしくは国際通商において、またはこれらの通商における、もしくは影響を及ぼす（一九三四年通信法二三〇条（e）項（二）号で規定された）双方向コンピュータ・サービスにおいて輸送しまたは運搬し、またはこれらの施設もしくは手段を利用するいかなる者も、本編のもとでの罰金もしくは五年以下の自由刑に処し、またはこれらを併科する」となっている。(14)

以上のように、通信品位法はこれら二つの条文において、実行行為につき「双方向コンピュータ・サービスの利用」という類型を追加しているが、その一方で、客体については従来からの文言を特に修正していないことが特徴的である。

四　分析

わいせつ物規制の歴史的過程においては一般に、その客体の物理的属性として、当初は、文書や図画等直接視覚的にわいせつ性を認識することのできるいわば最も古典的な形態が予定されている。しかし、その後の技術革新に伴って登場した、その記録内容につき直接的な可視性を欠くフィルム等、あるいはそれが聴覚により認識されるレコード盤等についても規制の必要性が認められるに及ぶと、その都度何らかの方法でこれらを客体に加えることが要請され、実際アメリカにおいても比較的迅速な法改正がなされてきた。ただ、わいせつ性を直接認識することができないこれらの新しい客体であっても、それがわいせつな内容の化体された有体物である点では従来からの文書・図画等と異ならず、その意味では、これらの規制もわいせつ物の物理的な存在とその移転を指標とした従来からの規制構造自体に変更を必要とするものではない。しかし、サイバー・ポルノの場合には、視覚的に認識されるわいせつ性を構成する実質が、通信回線によってネットワーク化された数々のコンピュータ内を流通していく画像データであることから、その物理的な移転・移動のために当該データが有体物たる何らかの媒体に化体されていることを要しない点で、従来までの客体とは大幅に性質を異にする。そのため、この規制を図るに際しては、従来からの規制構造を維持しつつ、（その理論構成の妥当性は別として）わいせつ画像のデータをその媒体と評価されうる有体物に可能な限り引き寄せて把握した上でこの有体物を客体とすることで対処するか、あるいは、客体の有体物性の放棄というかたちで率直に画像データ自体を新たな客体とするかの選択を迫られるのが通常である。

一方、アメリカの連邦法に関しては、連邦議会の立法権限が合衆国憲法上の制約により州際ないし国際通商に関連する事項などに限定されているため、わいせつ「物」の規制条項については、客体の単純な交付や陳列等の行為よりもむしろこの州境・国境を越える輸送等が規制対象行為とされざるをえず、多くの場合これらの条文には交付・陳列ないし公表等の行為類型は設けられていない。また、通信品位法による今回の改正は、わいせつ規制に関する諸条項のうち、客体の有体物性を前提としない「わいせつ表現の放送」に関する一四六八条などの条文に対してではなく、客体の物理的な移転・移動が必要な「わいせつ物の輸送」に関する一四六二条と一四六五条について行われているため、これらの条文を前提とすれば、わいせつな画像データを可能な限り有体物と一体的に把握するために、仮にこれが記録されるコンピュータあるいはそのハードディスク等を客体たるわいせつ物と理解するとしても、(15) 実際のサイバー・ポルノはこれら有体物の移転・移動とは無関係であることから意味がないこととなる。

そのため、一四六二条、一四六五条ともに「わいせつな客体を通商で輸送するため双方向コンピュータ・サービスを利用する」ことが要点である今回の改正は、データ自体の客体性を肯定するものと解されざるをえない。そしてこの点については、客体についての明示的な修正、追加等がなされていないことからしても、立法者には、今回の改正がこれらの条項の客体性につき何らかの修正を加える（無体物たる、情報としてのデータを追加する）ものとの意識はなく、むしろ、従来からの「その他の下品な（もしくは不道徳な）性質の物」との包括的な文言の存在のゆえにこれらの条項はおよそわいせつ性の認められる客体であればいかなるものに対しても適用される、との認識が前提となっているように思われる。(16)

この点は次のことにも示されている。まず、一四六二条と一四六五条を改正した通信品位法五〇七条には、「コンピュータの利用によるわいせつな素材（materials）の通信に関しての現行法の明確化」との表題が付されており、さらに同条（c）項として、本条による改正が明確化のためのものであって、前述の Alpers 判決における連邦最高裁の解釈（通商経路をわいせつ思想の流通ルートとしないことが立法者の意図であり、よって輸送される客体の性質には限定がない、との解釈）で示された、今回の改正以前に一四六二条、一四六五条に含まれていた禁止事項を、今回の改正が制限または廃止するものと解釈されてはならない旨の注意規定が設けられている[17]。そしてまた、通信品位法制定時の議会両院協議会報告書においても、従来からのわいせつ物規制条項はその手段を問わずこの輸送を禁止しているのであって、コンピュータを用いてわいせつな素材を送受信する場合もこれに該当し、よって五〇七条による改正は単にこのことを明確化するに過ぎない、との説明がなされている[18]。これらの事実は、一四六二条、一四六五条は通信品位法により改正されるまでもなくサイバー・ポルノを処罰しうるものであり、今回の改正も単にそれを明確化するに過ぎないという連邦議会の認識を示すものであって、特に、これらの条項において客体に関し用いられている「その他の下品な（もしくは不道徳な）性質の物」との文言がそれに先行して列挙された物との類似性を要しないとする一九五〇年の Alpers 判決を尊重することが明示されていることからすれば、やはりこの一般的な文言はデータをも包含するものと位置づけられていると解されざるをえない[19]。

通信品位法によってわいせつ物の輸送規制に関する一四六二条、一四六五条に対して行われた今回の改正は、実質的には、その文面からしてもこれまで有体物のみを対象としてきたと解される条文に、新たにわいせつ画像のデータという無体物を客体として追加するものである。ただし立法者自身この点については自覚的ではなく、むしろわいせつと評価されるサイバー・ポルノは従来からこれらの条項により規制可能であったとの認識が前提となっているため、今回の改正もこのことを確認するに過ぎないものと位置づけられている[20]。次に紹介する、通信品位法による改正以前の段階ですでに従来のわいせつ物規制条項によるサイバー・ポルノ事案の処罰を認める判例が実際に存在していたこともまた、立法者によるこのような認識を促す結果となっているように思われる。

第二節　United States v. Thomas 判決

一九九六年通信品位法は、従来からのわいせつ物輸送規制条項に新たに「双方向コンピュータ・サービスの利用」という行為類型を追加したが、このような改正がなされる以前の段階ですでに、連邦刑法典一四六五条はサイバー・ポルノにも適用があるとする判例が存在していた。一九九五年の United States v. Maxwell 判決と九六年の United States v. Thomas 判決がそれである。(21)

一　旧来の規制条項の適用可能性

1　Maxwell 判決

この二判例のうち、Maxwell 判決は、電子メールを利用したわいせつ画像の送受信につき、改正前の（行為当時の）一四六五条の適用を認めた第一審の一般軍法会議の判断に対し、軍人たる被告人からなされた上訴に基づく判例である。

被告人は、同条はコンピュータを用いた画像の送信につき何ら規定していないと主張していたが、これに対し合衆国空軍刑事上訴裁判所は、本条が「輸送する（transports）」や「頒布（distribution）」、「写真（picture）」等の文言を用いていることからすれば、これは被告人の行為にも適用されるといわざるをえないとし、さらに、立法者は州際通商でのわいせつ物の流通をその手段の如何にかかわらず抑止することを意図していたとして、本条の適用を認めている。(22)

本判決は、わいせつな画像のデータ自体が一四六五条における「その他の下品なもしくは不道徳な性質の物」に該当すると明示するものではなく、むしろ画像データによって構成される画像を写真類似のものと解し、その輸送が行われたと判断しているようにもみえる。しかし本判決は、有体物性の要否という規制客体の性質自体については何ら問題としておらず、むしろ、連邦最高裁によるAlpers判決（前節二参照）と同様に、通商経路がわいせつ思想の流通ルートとなることを防ぐという議会の立法趣旨をその結論の実質的な理由としていることから、結局は無体物たるデータに本条の客体性を肯定するものとなっている。

2　Thomas判決

一方、Thomas判決は、自ら主催するパソコン通信の電子掲示板（Bulletin Board System（BBS））上で、会員にわいせつ画像を有料で閲覧させていた事案に関するものである。

被告人はカリフォルニア州ミルピタスでこのBBSを運営していたが、テネシー州メンフィスの連邦郵政調査官は、おとり捜査として身分を秘した上で被告人にBBSへの入会を申し込み、パスワードを取得した上で当該BBSにアクセスし、わいせつ画像をメンフィスでダウンロードした。この事実に基づいて、被告人はテネシー州西部地区連邦地裁において起訴され、BBS上でのわいせつ画像の提供につき改正前の（事件当時の）一四六五条が適用された。控訴審において被告人は、同条はGIFファイル（画像ファイル）のような無体物には適用されえず、また同条はコンピュータによるデータ送信につき何ら規定していないなどとして争った。同条の無体物への適用可能性について、被告人は特に、ダイヤル・ア・ポルノ（dial-a-porn）・サービス（わが国におけるダイヤルQ²サービスによるアダルト情報の提供に相当）につき、電話で送信されるメッセージなどの無体物には（旧）一四六五条は適用されえないとした一九八七年のCarlin判決(23)を援用している。

これに対し第六巡回区連邦控訴裁判所は、まず本条の客体の問題について、コンピュータにより作出された画像がＧＩＦファイルとして送信されるという実際の移転方法にのみ着目するのは誤りであるとし、ＧＩＦファイルが送信される過程は問題ではなく、送信先では送信元と同一の画像がディスプレイ上に表出されることが重要であるとする。このように判示する際、本判決は、騙取された「金銭（money）の輸送」を禁じる刑罰法規につき、コンピュータ・システムを介して行われる銀行間での振替送金に対しても、このような金銭の移転方法も移転先で有体物たる現金を入手しうることに何ら影響しないとしてその適用を認めたGilboe判決[24]を引用して、この法理は本件でも妥当するとしている。一方、（旧）一四六五条がコンピュータの利用につき何ら規定していない点については、Maxwell判決を引用することで被告人の主張を退けている[25]。

客体の有体物性の要否の問題につき本判決の引用するGilboe判決は、ここではそもそも客体自体が有体物性を備えた「金銭」であって、またこの場合には（特定性の希薄さという金銭の性質もあわせ）送金先における有体物たる現金の存在を想定することも不可能ではないが、これに対しサイバー・ポルノの事案では、客体としてのわいせつ画像（のデータ）自体に有体物性が認められず、またこれとディスプレイとの一体性を考慮するとしてもその輸送などありえない以上無意味であるから、結局このGilboe判決の引用は先例としては適切ではない。他方で、一四六五条の立法趣旨からしてわいせつ思想の具体的な流通方法は問題とならないとするMaxwell判決が引用されていることからすれば、Thomas判決もまた、わいせつ物の輸送規制につき有体物性などの客体の性質を重視しない立場を採っているものと認められる。このように、何らかのわいせつな内容の移転が認められれば本条の罪は成立するとの考え方が前提とされていると解される限りで、Thomas判決もまた、（旧）一四六五条の客体に無体物たるデータが含まれること、データの送信は客体の輸送に当たることを認めるものであると思われる。

二　サイバー・スペースにおけるわいせつ性の判断基準

以上のように、Thomas 判決はコンピュータ・ネットワーク上でのわいせつ画像の公表につき改正前の一四六五条の適用を認めているが、このような、その技術特性に対応した客体や実行行為を規定していない旧来の規制条項のサイバー・ポルノへの適用可能性に関する問題とともに、本判決は、サイバー・ポルノの法的規制に特有のその他の問題についても重大な影響を及ぼしうる判断を示していることが注目される。

1　「地域社会の基準」

控訴審において、被告人は、一四六五条の適用可能性のほか、裁判地（venue）の問題として、裁判はテネシー州で行われるべきではなく自らがBBSを運営していたカリフォルニア州に移送されるべきこと、また、問題となっている画像のわいせつ性の判断に際しても、テネシー州の「地域社会の基準（community standards）」ではなく、サイバー・スペース全体としての基準によって判断されるべきことを主張していた。一四六五条もまた連邦法として、わいせつ物が州境を越えて流通する場合を規制対象としているが、連邦控訴裁判所はこの点を理由に、一四六五条の罪は客体の移動したあらゆる地点において犯罪成立が認められる「継続的犯罪（continuing offense）」であって、この場合、裁判地に関する合衆国法典第一八編第二章三二三七条（a）項によれば、客体の発送地、通過地および受領地のいずれにおいても訴追が提起されうるのであり、またこれによりテネシー州が裁判地に選択された場合にはこの地の「地域社会の基準」に基づいて当該画像のわいせつ性が判断される、として被告人の主張を退けている。(26)

ここで問題とされているわいせつ性の判断とは、規制の許されるわいせつ表現とそれ以外の性表現との区別、つまりわいせつ概念の定義づけの問題であって、その基準はアメリカにおいても長年にわたる判例解釈の積み重ねにより形成されてきたものである。

今日アメリカで確立されているわいせつ性判断の基準は、一九七三年のMiller v. California判決において連邦最高裁により示されたものであり、それによれば、ある表現がわいせつであるか否かは、「（a）平均人が、現代の地域社会の基準を適用すると、当該作品を全体としてみた場合に、これが好色的興味（prurient interest）に訴えるものと認めるかどうか、（b）当該作品が、適用可能な州法によって明確に定義づけられた性的行為を明らかに不快な（patently offensive）方法で記述しまたは描写するものであるかどうか、（c）当該作品が、全体としてみた場合に、重要な文学的、芸術的、政治的または科学的価値を欠くものであるかどうか」、という三つの要素からなる基準によって判断される。(27) ミラー・テストとも呼ばれるこの基準につき、Miller判決は、（a）および（b）の要素は陪審員が自ら居住するその裁判の行われる土地の「地域社会の基準（コミュニティー・スタンダード）」に基づいて判断をなすべきものとしており、それはアメリカの国土が非常に広大であるとともに国民の価値観も多様であり、五〇州すべてに通用する単一の基準を想定しがたいこと、また、単一の基準を強制することで地域間の価値観の多様性を損なうべきでないことを理由とするとしている。(28)

2　サイバー・スペースにおける「地域社会の基準」の問題性

一

ところで、前述のように、連邦法によるわいせつ物の規制はその多くが州際通商との関連性を必要とせざるをえず、規制客体は必然的に複数のコミュニティー上を移動することになるが、そのわいせつ性の判断につきミラー・テストが用いられる場合には、その（a）、（b）の要素の判定につきいずれの「地域社会の基準」が適用されるのかが問題となる。特に、ミラー・テストは性表現に対する寛容度の地域格差を積極的に肯定するものであり、当該事案において用いられる基準の如何（要するに、地域の選択）によっては客体のわいせつ性の評価が異なりうるのであって、行為者の刑事責任の有無自体が左右されうることから、この問題は重要である。(29) この基準には裁判が行われる土地のそれが用いられることから、その確定は裁判籍の存在する場所の決定に依存することとなるが、Thomas 判決も指摘するとおり、合衆国法典第一八編第二章「刑事手続」における三二三七条（a）項では、一四六五条のような犯罪類型につき、客体の発送地・通過地・受領地のいずれにも裁判籍のあることが認められている。(30)

もっともこの点については、通常の有体物の輸送の場合とは異なり、コンピュータ・ネットワーク上での画像の公開の際には、当該画像のデータの送信を惹き起こすのは受信者たる閲覧者自信であり、ホスト・コンピュータないしサーバー・コンピュータのハードディスクに画像データを記憶・蔵置させた本人ではないことがまず問題となりうる。(31) Thomas 事件においても、被告人は、テネシー州に画像を流入させたのは郵政調査官であって自身ではないと主張している。判決はサイバー・ポルノのこのような技術特性につき直接判断を下すことを避け、被告人のこの主張を裁判地の選択の不当性の主張として扱い、そもそも本件BBSが被告人自身により入会を認められた遠隔地に居住する特定の会員への画像提供を前提とするものであるとして、その主張を退けている。(32)

二　こうして、ホスト・コンピュータないしサーバー・コンピュータに画像データを記憶・蔵置させる行為につき、当該データのダウンロードされた場所にも裁判籍が認められるとすると、検察官は実際の裁判地をいずれかの場所に選択することとなる。そして、ミラー・テストによるわいせつ性の判断に際しては以上のようにして確定された裁判地の「地域社会の基準」が用いられることから、サイバー・ポルノの場合には、事実上その画像の到達しうるいかなる地域の基準もが適用可能であることになる。ここから二つの問題が生じる。

第一は、検察官による裁判地の恣意的な選択の問題である。ネットワークにアクセス可能なパソコンさえ有していればどのような場所においても当該画像のデータをダウンロードしうるのであるから、検察官は確実に有罪判決を獲得するために最も保守的な、性表現に対して極めて厳格な地域を選んで裁判地とすることができる。サイバー・ポルノのわいせつ性判断につき「地域社会の基準」の適用を認めることは、検察官に対し、フォーラム・ショッピング（forum shopping）と呼ばれるこのような手法を活用する大きなインセンティブを与えることになる。[33] Thomas 事件についても、いわゆるバイブル・ベルト（Bible Belt）に属するテネシー州はもともと性表現に対して厳格な地域であり、従来からわいせつ物関連の事件の訴追が持ち込まれていた土地であって、問題となった画像もこの地の基準によればわいせつと評価されうるが、しかし、そもそもこの画像は被告人がその居住するカリフォルニア州内のアダルトショップで合法的に購入した写真集からスキャンされたものに過ぎず、さらに被告人は、自ら運営するＢＢＳにつき地元サンホゼの警察署からその内容が適法なものであることの承認までも受けていたとされる。[34]

そして第二の問題は、第一のそれの帰結として、コンピュータ・ネットワーク上のあらゆる性表現が、これに対する寛容度の最も低い地域で許容される程度にまで抑制されてしまうおそれがあることである。有体物たる従来型の性表現物の輸送であれば、行為者は輸送先の地域を認識しているのが通常であり、その地では性表現への寛容度が低いと予測されれば、そこへの輸送を差し控えることで刑事訴追を回避することも可能である。しかし、コンピュータ・ネットワーク上での性表現画像の公開（より正確には、ホスト・コンピュータないしサーバー・コンピュータ内のハードディスクへの性表現画像データの記憶・蔵置）に際しては、この画像はいかなる地域からでも自由に、公開を行った者自身にも認識されることなくダウンロードされうるのであって、従来型の性表現物の場合のように、個々の輸送先の地域を把握したうえでその地でのわいせつ性判断基準を予測するようなことは不可能である。また仮に、ダウンロードしようとする者をその住所等一定の条件でスクリーニングすることが技術的には不可能ではないとしても、ネットワーク上での性表現を試みる者すべてにこのような技術の導入を義務づけることは、ここでの表現者の多くは大企業でも営利でもない一般人から構成されていることからすれば、事実上そのサイトの維持を不可能にするほどの経済的負担を課すこととなり、表現活動自体を抑圧することになる。[35]

この問題との関連で、Thomas 判決では、有料による会員制ＢＢＳが問題となっており、この入会には住所等を記載した申込書の提出が要求されていたことから、被告人は各会員の居住地を確認しえたとして、その画像に対するテネシー州メンフィスの「地域社会の基準」の不適用を求める主張は退けられている。(36) 本件事案を前提とすればこのようにいうこともできるであろうが、前述のようにインターネットにおいては、会員制でも有料制でもなく自由に性表現画像をダウンロードしうる莫大な数のサイトが存在するのであって、これらの画像についてもミラー・テストによりわいせつ性が判断されるとすると、刑事訴追を回避するためには性表現に対する寛容度が最も低い地域の基準を指標とせざるをえず、この基準がインターネット上のあらゆる性表現を規律することになる。これはいわば最低ラインとしての統一基準の強制に等しく、このような「最小公分母（lowest common denominator）」の創出は、従来からのミラー・テストを尊重しようとする判例の意図とは逆に、全国的な統一基準の採用を避け地域社会の価値観の多様性を維持しようとした Miller 判決自体の趣旨に反する結果をもたらすことになる。(37)

三　以上のような諸問題は、わいせつ性の有無の判断につき裁判地の「地域社会の基準（コミュニティー・スタンダード）」が用いられる特殊アメリカ的な事情が原因ではあるが、これがとりわけインターネット上での性表現となるとアメリカ国内だけの問題にはとどまらない。わいせつ規制の現行法を前提としても、前述のようにコンピュータ・ネットワークの活用は国際通商にも関係づけられており、例えばある国では規制対象とはならない性表現をその国内でアップロードした場合にも、これがアメリカ国内でダウンロードされれば理論上はこの地にも裁判籍があり、わいせつ物（データ）輸入罪に問われうる。(38)

そもそもインターネットによって構成されるサイバー・スペースは、物理的地理的な境界も限定も存在しない地球的規模の情報空間であって、とりわけ性表現のわいせつ性の判断などに際してのような、国境や領土等何らかの地理的な区分や相違が前提とされざるをえない現実世界の規範の適用にはなじまない。その意味では、アメリカでのわいせつ性判断に関する「地域社会の基準」の問題性は、性表現への寛容度やその法的規制の程度等に相違のある世界各国が、サイバー・ポルノに対し自国の規制法規を発動しようとする場合に生じうる局面の縮図と考えることもできる。(39)

3　新たなわいせつ性の判断基準の提唱

一　右のような意味からも、わいせつ性判断における「地域社会の基準」の問題性につき、アメリカでいかなる解決策が模索されているかは参考に値するが、学説では、コンピュータ・ネットワークの技術特性を踏まえて「地域社会の基準」の適用につき何らかの修正を試みる見解(40)や、あるいは、少なくともサイバー・ポルノに関しては基準を「地域社会」に求めることをせず、サイバー・スペースの特性に適した別のコミュニティーを基準とすべきであるとする見解(41)などが主張されている。

ただ、これらはいずれもミラー・テストを前提とした上で、このテストにおける諸要素を判断する人を選別するための地理的範囲のみを問題とするものであるのに対して、物理的地理的限定に服することのないサイバー・スペース上の表現にはもはや旧来のわいせつ性判断基準は適用しえないとして、ミラー・テストとは異なる新たな基準を模索すべきであるとする見解も主張されている。

この見解によれば、従来からわいせつ表現は思想の交換に資する何らの価値をも有しないためそもそも憲法により保障される言論には該当せず、その規制は当然に許容されると考えられてきたため、その規制根拠としても、せいぜいこれが人々を堕落頽廃させ社会風俗の健全性に悪影響を与える傾向をもつという程度のことしか前提とされてこなかったことが、今日のわいせつ概念の定義づけに問題を与えている。規制根拠とされるこのような事実の存在は否定も肯定もされえないため、これが唯一独立の規制根拠とされることは妥当ではなく、その規制のためにはより特定的な害悪の発生（の危険）が認められなければならない。そうであるとすれば、規制の認められる性表現は、違法行為の慫慂によって差し迫った物理的侵害を惹起する性的に露骨な表現、および、このような侵害を惹起するものではなくても、いわゆる「とらわれの聴衆（captive audience）」のプライバシー権や未成年者の保護という利益を侵害する性表現に限定されるべきである、とされる[42]。特に、とらわれの聴衆論との関係については、サイバー・ポルノの特性として、これを目にする者は必ず自発的にそれを求めて一定の操作を経ているという現実があり（一般に、コンピュータ・ネットワーク上での情報収集にはこのようなプロセスが必要である）、また、アメリカにおいてもわいせつ物の単純所持は規制されえないことが認められていることから[43]、サイバー・ポルノはこれを望む者に提供される限り規制されえず、よってこの理論との関係で規制が許されるのは、欲しない者が意に反してこれに直面させられるような方法で公開されるポルノ画像である、と主張される[44]。

この見解を前提とすれば、ネットワーク上での画像データの流通に関する現時点の技術水準ではサイバー・ポルノにはとらわれの聴衆を想定しがたい点で、規制対象は事実上、差し迫った物理的侵害を惹起しうる性表現と未成年者に有害な（わいせつなものをも含む）それとに限定されると思われる[45]。

二　このようにアメリカでは、わいせつであるとして規制されるサイバー・ポルノに関し、当該画像のわいせつ性を判別する過程でその独特の判断基準、つまりはわいせつ概念の定義づけ自体がコンピュータ・ネットワークの技術特性との関係において問題とされ、これを契機として、規制根拠論の観点からその再定義を試みる議論も展開されていることが注目される。

その一方で、このような新たな見解においても、未成年者保護の観点からするサイバー・ポルノ規制の必要性は重視されている。それはいうまでもなく、未成年者に対する関係においては、成人に対する場合とは異なり、これらの表現がその心身に著しく有害な影響を与える可能性があることが懸念されるからである。この点を理由とした未成年者に対する関係における性表現の規制として、同国では従来から、「わいせつ」には至らないが「下品」ないし「未成年者に有害」であると評価される性表現につき、これに対する法的規制が許容されている。そしてこれらは、一般的な規制の認められている「わいせつ」表現とは異なり、成人に対する関係においては憲法上保障される表現であることから、その法的規制の評価に際しては、未成年者保護という規制目的の正当性は是認されるとしても、許容されるべき規制の範囲や程度などが憲法論上も極めて重要な論点となる。

そこで、次章において、アメリカでのサイバー・ポルノの刑事規制として、立法面でも解釈論的にも最も著しい展開のみられたこの表現類型に属するポルノグラフィーの規制について、その経緯と現状とを紹介し、分析する。

（１）　アメリカにおけるわいせつ表現規制に関する刑事法的観点からの主要な邦語文献としては、芝原邦爾『刑法の社会的機能』（一九七三年）二〇〇頁以下、萩原滋『実体的デュー・プロセス理論の研究』（一九九一年）一八七頁以下、武田誠『わいせつ規制の限界』（一九九五年）一頁以下、三島聡「性表現の刑事規制（一）（二）（三）（四）（五）（六）―アメリカ合衆国における規制の歴史的考察―」大阪市大法学雑誌四三巻二号（一九九六年）一頁以下、同四号（同年）一一九頁以下、四四巻一号（一九九七年）三八頁以下、四五巻一号（一九九八年）七五頁以下、四八巻二号（二〇〇一年）一頁以下、同三号（同年）一頁以下、同「性表現に対する刑事規制」刑法雑誌四一巻二号（二〇〇二年）一七頁以下がある。

（２）　*See* Chaplinsky v. New Hampshire, 315 U.S. 568, 571-72（1942）.

（３）　*See* Roth v. United States, 354 U.S. 476, 484-89（1957）; Miller v. California, 413 U.S. 15, 19-26（1973）. したがって、アメリカの判例上は、わいせつ表現が修正一条の保障を受けないという憲法上の議論とは別の、その刑事規制についての法益論や適正処罰の原則の観点からする考察の理論的展開は十分ではないようである。萩原・前掲注（１）二二三頁参照。

（４）　「連邦刑法典」は正式名称ではないが、合衆国法典第一八編（Title 18）第一章（Part I）が、アメリカにおけるそれに当たる。

（５）　18 U.S.C.A. §§ 1460-70（West 2000）; 47 U.S.C.A. §§ 223, 559（West 1991 & Supp. 2000）. 条文内容の把握に資

するため、表題は必ずしも逐語訳とはしていない。

なお、州法のレベルでも、全五〇州のうち四五州が何らかのわいせつ規制法を制定しており、これをもたないメイン、ニュー・メキシコ、サウス・ダコタの各州においても、地域条例による規制が行われている。*See* Dawn L. Johnson, Comment, *It's 1996: Do You Know Where Your Cyberkids Are? Captive Audiences and Content Regulation on the Internet,* 15 J. Marshall J. Computer & Info. L. 51, 79 n.102 (1996).

(6) Communications Decency Act of 1996, Pub. L. No.104-104, tit.V, 110 Stat. 133 (1996).

(7) Act of Mar. 4, 1909, ch.321, § 245, 35 Stat. 1088, 1138 (1909).

(8) Act of June 5, 1920, ch.268, 41 Stat. 1060, 1060-61 (1921).

(9) United States v. Alpers, 338 U.S. 680, 683-85 (1950), *rev'g* 175 F.2d 137 (9th Cir. 1949).

(10) Act of May 27, 1950, ch.214, § 1, 64 Stat. 194, 194 (1952).

(11) 現行一四六二条（18 U.S.C.A. § 1462 (West 2000)）の関連部分の原文は次のとおりである。なお、通信品位法（§ 507(a), 110 Stat. at 137）により追加された部分に下線を付している。

"Whoever brings into the United States, or any place subject to the jurisdiction thereof, or knowingly uses any express company or other common carrier or interactive computer service (as defined in section 230(e)(2) of the Communications Act of 1934), for carriage in interstate or foreign commerce —

(a) any obscene, lewd, lascivious, or filthy book, pamphlet, picture, motion-picture film, paper, letter, writing, print, or other matter of indecent character; or

(b) any obscene, lewd, lascivious, or filthy phonograph recording, electrical transcription, or other article or thing capable of producing sound ……

…… ; or

Whoever knowingly takes or receives, from such express company or other common carrier or interactive computer service (as defined in section 230(e)(2) of the Communications Act of 1934) any matter or thing the carriage or importation of which is herein made unlawful —

Shall be fined under this title or imprisoned not more than five years, or both, for the first such offense"

(12) Act of June 28, 1955, ch.190, § 3, 69 Stat. 183, 183-84 (1955).

(13) Anti-Drug Abuse Act of 1988, Pub. L. No. 100-690, tit.Ⅶ, § 7521(c), 102 Stat. 4181, 4489 (1990).

(14) 現行一四六五条（18 U.S.C.A. § 1465 (West 2000)）の関連部分の原文は次のとおりである。なお、通信品位法（§ 507(b), 110 Stat. at 137）により修正・追加された部分に下線を付している。

"Whoever knowingly transports or travels in, or uses a facility or means of, interstate or foreign commerce or an interactive computer service (as defined in section 230(e)(2) of the Communications Act of 1934) in or affecting such commerce for the purpose of sale or distribution of any obscene, lewd, lascivious, or filthy book, pamphlet, picture, film, paper, letter, writing, print, silhouette, drawing, figure, image, cast, phonograph recording, electrical transcription or other article capable of producing sound or any other matter of indecent or immoral character, shall be fined under this title or imprisoned not more than five years, or both. ……."

(15) 刑法典上の文書概念に「データ記憶装置」を含むとの改正がなされたドイツや、わいせつなサイバー・ポルノへのわいせつ物公然陳列の適用を認めるわが国の判例の採用する理論構成である。

(16) この点で、立法者には、当該条項の規定文言からする有体物性要件等といった、わいせつ物規制の客体性要件の意識自体が希薄なように思われるが、この点は、アメリカ刑事法に関する判例や実務、学説等の大半もまた同様の傾向にあることから推測される。

今回の通信品位法による法改正は、わいせつ物規制に関するこの一四六二条、一四六五条に対してのほか、のちに詳述するように、未成年者の保護を目的として、電話における性表現等の規制に関する合衆国法典第四七編二二三条に対しても行われており、一九九七年のACLUII判決（521U.S.844(1997). 第二章第一節四参照）において連邦最高裁により違憲無効と判断された通信品位法の一部もここでの非わいせつ表現規制に関する文言であったが、この違憲と判断された文言について、同法の法案審議の当時から実際に違憲判決が下される時点まで、そのような規定がそもそも不要であると批判する多くの学説（*e.g.*, Johnson, *supra* note 5, at 79-85; Laura J. McKay, Note, *The Communications Decency Act: Protecting Children from On-Line Indecency*, 20 Seton Hall Legis. J. 463, 501-02 (1996)）や実務（司法省自体も本法制定に反対していた。*See* Stephen C. Jacques, Comment, Reno v. ACLU: *Insulating the Internet, the First Amendment, and the Marketplace of Ideas*, 46 Am. U. L. Rev. 1945, 1967 (1997)）、またその判決自体（929 F. Supp. 824, 883 (E.D. Pa. 1996). ACLU II判決の原審。第二章第一節三参照）によっても、「わいせつなサイバー・ポルノはこれを現行法で処罰することが可能であり、このことはThomas判決（74 F.3d 701 (6th Cir. 1996). わいせつなサイバー・ポルノにつき通信品位法による改正前の一四六五条を適用した判例。本章第二節参照）からも明らかである」と主張されており（ACLU II判決自体も、これと同趣旨と思われる指摘を行っている（第二章第一節四**2**①参照）。なお、これらの主張が、未成年者保護を目的とした非わいせつ表現規制条項への批判として、わいせつ規制条項の存在を挙げている点では、この主張自体は説得的ではない）、このことからも、アメリカの判例・学説が基本的に、従来のわいせつ物規制条項がそのままサイバー・ポルノに適用可能であると認識していることが分かる。

わいせつ「物」の規制に関して、連邦刑法典上の構成要件では、客体につき有体物性を前提とすると解されるべき文言が用いられており、また当該構成要件の大半が客体の輸送・輸入等その物理的な移転を必要としているにもかかわらず、アメリカの刑法解釈論がその客体性要件につき理論的深化を果たしていない原因の一つは、前述のように、同国においては従来から、判例上わいせつ表現が合衆国憲法修正一条による表現の自由の保障を完全に否定されていることで、このことから直接的にわいせつ表現の刑事規制が許容されると結論づけられてしまっていることにあるように思われる。

(17)　Communications Decency Act § 507(c), 110 Stat. at 137.

(18)　H.R. Conf. Rep. No.104-458, at 193 (1996), *reprinted in* 1996 U.S.C.C.A.N. 124, 206-07.

(19)　なお、この一般的な文言における「下品な」との言葉は、後述のように、文脈上基本的には「わいせつには至らない性表現」を表すが、ここでは「わいせつ」と同義と解されることについて、第二章注（7）参照。

(20)　わいせつな内容の直接的な認識が不可能（ないし困難）ではあるが、有体物であることには変わりのない映画フィルムやレコード盤に関しては明示的な改正がなされながらも、サイバー・ポルノ規制という客体性の変更を伴う重大な改正に際してこの点が自覚されず（もしくは無視され）、客体の修正（無体物の追加）が明示されなかった理由は、本章注（16）において指摘した以上のことは明らかではない。あるいは立法者は、この修正を明文化することで、それ以前にはこれらの条文が有体物のみを客体としていたことを認めること（あるいは認めていると解されること）を回避しようとしたとも考えられる。

(21)　United States v. Maxwell, 42 M.J. 568 (A.F. Ct. Crim. App. 1995); United States v. Thomas, 74 F.3d 701 (6th Cir.), *cert. denied*, 519 U.S. 820 (1996). Thomas 判決を紹介・分析する邦語文献として、平野晋・牧野和夫『判例国際インターネット法』（一九九八年）二七六頁以下、板倉宏・小針健慈「いわゆる Cyberspace における刑事規制—米国におけるわいせつ規制と裁判管轄権を素材として—」日大司法研究所紀要一一巻（二〇〇〇年）八頁以下がある。

(22)　*Maxwell*, 42 M.J. at 580.

(23)　United States v. Carlin Communications, Inc., 815 F.2d 1367, 1371 (10th Cir. 1987).

(24)　United States v. Gilboe, 684 F.2d 235, 238 (2d Cir. 1983).

(25)　*Thomas*, 74 F.3d, at 707-09.

(26)　*Id.* at 709-11.

(27)　Miller v. California, 413 U.S. 15, 24 (1973). 以下に原文を示す。"(a) whether the average person, applying contemporary community standards would find that the work, taken as a whole, appeals to the prurient interest, (b) whether the work depicts or describes, in a patently offensive way, sexual conduct specifically defined by the applicable state law, (c) whether the work, taken as a whole, lacks serious literary, artistic, political, or scientific value."

(28)　*Id.* at 30, 33.

(29) もっとも、故意の認定にあっては、客体の一般的性質の認識（意味の認識）の存在が肯定されれば足り、それがある地域社会の基準によればわいせつと判断されるといった法的評価の認識の存在までは必要ではない。*See* Debra D. Burke, *The Criminalization of Virtual Child Pornography: A Constitutional Question*, 34 Harv J. on Legis. 439, 453 & n.89 (1997).

(30) 18 U.S.C.A. § 3237(a) (West 2000). なお、合集国法典第一八編は第一章「犯罪」（一条から二七二五条まで）が連邦刑法典に相当するのに対し、第二章「刑事手続」（三〇〇一条から三七四二条まで）は連邦刑事訴訟法典に当たる。

(31) *See* McKay, *supra* note 16, at 484 & n.119.

(32) *Thomas*, 74 F.3d, at 709-10.

(33) Jason Kipness, Note, *Revisiting* Miller *after the Striking of the Communications Decency Act: A Proposed Set of Internet Specific Regulations for Pornography on the Information Superhighway*, 14 Santa Clara Computer & High Tech. L.J. 391, 422-23 (1998).

(34) Jonathan Wallace & Mark Mangan, Sex, Laws, and Cyberapace: Freedom and Censorship on the Frontiers of the Online Revolution, at 2 (1997).

(35) *See* Kipness, *supra* note 33, at 424; Debra D. Burke, *Cybersmut and the First Amendment: A Call for a New Obscenity Standard*, 9 Harv. J.L. & Tech. 87, 112 (1996).

(36) *Thomas*, 74 F.3d, at 711. しかしこれに対しても、申込者が住所等を偽ることや、わいせつ表現に寛容な地域で会員となったのちにその資格を維持したままより保守的な土地に転居することなどもありうるとの批判がある (Robyn Forman Pollack, Comment, *Creating the Standards of a Global Community: Regulating Pornography on the Internet — An International Concern*, 10 Temp. Int'l & Comp. L.J. 467, 475 (1996))。

(37) *See* Mitchell P. Goldstein, *Service Provider Liability for Acts Committed by Users: What You Don't Know Can Hurt You*, 18 J. Marschall J. Computer & Info. L. 591, 616 (2000). なお、アメリカにおける「地域社会の基

準」を前提とする従来からのわいせつ性判断の基準がサイバー・ポルノとの関係において生み出す諸問題をめぐる、同国での議論を紹介する邦語文献として、真嶋理恵子「サイバーポルノ判断の米国連邦最高裁法理の問題点─通信品位法違憲判決後も残る『コミュニティ・スタンダード』」ジュリスト一一五九号（一九九九年）九八頁以下がある。

(38)　ただし、実際上は、そのような法適用は行われていないようである。

(39)　この問題との関連では、インターネット・サービス・プロバイダの刑事責任に関するいわゆる「コンピュサーブ（*CompuServe*）事件」も重要な意味をもつと思われる（本件の紹介として、リゴ・ヴェニング・小橋馨「ドイツにおけるインターネット・プロバイダの責任」法学セミナー五二九号（一九九九年）一三一頁（サイバーロー研究会・指宿信編『サイバースペース法』（二〇〇〇年）二三五頁以下所収）、鈴木秀美「インターネット・プロバイダの刑事責任」法律時報七一巻四号（一九九九年）一一六頁以下）。

本件は、ドイツ・バイエルン州警察による一九九五年一一月以降の捜査ののち、プロバイダであるコンピュサーブ社のアメリカ本社内サーバーに記録されたポルノ画像やナチス関連のコンピュータ・ゲームが、ドイツ法上違法であるにもかかわらず同社のドイツ子会社を通じてドイツ国内で閲覧に供されたとして、ドイツ子会社とその取締役およびアメリカ本社が同州当局により訴追された事案である（ポルノ画像については判然としない部分もあるが、ゲームに関してはアメリカでは完全に適法な内容である）。本件につき有罪（ゲームに関しては取締役のみ）を認めた一九九八年のミュンヘン区裁判所判決はプロバイダの刑事責任という観点から国際的な批判を招いたが、これは控訴審で破棄されている（*see* Mark Konkel, Note, *Internet Indecency, International Censorship, and Service Providers' Liability*, 19 N.Y.L. Sch. J. Int'l & Comp. L. 453, 463-64 (2000)）。

なお、この事件とほぼ同じ時期に、カナダやアメリカのサーバーに記録されていたネオ・ナチのサイトやホロコーストを否定する表現がドイツ国内で閲覧に供されたとして、プロバイダ数社（アメリカ・オンライン社とコンピュサーブ社のドイツ子会社など）がマンハイムの検察当局から訴追の警告を受けるという事態も発生している。これらはポルノ画像関連の事案ではないが、問題となったドイツ法上違法な表現はカナダやアメリカにおいては明らかに憲法上保護される表現であり（*see* John T. Delacourt, Recent Development, *The International Impact of Internet Regulation*, 38 Harv. Int'l L.J. 207, 213-14 (1997)）、これはその意味では、サイバー・スペース上での、それに対する法的評価（違法評価）が国家的社会的背景によって相対的でありうる内容についての表現活動一般に共通する問題である。

(40)「地域社会」を、画像データが当初記憶・蔵置されたホスト・コンピュータないしサーバー・コンピュータの所在地に限定する見解（J. Todd Metcalf, Note, *Obscenity Prosecutions in Cyberspace: The* Miller *Test Cannot "Go Where No [Porn] Has Gone Before"*, 74 Wash. U. L.Q. 481, 514-15 (1996)）や、画像の公開に際し当該データの伝達を惹起した者（したがって、単なるダウンロードの場合はこれを行った者）の居住地に認める見解（David C. Tunick, *Obscenity in Cyberspace — What Is the Community Standard?*, 34 Crim. L. Bull. 448, 452-53 (1998)）など。

(41)「全国的基準（national standard）」の採用を提唱する見解（*e.g.*, Dominic F. Maisano, Note, *Obscenity Law and the Internet: Determining the Appropriate Community Standard after* Reno v. ACLU, 29 U. Tol. L. Rev. 555, 578-79 (1998)）や、サイバー・スペースに特有の「ヴァーチャル・コミュニティーの基準」を提案する見解（Erik G. Swenson, Comment, *Redefining Community Standards in Light of the Geographic Limitlessness of the Internet: A Critique of* United States v. Thomas, 82 Minn. L. Rev. 855, 881-82 (1998)）など。後者は、コンピュータ・ネットワークにより、興味関心を共有する者がこれにつき相互に情報交換をする（地理的限定のない）コミュニティーが形成されるのであるから、そこにおける性表現もこのコミュニティーによって評価されるべきであるとする（Swenson, *supra*, at 881）。これに対しては、実際問題としてその評価者（陪審員）はこのコミュニティーの構成員でなければならないが、これを世界中に居住しているはずの莫大な数の構成員から適切に選出することは不可能であり、この「ヴァーチャル・コミュニティーの基準」を採用するとすれば裁判自体をサイバー・スペースで行わざるをえなくなる、との批判もある（Maisano, *supra*, at 577-78）。

(42) *See* Burke, *supra* note 35, at 126-43.

(43)　Stanley v. Georgia, 394, U.S. 557（1969）. 本件では、わいせつ物の単純所持を処罰していたジョージア州法が、表現の自由に関する合衆国憲法修正一条とその州への適用を定める修正一四条とに違反するかが争われた。当該州法の違憲性を認めたマーシャル（Marshall）裁判官による連邦最高裁の法廷意見は、その根拠として、情報収集権（知る権利）をも保障している表現の自由と不合理な国家介入を受けないというプライバシー権とを前提とすれば、国家には自宅に居る国民に対し読むべき書物を告げる任務などなく、また、国家にはわいせつ表現の悪影響から国民を守る権利があるとすることは、国家は国民の思想の道徳性を支配する権利をもつとすることと等しい、としている（*id.* at 564-65）。

もっとも、本判決についてはのちに、わいせつ物の単純所持に至る過程、すなわち同意する者に対するその輸送や販売についてまでも規制を認めない趣旨ではないことが確認されている（*e.g.*, United States v. Reidel, 402 U.S. 351, 354-56（1971））。

(44)　*See* Kipness, *supra* note 33, at 419-20, 426-27; Adrianne Goldsmith, Note, *Sex, Cyberspace, and the Communications Decency Act: The Argument for an Uncensored Internet*, 1997 Utah L. Rev. 843, 857-58. 評価者の地理的な範囲を問題とし、それゆえに判断の主観性を前提としているミラー・テストの「わいせつか否か」との判断方法と比較すれば、規制根拠論の観点から直接「一定の害悪が生じるか否か」を問うこのような判断基準の方が、物理的地理的相違にも無関係に統一的で、より客観的であるとされる（*see* Kipness, *supra* note 33, at 426-27）。

なお、アメリカでは判例も、前述の Stanley 判決（本章注（43））の事案自体がとらわれの聴衆が問題とならないものである点は別としても、わいせつ表現の規制根拠としては、とらわれの聴衆論に否定的ではないように思われる。

Stanley 判決における、国家にはわいせつ表現の悪影響から国民を守るという権利などないとする理由づけは、わいせつ表現が人々を堕落させ社会風俗を害する傾向があるということを規制根拠として挙げることもあった従来の諸判例とは矛盾しているが、Stanley 判決は、これらの判例はわいせつ物の輸送に関するものであって事案が異なり、これらの場合には輸送の過程で（未成年者や）それを欲しない国民にわいせつ物が達する危険性がある、と指摘している（*Stanley*, 394 U.S. at 567）。このことは、Stanley判決の理論を前提とすれば、わいせつ物の輸送規制については（国家による未成年者保護の利益や）それを欲しない者のプライバシー権の侵害の危険性が考慮されざるをえないことを示している。前述のように、Stanley判決はその後の諸判例により、同意している者へのわいせつ物の輸送や販売についても規制を認めない趣旨ではないことが確認され、その意味では本判決の射程は限定されているが、これはそれを欲する者の情報収集権・知る権利が保護される程度や領域の限定の問題であって、むしろこのように、ある者の情報収集権が限定されざるをえないこと自体が、わいせつ物の輸送・販売等に対する（未成年者保護の利益や）他の者の「見たくないものを見ることを強いられない」プライバシー権という規制根拠が存在することを示している（なお、括弧書きで示したように、Stanley判決においても、わいせつ物の輸送規制に関し（それを欲するか否かを問わず）これが未成年者に達する危険性も考慮されており、とらわれの聴衆論とは別の未成年者保護という規制根拠の妥当性は前提とされている）。

したがって、このような規制根拠を前提とすれば、（未成年者や）それを欲しない成人が目にすることのないような方法で、同意している成人に対しわいせつ物を輸送・販売することの規制は認められない。そして、コンピュータ・ネットワーク上の性表現は、少なくとも現在の技術水準では、（それを欲する未成年者にも閲覧可能である点を除き）ほぼ確実にこのような方法で流通しているのである（よって、未成年者との関係でのネットワーク上のわいせつ表現の規制は認められることとなる）。

(45)　ただ、この見解によっても、規制対象とされる性表現における性描写の程度に関する問題は残存しうる。

成人たるとらわれの聴衆との関係で規制対象とされる性表現については、この見解を前提とするのみでは、その性描写の程度につき、従来の「わいせつ表現」（ミラー・テストによるわいせつ概念は一般に、ハードコア・ポルノグラフィー（社会的価値のないポルノグラフィー）における性描写の程度に限定されていると考えられている）と必ずしも同等とはならない。とらわれの聴衆の前提とする「見たくないもの」がハードコア・ポルノグラフィーに限られるとはいえない（とらわれの聴衆となった個々の成人それぞれにつき、「見たくない」性描写の程度は異なりうる）からである。したがって、何らかの社会的価値を有する性表現に表現の自由の保障を与えるとすれば（このように、性表現規制におけるとらわれの聴衆論は、従来からのわいせつ表現規制の前提とするわいせつ性（これは、ハードコア・ポルノグラフィーによる性描写の程度にまで限定されることが望ましい）を最低限の要件としたうえで、この要件を具備する性表現についても成人たる受け手がこれを欲する限り規制は許されないという方向での規制の限定を行う原理であると解されるべきである。したがって、そもそもこの要件を具備しない性表現については、たとえ成人たる受け手がこれを欲しておらず、かつこの表現の受領を回避することができない（とらわれの聴衆である）場合であっても、表現の自由の有する重要な価値に鑑みて、その規制は許されるべきではない。同旨、萩原・前掲注（1）二四四頁以下）、規制対象となる性描写自体をハードコア・ポルノグラフィーと同程度にまで限定する別の要素は必要となる。この点で、この見解が回避しようとした、従来の「わいせつか否か」との判断に類似する評価が必要となる余地はある。

ただし、コンピュータ・ネットワーク上での情報収集には自発的能動的操作が必要となり、また、その内容に関する事前の警告表示が存在することが通常である現在のサイバー・ポルノについてはとらわれの聴衆は想定しがたいことからすれば、少なくとも現時点では、成人たるとらわれの聴衆との関係で規制対象となる性描写の最低限度の要件を確定する作業は回避されうる。それでも、成人に対するとは別に構成されるべき、「未成年者に有害な表現」の性描写の程度の確定は、独立の問題として存在する。

第二章　下品な（未成年者に有害な）表現

序論　「メディア特定的アプローチ」

1　「下品な」表現の法的規制

上述のようにアメリカでは、わいせつな表現は、これが思想の自由な流通に資する価値を有しないという理由で、憲法による表現の自由の保障を受けることができない。このようなわいせつ表現は、現在通用しているわいせつ性の判断基準であるミラー・テストによれば、おおむねハードコア・ポルノグラフィーに限定されている。そのため、同じく性表現ではあっても、その性描写がこのようなわいせつ性を有するとまでは認められない表現は、たとえ僅かではあれ政治的社会的価値を有していると考えられるのであって、それゆえに、このような表現は合衆国憲法修正一条によって保障される。(1)

もっとも、このような性表現に関する権利・自由は、たとえこれが成人との関係においては保障されなければならないとしても、その思想としての価値の僅少さや青少年に対する影響などの観点から、未成年者に対する関係においてまでも当然に保障されるわけではない。この点は、一九六八年の Ginsberg v. New York 判決(2)において、連邦最高裁によっても明確に承認されている。本件は、一七歳未満の者に対する「未成年者に有害な (harmful to minors)」書籍等の販売を禁止していたニュー・ヨーク州刑法典上の条項(3)が、成人が自由に受領しうるわいせつとは評価されない性表現物を青少年が受領しえないように規制しており、未成年者の表現の自由（知る権利）を侵害し違憲であるとして争われた事案である。本判決はこのような自由の制限の正当化根拠として、子の養育を行う親の支援という社会的利益とともに、青少年の福祉を保護し健全育成を図るという国家的利益を挙げ、また、本法の対象たる性表現物と青少年の倫理的道徳的成長の侵害との間の因果関係は立証されえないとしてもこれを否定する科学的証明もまた存在しないとして、立法府によるこのような規制法の制定も合理的であると結論づけてその合憲性を認めている(4)。

このように、わいせつには至らない性表現ではあっても、それを行いあるいは受領する権利が未成年者との関係においては規制されうる性表現は、今日一般に、「下品な（indecent）」表現として類型化されている。

ただ、この「下品な」表現については、連邦法上未成年者保護を目的としたこの規制に関する独立の条項は特に設けられておらず、むしろ、この「下品な」との文言が、わいせつ表現（物）規制に関する諸条項のなかで並列的に用いられている場合がある。その意味で、これが「わいせつ表現には至らず憲法上の保護を受けるが、未成年者との関係においては規制されうる性表現」を表すとの理解が同国の判例・学説上定着しているのは、行政解釈やこれを支持する判例による文言解釈の帰結である。例えば、ラジオにおける性表現の放送の禁止を定めた連邦刑法典一四六四条は、「ラジオ通信により、いかなるわいせつな、下品な、または不敬な（obscene, indecent, or profane）言葉をも発するいかなる者も、本編のもとでの罰金もしくは二年以下の自由刑に処し、またはこれらを併科する(5)」と規定されているが、本条における「下品な」との文言についての行政解釈として、放送・通信規制を担当する連邦通信委員会（Federal Communications Commission（FCC））が一九七五年に公表した解釈は、「一日のうちで子供が聴取者である合理的危険性が存在する時間帯において、放送メディアに関する現代の地域社会の基準によれば明らかに不快（patently offensive）と評価される言葉で、性的なもしくは排泄的な行為または器官（sexual or excretory activities and organs）を描写する」場合をいうとしている。この定義づけは、わいせつ概念についてのミラー・テストを前提としつつ、「好色的興味に訴える（appeals to the prurient interest)」ことがない点と、「重要な文学的、芸術的、政治的または科学的価値を欠」かない点で、「わいせつ」とは区別される。(6) この解釈は連邦最高裁判例でも承認されており、(7) 今日でも放送メディア一般における「下品な」表現の規制につき通用している。(8)

この「下品な」表現は、未成年者に対する関係においては規制されうるとはいえ、これが本来は憲法による保障を享受する表現に対するその表現内容を理由とした規制である以上、その規制は限定的でなければならない。連邦最高裁によれば、これらの表現を規制する立法については、その規制目的が政府のやむにやまれぬ利益(compelling interest)を促進するものであって、かつ、規制方法がこの目的を達成するうえで最も限定的な(least restrictive)ものであることが必要であるとされる。(9) つまり、そのような規制は、やむにやまれぬほど重要な政府利益の達成という目的に基づくものでなければならず、同時に、その具体的な規制手段が当該目的の達成のために必要不可欠であるとともに、これがその他の方法と比較して最も権利制限的でないことが要請されるのである。

下品な性表現を規制する立法の合憲性が争われる場合には、このようないわゆる厳格審査の基準を用いて判断がなされるが、その際、基本的に、未成年者の心身の健全性を保護するという目的はやむにやまれぬ政府利益としての評価を受けている。(10) したがって、これら規制立法の合憲性審査においてはその規制手段の必要最小限性が争点となるのが通常であるが、これにより要請される具体的な規制の方法や手段は、その性質上必然的に、規制対象となる表現の流通媒体の具備する法的技術的特性に連動する相対的なものとなる。そのため連邦最高裁は、規制対象となる表現が、その当時の唯一のメディアである印刷物・出版物において行われていた時代から今日に至るまで、新たなメディアが登場するたびに、当該メディアの技術的特性を踏まえ、これと従来型メディアとの類似性をも考慮しつつ、そこにおける表現に対し最もふさわしい必要かつ最小限度の規制手段を模索するという、いわゆる「メディア特定的アプローチ(medium-specific approach)」を採っている。(11)

２　印刷メディア

この「メディア特定的アプローチ」において、その性質上対象（受け手）からの青少年の排除が比較的容易であって、その意味で青少年保護を目的とする規制を受けることが最も少ない表現媒体が印刷メディアである。

このことを示したのが、連邦最高裁による一九五七年の Butler v. Michigan 判決[12]である。本件で問題となったミシガン州刑法典は、青少年の道徳性を頽廃させ暴力行為や不貞行為に駆り立てる傾向を有する性表現物の頒布・販売等を全面的に禁止しており、本法につき州政府もまた、これらの書籍等は成人には過度に有害ではないが、青少年を保護するため読者一般からこれらを排除することも州の権限であると主張していた。連邦最高裁は、州政府によるこのような主張に対し、「これはまさに豚肉をローストするために家まで燃やすことである。……本法はその射程とされる害悪に対処するにふさわしく限定されてはいない。本法の制定という事態は、ミシガンの成人州民を子供に見合った読み物しか読めないようにさせることである[13]」として、本法の違憲性を認めている。本判決では、問題の規定が、成人にはその受領が憲法上保障される性表現までも規制対象としており、未成年者保護との目的に基づく規制手段としてはその必要最小限性の要件を満たしていないと判断されている。

３　放送メディア

この印刷メディアに対して、放送メディアとして類型化されるテレビやラジオなどの地上波放送に関しては、印刷メディアに対するよりも広範な規制手段が正当化されうる。

この点に関する著名な連邦最高裁判例が、一九七八年の FCC v. Pacifica Foundation 判決[14]である。本件は、人の性器や性行為、排泄行為等を示す言葉を語る漫談のラジオによる昼間の放送につき、これが連邦刑法典一四六四条にいう「下品な」放送に該当するため、児童の聴取する可能性の高い時間帯での放送は禁止されるとした連邦通信委員会の宣言的命令の合憲性が争われた事案である。被告側は印刷物上自由に表明されるこれらの言葉はテレビやラジオの放送上も自由なはずであるなどと主張したが、この命令の合憲性を認めるに当たって、最高裁はまず、性行為等を表す不快な言葉を含む表現に与えられる憲法上の保障はあらゆる文脈で同一である必要はなく、表現に関する多様なメディアはそれぞれに特有の修正一条の問題を提起すると述べ、その上で、メディアごとの扱いの相違の理論的根拠として、本件では特に次の二点が重要であるとする。「第一は、放送メディアは全アメリカ国民の生活に侵入してくる（pervasive）独特の存在性を築いていることである。放送電波上の明らかに不快で下品な素材は、公共の場においてのみならず、介入されないという個人の権利が侵入者の修正一条の権利を明らかに凌駕するプライバシーのある自宅においてもまた国民に直面してくる。……第二は、放送は、子供にとって類をみないほどアクセスが容易である（accessible）ことであり、これは、幼さのゆえに文字が読めない子供についてさえそうである。……Ginsberg判決で我々の示した『青少年の福祉』に関する政府利益は……他の場合には保護される表現の規制を正当化する」[15]。最高裁はこのように述べて、問題となった放送が、子供が聴取する可能性の低い深夜などの時間帯であれば許容されうることを示唆していた本件命令の合憲性を是認した。

ここで最高裁の指摘する放送メディアの特性のうち、アクセスの容易性は青少年との関連で問題となるのに対し、高度の侵入性は必然的に視聴者一般に関係する。侵入性の高さは受け手の側の情報選択、受信の可否についてのコントロール度の低さを意味し、とらわれの聴衆を生じることから政府介入の妥当性を高めることとなる。その意味で本判決は、未成年者保護の利益とともにとらわれの聴衆のプライバシー権をも考慮したうえで、これらと、下品な内容の放送を行いあるいはこの視聴を欲する成人の権利とを衡量して、前者の重要性の観点から後者の制限を許容したものと解される。本判決自身は、メディアの侵入性ととらわれの聴衆との関係性については明示していないが、この点は次に紹介するSable判決で言及されている。

4　通信メディア（架電サービス）

一九八九年のSable Communications of California, Inc. v. FCC判決[16]は、通信メディアとしての電話を利用したサービスに関する判例である。

本件は、電話での有料情報提供サービスであるいわゆる「ダイヤル・ア・ポルノ」を規制するために改正された一九三四年通信法二二三条（b）項が、商業目的によるわいせつなまたは下品な州際通信を一律に禁止していたことから、憲法違反を理由にその仮差止命令が求められた事案である。第一審の連邦地裁では本条における下品な通信の全面禁止部分につき仮差止が認められたが、これに対し連邦通信委員会は、ダイヤル・ア・ポルノ・サービスにおける下品な性表現から未成年者を保護するためには受信者の年齢を問わずこれを全面的に規制せざるをえないとし、その根拠にPacifica判決を援用するなどして連邦最高裁に直接上訴した。

最高裁はまず、わいせつには至らない単なる下品な性表現は修正一条の保護を受けること、しかし国家にやむにやまれぬ政府利益が存在し、この利益を促進するため最も権利制限的でない手段が用いられるのであればこの表現も規制されうること、さらに、青少年の福祉の保護はやむにやまれぬほど重要な政府利益であって、この利益は成人にはわいせつとは評価されない性表現からも青少年を保護する理由となること、を確認する。続いてPacifica判決の先例性を分析し、この判決がそもそも下品な放送の全面的禁止に関する事案についてのものではないこととともに、この判決で独特の侵入性とアクセスの容易性とを有すると認定された放送メディアと本件での電話による有料情報提供サービスとの相違を挙げ、両者は事案が異なるとする。法廷意見は本サービスの特性につき、「架電メディアでは、聴取者が通信を得るためにはその積極的行動（affirmative steps）を必要とする。架ここには『とらわれの聴衆』の問題は存在しない。つまり、原則として、架電者は望まない聴取者ではない。架電者が通信を求め、それに対し進んで料金を支払う架電サービスの文脈は、得られたメッセージを聴取者が欲していない状況とは明らかに異なる。電話をかけることは、ラジオの電源を入れ下品なメッセージに衝撃を受けることと同一ではない。ラジオ放送で噴出するメッセージとは異なり、ダイヤル・ア・ポルノに電話をかける者によって聴取されるそれは侵入的でも衝撃的でもないので、望まない聴取者がそれに晒されることは阻止される」[17]と述べて、放送メディアとの相違を指摘し、このような架電サービスではクレジットカード決済など、未成年者による利用を制限する手段もあることと併せ、二二三条（b）項が成人には許容される通信までも一律に禁止している点で、このような規制方法が青少年保護という目的に必要不可欠とはいえないとして、これを差し止めた原審の判断を是認した。

本判決は、通信メディアとしての電話それ自体についてというよりはむしろ、ダイヤル・ア・ポルノに代表される架電サービスの特性が分析されたものであるが、その特性として本判決が摘示するのは、放送メディアと比較した場合の情報の侵入性の欠如であり、これが両者の間で規制方法の程度に相違が認められる根拠となっている。

5　小　括

以上のように、連邦最高裁は、わいせつには至らない性表現の規制について、未成年者の保護をやむにやまれぬ政府利益と認めたうえで、規制手段の必要最小限性の評価につきそれぞれのメディアの技術的特性を重視する。これら諸判例によって形成されてきた各種メディアに対する法的規制の許容度を要約すると、最も規制が認められがたく、したがって高度の保障を享受するのが印刷物・出版物といった印刷メディアであり、その対極に位置するのがテレビやラジオなどの放送メディアであるといえる。後者には放送の侵入性やアクセスの容易性という独特の技術特性が認められ、この点が青少年に有害な表現の法的規制が緩やかに肯定される理由となっている。これに対し、両者の中間に位置づけられるのが、通信メディアたる電話を利用した架電サービスであって、それは放送メディアにおけるほどのアクセスの容易性や情報の侵入性はなく、それだけ受け手の側で情報選択についてのコントロールが可能であると考えられるからである。

科学技術の進歩に伴い新たなメディアが登場するたびにその技術特性に着目して、それまでのメディアとの類似性ないし相違点から新たなメディアの法的位置づけを模索するこのような「メディア特定的アプローチ」を前提とすれば、ニュー・メディアとしてのコンピュータ・ネットワークにおけるわいせつには至らない性表現に対して課すことが許容される法的規制のあり方は、このメディアの有する技術特性についての法的評価に依存することとなる。したがって、青少年に有害なサイバー・ポルノの規制をその主たる立法目的とする一九九六年通信品位法は、コンピュータ・ネットワークをメディアとしていかなる法的位置づけのもとにおいているのかとの点が、本法による規制に対する憲法的評価において重要となる。

以下では、この点にも注目しつつ、本法による具体的な規制内容とそれをめぐる表現の自由保障の観点からの違憲訴訟とを詳細に紹介し、分析していく。

第一節　一九九六年通信品位法

一般にＣＤＡと略称される一九九六年通信品位法（Communications Decency Act of 1996）は、「わいせつおよび暴力」との表題を付された一九九六年電気通信法（Telecommunications Act of 1996）[18] 第五編の特別な名称である（条文上付与された正式名称であって、俗称ではない）。この電気通信法とは、アメリカにおける通信から放送に至る各種電気通信事業を包括的に規律していた一九三四年通信法（Communications Act of 1934）[19] を、経済政策の変化や技術革新の進行に対応させるための大規模な改正法律であって、その第五編以外は電気通信事業に関する専門的技術的な規定となっている。第五編が独立の名称を有している理由も、このような同一法律内の体系の相違に関係するが、実際に、本編に相当する条文は当初の電気通信法案には存在せず、本編は、連邦議会における本法案の審議過程で、民主党エクソン（Exon）上院議員の提出による「通信品位法」案がこれに追加挿入されたものである。

一　立法経過

このような通信品位法の制定を促したのは、いうまでもなく、国民の間に広がったサイバー・ポルノに対する懸念である。ＡＢＣテレビが一九九五年六月に行った世論調査によれば、この当時すでに八割以上ものアメリカ国民が、子供達がインターネット上のポルノグラフィーを目にすることに対する不安を示していたといわれる[20]。

一方、この調査の前年、サイバー・ポルノの問題性が徐々に社会的に認識されつつあった頃に第一〇三議会会期中であった連邦議会においては、一九三四年通信法の改正が議題となっており、その一環として上院商務・科学・運輸委員会においても通信法改正案の審議が行われていた。そのようななか、この一九九四年には、強力なサイバー・ポルノ規制論者であったエクソン上院議員が、「子供達をわいせつな、淫らなまたは下品な通信から保護するため」として、通信法上の電話による性表現の規制に関する条文である合衆国法典第四七編二二三条を改正する法案を本委員会に提出した。「通信品位法」と名づけられたこの改正法案は、本条の「電話」との文言を「電気通信装置（telecommunications device）」に置き換えるとともに、「送信する（transmits）」等の文言を追加することで、新たにコンピュータ通信をも本条の対象とさせるものであった。しかしこの時点では、この改正案は商務等委員会の外部では議会の注目を集めることができず、廃案となっている[21]（通信法改正案自体も会期末に廃案となった）。

その後、一九九四年一一月に行われた中間選挙によって共和党保守層が議会の過半数を獲得したこともあり、翌九五年二月一日に、第一〇四議会においてエクソン議員が再提出した通信品位法案は、三月二三日には上院商務等委員会を通過した。この法案は、わいせつなサイバー・ポルノとわいせつには至らない単なる下品なそれとを区別せず一律に規制するものであったが、エクソン議員は、ラジオ放送に関する Pacifica 判決を根拠として、子供達を保護するためにはこのような規制も許されると主張していた。[22] その後、本法案は新たに共和党コーツ（Coats）上院議員らを共同提案者とすることで、超党派法案として六月九日に上院本会議に上程された。一方本会議では、六月七日には、エクソン案では規制が不十分であるとする共和党グラスレイ（Grassley）上院議員により、またエクソン案上程と同日には、同案は過度の規制を課するあまりに拙速な法案であると批判する民主党リーイ（Leahy）上院議員により、それぞれ対抗案が提出されるなどした。リーイ案では、現行法規の適用可能性、サイバー・ポルノ対策経費の試算、およびフィルタリング技術等の代替規制策など、サイバー・ポルノ対策に係る調査研究を司法省に対し義務づけ、これを法律制定後一五〇日以内に行わせるものとしていた。本会議では、過度の規制を課すものとしてほとんど支持を得なかったグラスレイ案を除く二法案の審議が中心となったが、サイバー・ポルノの実態やインターネットに通じない議員も多く、エクソン案の先行きは不透明であった。そのためエクソン議員は、プリントアウトされたインターネット上のわいせつ画像を議員らに繰り返し閲覧させるなどして、その問題性を強く印象づけることに努めた。わいせつには至らない下品なサイバー・ポルノをも同様に規制するというエクソン案の問題点に対しては、他の議員や人権擁護団体からの批判のみならず、ゴア（Gore）副大統領や司法省までもが疑問を表明していたが、結局、六月一四日の採決では本法案が八四対一六の大差で上院案として承認され、直後の発声投票によって、同時に審議されていた通信法改正案の一部にエクソン案が正式に組み込まれることとなった。この時点では「一九九五年電気通信の競争と規制緩和に関する法律」との名称であった通信法改正案は、翌一五日に八一対一八で可決された。[23]

一方、「一九九五年通信法」として独自に通信法改正案を審議していた下院では、議事運営につき強力な権限を有する共和党ギングリッチ（Gingrich）下院議長が、上院による通信法改正案可決直後の六月二〇日に、その一部である通信品位法に対し、成人間では保障されるコミュニケーションをも禁ずる点で明らかに違憲であるとともに子供の保護にも効果のない規制手段となる法律であるとして、反対する立場を表明していた。続いて三〇日には共和党コックス（Cox）、民主党ワイデン（Wyden）両下院議員から、上院による通信品位法案への事実上の対抗案として、自主規制や受信者による情報選択を可能にする技術の開発などを定める法案が提出され、これを含む下院による通信法改正案が八月四日の本会議での採決に付されることとなった。下院ではこのように、基本的には上院によるサイバー・ポルノ規制案への反対姿勢が強かったが、採決の直前にはこの改正案に対し、わいせつ物規制に関する連邦刑法典一四六二条と一四六五条に「双方向コンピュータ・サービス」との文言を追加させる修正（共和党ブライレイ（Bliley）下院議員発案）のほか、コンピュータを利用した、性的行為等に関する明らかに不快な通信の処罰を新設する修正（共和党ハイド（Hyde）下院議員発案）までもが、十分な議論を経ないまま行われることとなった[24]。特に、ハイド修正による規定は上院の通信品位法と大差のないものであったが、結局これらの修正を加えられたコックス・ワイデン案を含む通信法改正案は、ほぼ全会一致の四二〇対四の圧倒的多数で下院を通過した[25]。

このようにして各院で可決されたそれぞれの通信法改正案の対立点を調整するため、同年一〇月には両院協議会が開催された。サイバー・ポルノ関連の規定に関しては、上院のこれまでの通信品位法案がメディアを「電気通信装置」との文言で一括していたのに対して、これとは別に「双方向コンピュータ・サービス」を明示する規定が追加されるなどした。その後協議会においては、下院のコックス・ワイデン案の支持者であった共和党ホワイト（White）下院議員から、上院の規制案を承認する代わりに、「下品な」ではなく「未成年者に有害な（harmful to minors）」との文言を用いるべきとする妥協案が示された。この文言は、連邦最高裁もGinsberg判決（本章序論1参照）においてその明確性を肯定した、すでに確立されている限定的な定義を有しており、また、ホワイト議員によれば、四八州の法律で採用されているほど定着した文言である。協議会においてもこの妥協案は肯定的に評価され、実際に一二月六日には二〇対一三の採決でこのホワイト修正が採用された。ところがその直後、共和党グッドラット（Goodlatte）下院議員から、この「未成年者に有害な」との文言をそれまでの「下品な」に戻すとする再修正案が提出され、一七対一六という僅差ながらこのグットラット案も採用されることとなり、結局、規制対象となるわいせつには至らない性表現は、当初の上院案どおりに、「下品な」それとして規定されることとなった。その後は、当初よりサイバー・ポルノの法的規制自体を禁止する条項は有していなかった下院のコックス・ワイデン案がそのまま上院案へ組み込まれるとともに、この上院案と、下院案におけるハイド修正との調整が行われ、最終的には当初の上院案の内容をほぼ維持したままの通信品位法案として一本化された。(26)

こうして両院協議会での調整を終えた通信品位法案を含んだ電気通信法案は、翌九六年二月一日に両院を通過、八日に大統領の署名を得て成立した。

二　条　文

1　概　観

コンピュータ・ネットワーク上の一定の表現を、その内容を理由として規制する初の連邦法として、このような経過を辿って成立した一九九六年通信品位法（一九九六年電気通信法第五編「わいせつおよび暴力」）は、A章「電気通信設備のわいせつ的、いやがらせ的および不正な利用」、B章「暴力」、C章「司法審査」からなる全一二条の法律である。本法では、ケーブル・テレビにおけるわいせつまたは暴力的な表現の規制についても規定されており、条文数としてはむしろコンピュータ・ネットワーク関連のものは少ないが、これについてはいずれもA章における五〇二条「一九三四年通信法のもとでの電気通信設備のわいせつ的またはいやがらせ的な利用」、五〇九条「オンライン通信に対する家庭への権限の付与」、および、連邦刑法典を改正する上述の五〇七条の三つが割り当てられている。(27)

これらのうち、五〇九条は下院のコックス・ワイデン案による条文であって、サイバー・ポルノ規制を具体的に規定しているのは五〇二条と五〇七条であるが、青少年保護の目的に基づく規制を定める五〇二条は、本法の立法経過に関連して紹介したように、一九三四年通信法上の電話による性表現の規制に関する条文である合衆国法典第四七編「電信、電話および無線電信」二二三条「州際もしくは国際通信におけるわいせつ的なまたはいやがらせ的な架電」を改正し、本条に新たに電気通信装置や双方向コンピュータ・サービスを利用する場合を追加するものである。

この二二三条は、無線通信と電話との一元的な規制を目的としていた一九三四年通信法の制定当初から存在していたものではなく、同法の一九六八年の改正により新設された条文であって、この当時は、州際もしくは国際通信等としての電話を用いたわいせつ表現や迷惑行為、いやがらせ行為等の禁止を規定するものであった[28]。その後、八〇年代以降のダイヤル・ア・ポルノ・サービスの普及に伴い、未成年者によるこの利用が社会問題化したことなどから、本条に対しては、一九八三年の改正以来本サービス関連の規制条項の追加・修正が数次にわたって行われ、その結果、通信品位法による改正を受ける直前の本条の構造としては、(a)項で電話(telephone)を用いたわいせつ表現、いやがらせ行為等の従来からの規制が、(b)項および(c)項でわいせつな通信や一八歳未満の者に対する下品な通信などの商業目的による提供(ダイヤル・ア・ポルノ・サービス)の規制とこれに関する技術的条件等が、それぞれ規定されていた[29]。つまり、本条の性格は、制定以来一貫して電話を用いた性表現等を規制するものであって、通信品位法による今回の改正が本条に対して行われたという点では、本法は、インターネットに代表されるコンピュータ・ネットワーク上の情報通信を電話というメディアに類似するものと位置づけているということができる。

2　禁止行為

通信品位法五〇二条により、全体として大幅に改正された合衆国法典第四七編二二三条のなかで、サイバー・

ポルノ規制に関する条項が（a）項と（d）項である。

まず、（A）から（E）の五つの行為類型が規定されている（a）項（一）号では、用いられるメディアに新たに「電気通信装置（telecommunications device）」が追加されるなどしたほかは、全体としてほぼ従来どおりのわいせつ表現・いやがらせ行為等の禁止が規定されているが、そのなかで唯一の新設規定に当たる同号（B）では、電気通信装置を用いて「当該通信の受信者が一八歳未満の者であることを認識しつつ、いかなるわいせつなもしくは下品な（indecent）言及、要求、暗示、提案、画像またはその他の通信をも」なす者の処罰が規定されており、また、同項（二）号では、自己の管理する電気通信設備を（一）号の禁止行為に利用させる意図でその利用を許可する者の処罰が定められている（法定刑はともに、合衆国法典第一八編のもとでの罰金もしくは二年以下の自由刑、またはその併科）。

次に、今回の改正で新設された同条（d）項においては、（一）号で、「現代の地域社会の基準によれば明らかに不快（patently offensive）と評価される言葉で、性的なもしくは排泄的な行為または器官を文脈上記述しまたは描写するいかなる言及、要求、暗示、提案、画像またはその他の通信をも」、（A）一八歳未満の者に送信するために、または（B）これらの者に入手可能なように陳列するために、「双方向コンピュータ・サービス（interactive computer service）」を利用する者の処罰が規定され、また、同項（二）号では、（a）項（二）号におけると同じように、自己の管理する電気通信設備を（一）号の禁止行為に利用させる意図でその利用を許可する者の処罰が定められている（法定刑は（a）項（一）号、同項（二）号と同じ）(30)。

3　定　義

これら禁止行為を定める規定における文言の意味に関しては、まず、定義規定として同時に新設された同条（h）項によれば、（a）項（一）号における「電気通信装置」とは、（d）項（一）号における「双方向コンピユータ・サービス」を含まないものとされ（(h)項（一）号（B））、この後者については、通信品位法五〇九条により一九三四年通信法第二編（合衆国法典第四七編二〇一条以下）に追加された二三〇条における（e）項（二）号で、「多数の利用者によるコンピュータ・サーバーへのコンピュータによるアクセスを提供し、もしくは可能にするいかなる情報サービス、システム、またはアクセス・ソフトウェアの提供者であって、特にインターネットへのアクセスを提供するサービスまたはシステム……を含む」ものと定義づけられている（(h)項（二）号）[31]。これを前提とすると、通信品位法（により改正された一九三四年通信法）の規制しようとする有害なサイバー・ポルノに対しては、コンピュータ・ネットワーク上のサービスを意味する「双方向コンピュータ・サービス」に関する（d）項（一）号が適用されうることは明らかであるが、本サービスを含まないとされる「電気通信装置」の使用に関する（a）項（一）号（B）はそれへの適用を排除されているようにみえる。ただし、本法上「電気通信装置」自体の具体的定義を欠いていることから、この点は十分に明確ではない（後述するACLU I判決では、この適用可能性は肯定されている）。

次に、（d）項（一）号で規制される通信内容を示す「明らかに不快」との文言については、通信品位法制定時の議会両院協議会報告書によれば、これがラジオ放送に関するPacifica判決で問題となり、連邦最高裁によっても是認された、連邦通信委員会による「下品な」との文言についての解釈からなる定義づけを用いたものであって、この「明らかに不快」との文言は、（a）項（一）号（B）における「下品な」との文言と同一の意味である、とされている[32]。このように、放送メディアにおける「下品な」表現についての定義が用いられている限りでは、一方で今回の改正が電話という通信メディアに関する条項において行われながらも、他方でコンピュータ・ネットワークにつき放送メディア類似の位置づけが与えられているということになる[33]。

4　抗弁

なお、以上のような禁止行為に対し、この二二三条に同時に追加された（e）項では、次のような一定の抗弁が規定されている。

まず、同項（一）号では、「何人も、自己の管理下にない設備、システムもしくはネットワークへの、もしくはこれらからのアクセスまたは接続を提供したことのみをもって、（a）項または（d）項に違反したものとみなされない。このアクセスまたは接続には、伝達、ダウンロード、中間記憶、アクセス・ソフトウェア、またはその他の、通信内容の作成を含まないこれらアクセスまたは接続の提供に付随する関連機能を含む」とされている。これは、（a）項、（d）項が、規制対象となる情報の作成者（コンテンツ・プロバイダ）を処罰するものであって、単にインターネットなどのオンラインへのアクセスを提供するに過ぎない者（アクセス・プロバイダ）はその対象とはならないことを明示する規定である。(34)

また、（四）号では、「いかなる雇用者も、被用者または代理人の行為がその雇用または代理の範囲内にあり、かつ雇用者が、（A）そのような行為を知りながらこれに授権もしくは追認をし、または（B）軽率にも無視したのでないかぎり、被用者または代理人の措置のゆえに本条のもとでの責任を負わない」、（五）号では、「次のことは、（a）項（一）号（B）もしくは（d）項のもとでの訴追、または（a）項（一）号（B）のもとでの活動のための設備の利用に関する（a）項（二）号のもとでの訴追に対する抗弁となる。その者が、（A）これらの条項に規定された通信に対する未成年者によるアクセスを制限しまたは阻止するために、当該状況下で合理的、効果的（effective）かつ適切な措置を誠実に（in good faith）講じたこと。この措置は、利用可能な技術のもとで実現可能ないかなる方法をも含む、未成年者に当該通信を制限するためのいかなる適切な手段に関するものでもよい。または（B）認証済クレジットカード、デビット・アカウント、成人アクセス・コード、もしくは成人の身分証明番号の使用を要求することによって当該通信へのアクセスを制限したこと」との抗弁が規定されている。(35)

情報の受け手としての未成年者の保護を目的としたサイバー・ポルノ規制として、以上のような条文を有していた通信品位法は、その法案審議の段階ですでに繰り返されていた、市民団体や業界団体などによる表現の自由との抵触への懸念の表明によっても予測されていたように、成立のための大統領署名を得て数時間ののちに、憲法違反を理由とする差し止めを求める訴訟を提起されるに至っている。

三　ACLU Ⅰ判決

1　訴訟の経緯

通信品位法の制定日である一九九六年二月八日に提起された、本法についての違憲訴訟は二件ある。一つは、アメリカ自由人権協会（American Civil Liberties Union (ACLU)）を中心とする原告団によるペンシルベニア州東部地区連邦地裁に係属した訴訟（ACLU Ⅰ判決）であり、もう一つは、オンライン新聞の発行者を原告とするニュー・ヨーク州南部地区連邦地裁における訴訟（Shea 判決）であって、いずれもリノ（Reno）司法長官を被告として本法の差し止めを求めるものである。(36) これら二つの訴訟は個々の争点も審理の経過も類似していたが、訴訟の進行が若干先行していたために、最終的に連邦最高裁による具体的な判断が示されるに至ったのは前者についてである。

ACLU Ⅰ判決では、ACLUなどの人権擁護団体のほか、マスコミやオンライン・サービス事業者などの二〇の団体からなる原告が、通信品位法による改正後の合衆国法典第四七編二二三条（a）項（一）号（B）の「下品な」、および同条（d）項（一）号の「明らかに不快な」との文言（および、それぞれの文言により規定された禁止行為を引用する各項の（二）号）につき、その過度の広汎性と漠然性とを理由として、表現の自由に関する合衆国憲法修正一条とデュー・プロセスを定める修正五条の違反に基づくその差し止めを求めている（（a）項による「わいせつな」表現の規制の合憲性については争われていない）。

ペンシルベニア州東部地区連邦地裁のバックウォルター（Buckwalter）裁判官は、証拠審理により「下品な」

との文言の漠然性を認め、二月一五日にはこの文言に関してのみ一方的緊急差止命令（temporary restraining order）を発して、同地裁が原告の訴えについての最終的な判断を下すまでの、当該部分の暫定的な差し止めを認めた。[37] これ以降、その違憲訴訟につき連邦地裁での三人からなる合議法廷による審理を規定した通信品位法五六一条（a）項に基づき、同地裁のダルツェル（Dalzell）裁判官と第三巡回区連邦控訴裁判所スロビター（Sloviter）首席裁判官とが審理に加わった。その後、二月二六日には新たにアメリカ図書館協会やマイクロソフト社などの原告により、司法省を被告とした同様の訴えが提起されたため、これが本件と併合されることとなった。そして六月一一日には、同地裁の三人合議法廷により、原告が当初から問題としていたすべての規定につき、暫定的差止命令（preliminary injunction）が発せられている。[38]

2 判旨

この六月一一日のACLU I判決では、まずその前提として、「電気通信装置」（二二三条（a）項（一）号（B））が「双方向コンピュータ・サービス」（同条（d）項（一）号）を含まない（同条（h）項（一）号（B））とされるのみでそれ自体の定義づけを欠いていることから、その通常の語義によればコンピュータと電話回線との信号を変換する装置である「モデム」もこれに含まれ、よって（a）項（一）号（B）がコンピュータ・ネットワーク上の通信にも適用されうることが、両当事者に争いのない事実として確認されている。[39] 次いで、事実認定として、インターネットの創出とサイバー・スペースの発展、インターネットの基本的技術特性やそこにおけるコミュニケーション態様、オンライン情報の規制技術、インターネット上の性表現の現状など、幅広い内容にわたって全一二三項目ものきわめて大部かつ詳細な認定が行われている。そして、二二三条（a）項（一）号（B）および同項（二）号は「下品な」表現にまで適用される限りで、また、「明らかに不快な」との文言に関する同条（d）項（一）号および同項（二）号はそれ自体として、ともに文面上違憲であるとの原告による立証はなされたと認める各裁判官のそれぞれの具体的な理由づけが示され、最後にこれらの条項に対する暫定的差止命令を発する全員一致の結論が示されている。

以下に、各裁判官がそれぞれ執筆した意見の部分を要約して示す。

○　ACLU Ｉ判決（ペンシルベニア州東部地区連邦地裁）

［スロビター裁判官］

政府側は、通信品位法上の「下品な」との文言と「明らかに不快な」との文言とは同義であって交換可能であると主張するが、同法上「下品な」との文言についての定義規定はなく、これを（d）項（一）号におけるように「性的なもしくは排泄的な行為または器官を文脈上記述しまたは描写する」ものと限定する文言も（a）項（二）号には用いられていないので、これと「明らかに不快な」との文言とが同義であるとは解しがたい。

インターネット上の通信については、利用者がこれを得るには積極的かつ意図的に（affirmatively and deliberately）行為することが必要であり、利用者はその内容についても事実上常に事前の警告を受けており、放送の場合のような襲撃（assault）を受けることは稀である点で、これは Pacifica 判決における放送よりもむしろ Sable 判決における電話に類似するのであり、本件においても放送規制に対するように緩やかに違憲審査を行う理由はない。現時点の技術では情報内容提供者（content providers）が個々の受信者の年齢等を確認することはニュース・グループ（newsgroup）等では不可能であり、またＷＷＷでは完全に不可能ではないにしても、そのような義務は小規模ないし非営利の情報内容提供者にとって表現活動を不可能にさせるほどの経済的負担を課すことになる点で、結局、通信品位法は成人に保障された表現活動を過度に広汎に規制している。

本法により抗弁として認められている手段も、技術的にも経済的にも大半の情報内容提供者には用いること

ができない。原告は、問題の諸条項は修正一条、同五条に違反し文面上違憲とする本案を立証しえている。(40)

［バックウォルター裁判官］

（a）項（一）号の「下品な」との文言は漠然としており、（d）項（一）号の「文脈上（in context）」、「明らかに不快な」との文言もまた、修正一条、同五条に違反するほど漠然としている。また、現在の技術では、インターネット上の大半の表現者には通信品位法による訴追を免れる手段はなく、本法は厳格審査により違憲となる。この点、スロビター裁判官に同調する。

通信品位法が表現の自由を規制する刑罰法規でもあることからすれば、その明確性は、保障される表現を萎縮させないためのみならず、告知の付与と刑罰権の恣意的執行の防止のためにも必須である。本法上「下品な」との文言は何ら定義づけられておらず、連邦通信委員会もサイバー・スペースとのメディアに適用されるべきその定義を示していない。文面上これと「明らかに不快な」との文言とを同義と解することはできず、仮に同義であると解しても、政府がその定義を示すものとして引用するPacifica判決は何の指針にもならない。同判決は「下品な」との文言の明確性を判断したものではなく、ラジオにおけるそのような表現に対する連邦通信委員会の規制権限を承認したに過ぎず、また、同判決が高度のアクセス容易性を有する放送メディアのみに妥当する判断であることを同判決自身認めており、他のメディアに関する規制についても「下品な」との文言が使用可能であると判示したわけでもない。電話やケーブル・テレビの規制に「下品な」との文言を用いた法規を支持した判例も存在しているが、これはそこでの定義が「当該メディアに関し」との限定を含んでいたからであり、これに対し本件では問題の規定をサイバー・スペースに関して限定する努力はなされていない。「明らかに不快な」との文言もまた、それが判断される際にサイバー・スペースのいずれの「地域社会の基準」が用いられるのか不明であり、「文脈上」も極めて多義的な文言である。

二二三条（e）項（五）号の規定する抗弁も、クレジットカードや身分証明番号による確認という、大半の情報内容提供者が活用しえない方法であるほか、いかなる手段が「未成年者によるアクセスを制限しまたは阻止するために、当該状況下で合理的、効果的かつ適切な措置」に該当するのか示していない(41)。

［ダルツェル裁判官］

問題の文言につき、Pacifica判決での「下品な」との文言の定義を前提とすれば、「明らかに不快な」との文言は「下品な」の定義づけに過ぎず、両者は同義と認められ、また、この定義はわいせつ概念についてのミラー・テストの一部であって、本テストが漠然とは評価されない以上、「下品な」、「明らかに不快な」との文言が違憲となるほど漠然とは認められない。しかし、連邦最高裁によるメディア特定的アプローチにおいては、Pacifica判決は独特の侵入性とアクセスの容易性とを伴う放送メディアのみに妥当する判例であり、インターネットはこれとは異なる。コンピュータの操作はテレビの場合ほど容易ではなく、その襲撃的性質もインターネットには全く存在しない。たとえ性表現がマウスを数回クリックするだけで入手可能であるとしても、この数回のクリックには著しい法的重要性が認められる。

インターネット上のコミュニケーションについては、四つの関連する特性が認められる。それは第一に、参入障壁が極めて低いこと、第二に、この参入障壁が話し手と聞き手の双方にとって同等であること、第三に、このような障壁の低さの結果として、驚異的なほど多様なコンテンツが入手可能であること、そして第四に、ここにおいて発言を望むすべての者に相当数のアクセスを提供しているとともに、話し手達の間の相対的な平等性までも創出していること、である。表現の自由に関する「思想の自由市場」論は、実際のマス・メディアが少数の富める者のみによって支配されているという現実とかけ離れていると批判されてきたが、これに対しインターネットは、人類が未経験であった最も大衆参加型の思想の自由市場を実現している。これは印刷メディアでさえ実現不可能であった状況であって、このような特性を前提とすれば、インターネットには政府介入からの最大限の保障が与えられるべきである。議会が、インターネットにおける憲法上保護された単なる下品な表現を規制することは全く許されない。

確かに青少年の保護はやむにやまれざる政府利益ではあるが、インターネット上の情報の半分は国外に由来することなどからすれば、通信品位法がこの目的に役立ちうるかは疑問である。子供を養育する両親は、一定の情報を家庭でブロックするソフトウェアを使用することや、子供によるインターネットの利用を監視することなどを選択しうるのである。(42)

3　分析

一　三裁判官による以上のような理由づけのうち、スロビター、バックウォルター両裁判官の意見は大体において一致している。両者はまず、「下品な」、「明らかに不快な」との文言が本質的に不明確であって、特にこれが刑罰法規に用いられる際には定義規定などが設けられない限り、漠然性のゆえにデュー・プロセス違反となることを免れないと判断している。バックウォルター裁判官はこの修正五条の問題を特に重視する立場から、被告たる政府側によってこれらの文言の意味内容やその使用の合憲性を示すものとして引用されている諸判例を詳細に分析し、これらの事案での「下品な」との文言については、常に連邦通信委員会の行政解釈により当該メディアに特定的な定義づけがなされていたことを指摘し、(43)本件においても少なくともこのような定義づけが必要であるが、それすら存在していないとしている。

次いで両裁判官は、通信品位法による規制はPacifica判決により正当化されるとする政府の主張を検討し、この判決で問題とされた放送メディアが有する情報の侵入性とアクセスの容易性という技術特性はインターネットには認められず、むしろここでは積極的意図的な情報獲得行為が必要である点で、インターネットにはSable

判決における電話に類似した法的位置づけが与えられるべきであるとする。そこで、厳格審査を前提として本法による規制を分析すれば、抗弁とされる手段が現時点ではいずれも技術的もしくは経済的に利用が不可能または著しく困難であることと相俟って、問題の文言が成人の表現の自由を過度に広汎に規制している、とされる。

ここでは、問題の文言がいずれも過度に広汎かつ漠然としており、修正一条、同五条に違反すると認定されているとともに、表現の自由に関するインターネットのメディアとしての法的評価については、従来からの「メディア特定的アプローチ」を前提として、電話（架電サービス）類似の法的位置づけがなされている。スロビター、バックウォルター両裁判官によるインターネットに対するこの法的評価との対比において注目に値するのが、三人目のダルツェル裁判官による見解である。

二　ダルツェル裁判官の意見では、まず、「下品な」、「明らかに不快な」との文言につき漠然とまでは評価されず、修正五条違反は認められていない。しかし、その過度の広汎性が違憲判断の理由とされており、この判断の前提として、インターネットが単に技術特性のみの観点から放送メディアに当たらず電話に類似すると評価されるのではなく、これが修正一条による表現の自由の保障の根本原理に対して有する社会的意義と実質的機能についての観点から、そのマス・メディアとしてのあるべき法的位置づけが検討されている。

つまり、従来から指摘されてきたように、表現の自由の保障の理論的根拠の一つに挙げられる「思想の自由市場」論にもかかわらず、現代の言論市場はごく一部のマスコミ支配層の見解によって形成されており、国民それぞれが各自の意見を平等の影響力の下に自由に表明しえ、またこうして表明された極めて多様な見解を受領しうるといった状況ではない。このような思想の自由市場の機能不全に対して、グローバル性や非中央集権性などの全く新規なメディア特性に基づく、参入障壁の低さや平等性、それに伴う見解の多様性を備えたインターネットというメディアは、わずかの経済的負担で誰でも平等に、自己のいかなる見解でも瞬時に全世界へ向けて表明し、またその多様な見解を受領することを可能にする。これは人類が今日まで経験したことのない最も大衆参加型のマス・メディアであって、印刷メディアであっても実現しえなかった思想の自由市場である。表現の自由の保障の原理論に対するこのようなインターネットの社会的意義ないし実質的機能を前提とすれば、ここにおける表現に対しては、少なくとも印刷メディアと同等以上の保障が与えられるべきである。

これが、ダルツェル裁判官による、インターネットのメディアとしての法的位置づけの理解である。

インターネットのマス・メディアとしての社会的意義や実質的機能に着目したこのような法的位置づけによれば、その帰結として、スロビター、バックウォルター両裁判官の意見にみられるような、従来からの「メディア特定的アプローチ」を前提とした場合に与えられる電話（架電サービス）類似の位置づけ以上の保障がインターネット上の表現に付与されることになるとともに[44]、単に当該メディアの技術特性のみに着目した法的評価の際に生じうる、この法的評価の流動性、不安定性が消滅ないしは著しく減少する点が重要である。

つまり、当該メディアの技術特性のみを指標とした「メディア特定的アプローチ」では、時間の経過に伴う科学の進歩や技術革新などによる、当該メディアの技術的な（メディアとしての本質的意義に関係しない）特性の変容により、これに対する法的評価も異なることとなり、そこにおける表現に与えられる保障の程度も大幅に変化しうることになる。したがって、インターネットについても、例えばその操作性の向上が図られ、あるいはいわゆる「インターネット放送」等が実用化された場合に、これが現在の地上波放送と同程度の侵入性やアクセスの容易性を獲得することになれば、これに対しても放送類似の大幅な政府規制が許容される余地が生じる[45]。その技術的な特性のみの放送類似化のゆえにこのような規制が認められることとなれば、インターネットが表現の自由の原理論との関係で有する、放送メディアにはないその本質的な社会的意義が著しく減殺されることとなる。このような事態は、インターネットが、その社会的実質的意義を直接に反映しているがゆえに技術特性の変容には連動しない、マス・メディアとしての不変的な法的位置づけを付与されている場合には、生じない[46]。

具体的な技術特性のゆえに一定の公的規制の必要が認められる場合に、そのメディア特性にふさわしい表現保障の程度の確定を図る「メディア特定的アプローチ」の枠組みも決して不合理なものではないが、これが当該メディアの技術特性を主要な指標としており、しかも、デジタル技術の急速な発展を背景としたメディアの融合に代表されるように、この指標自体が著しく流動化している現在の状況下では、このアプローチがインターネットの本来有する実質的社会的意義を今後十分に評価しえなくなる可能性は否定できない。この点で、ダルツェル裁判官の見解にみられるような、表現の自由の原理論に対する社会的実質的意義の観点からのインターネットの法的位置づけは、重要な意味をもつと思われる。[47]

四　ACLU II 判決

このようにして、連邦地裁合議法廷により暫定的差止命令が発せられたことから（ACLU I 判決）、その違憲判決に対する連邦最高裁への飛躍上訴を認めている通信品位法五六一条（b）項に基づいて、政府はこれを行った。この上訴に対して最高裁は、一九九七年六月二六日に、七対二で連邦地裁合議法廷の判断を支持する Reno v. American Civil Liberties Union 判決（ACLU II 判決）[48]を下している。

1　判　旨

このACLU II 判決では、スティーブンス（Stevens）裁判官による法廷意見に対し、オコナー（O'Connor）裁判官が一部同意一部反対意見を執筆しているが[49]、インターネットに関する技術特性等については双方ともに原判決の事実認定に全面的に依拠している。

以下、本判決を要約して示す。

○　ACLU II 判決（連邦最高裁）

［法廷意見・スティーブンス裁判官］

政府は、通信品位法が合憲と判断されるべき根拠として、Ginsberg判決、Pacifica判決およびRenton判決という三判例[50]を援用する。しかしまず、一七歳未満の者に対する「未成年者に有害な」書籍等の販売を禁ずるニュー・ヨーク州刑法典の合憲性を認めたGinsberg判決については、当該州法が、親が同意のもとにその書籍等を子供に提供する余地を残していること、その適用が商取引に限定されていること、客体の定義につき「未成年者に対し埋め合わせとなる社会的価値を完全に欠く」との限定を有していること、未成年者を一七歳未満の者としていること、という点で通信品位法よりも限定的であり、よってこの判決は先例とはなりえない。次にPacifica判決に関しては、ここで合憲と判断された連邦通信委員会による宣言的命令は、放送時間に関する規制を認めるのみで放送の禁止自体に関するものではないこと、刑事制裁を伴わないこと、聴取者が予期せぬ番組にさらされることが多いゆえに修正一条による保障が最も制限されてきたラジオという特定のメディアに対するものであること、という点で通信品位法とは著しく異なり、本判決も先例とはならない。さらに、住宅地域における成人向け映画館の営業禁止を定めるゾーニング（zoning）条例が合憲とされたRenton判決についても、この条例が生活環境の悪化等の二次的影響を考慮するものであって、映画内容自体を規制するものではない点で通信品位法とは異なっており、本判決もまた先例にはふさわしくない。

放送メディアに対しては、その規制の歴史的伝統、利用可能周波数の希少性および放送内容の侵入性という規制根拠が認められるが、インターネットにはこれらの要素が全く妥当しないことから、そこにおける表現規制に対する修正一条に基づく審査を緩和させる理由はない。

通信品位法上の「下品な」、「明らかに不快な」との文言は、これらが修正五条に違反するほど漠然としているかどうかを問題とするまでもなく、修正一条についての重大な懸念を提起する。これらの文言には定義づけがなく、両者の相互関連性や具体的な意味内容は漠然としている。そのため、避妊手段や同性愛、刑務所内強姦などに関する重要な議論が本法には決して違反しないことを話し手が確信をもって推測することはできず、よって本法が、有害情報からの未成年者の保護のために慎重に起草されたものであるとは解しがたい。本法が表現内容規制であり、かつ刑罰法規であることからする萎縮的効果と差別的執行の危険性とは特に重大である。また、「明らかに不快な」との文言（および、政府がこれと同義であると主張している「下品な」との文言）がわいせつ性判断につき確立されたミラー・テストにおける一要素を用いたものであっても、本テストのこの部分だけでは明確であるとはいえない。これらの文言は社会的価値のある表現を排除する限定を有しておらず、憲法上保護される表現を萎縮させることとなる。

確かに、政府には青少年の保護という利益がある。しかしこの利益は、成人に向けられた表現を不必要に広汎に抑制することを正当化しない。受信者の一人が未成年者であることが認識されている場合に常にその送信を禁止しても成人間の通信を妨げることにはならないという政府の主張は誤りである。原審の認定によれば、送信者にとっての有効な年齢確認方法が存在しないことから、送信者は受信者の中に未成年者がいるかもしれないという認識により訴追されることになり、結局成人間の通信に負担を課すことになるからである。対照的に、親が子供による受信を規制しうるような受信者の側のソフトウェアは存在すると認定されている。通信品位法は前例のないほど広汎である。Ginsberg 判決や Pacifica 判決で支持された規制とは異なり、本法の射程は商業目的による表現に限定されておらず、非営利団体や個人による表現をも対象としている。「下品な」、「明らかに不快な」という一般的で定義づけのなされていない文言は、重大な価値を有する性表現の多くを包含することになる。さらに、（d）項（一）号にいう「地域社会の基準」がインターネット上で用いられると、全国的規模で受信されるコミュニケーションが、その内容によって最も不快感を与えられる地域社会の基準によって判断されることとなる。本法が広汎な表現内容規制であることから、政府には、より制限的でない手段が本法と同程度に効果的でない理由を説明する特に重大な義務があるにもかかわらず、これは行われていない。

政府は、抗弁に関する二二三条（e）項（五）号に依拠して本法の合憲性を主張するが、その際、下品な情報の送信者が自ら当該情報に「タグづけ」を行うことが、本号にいう「合理的、効果的かつ適切な措置を誠実に講じたこと」に該当すると示唆する。しかし、この抗弁規定を非現実的なものとしているのが、ここでの措置が「効果的」でなければならないという要件である。付された「タグ」を判別する受信者側のソフトウェアが存在していないし、存在するとしてもすべての受信者がこれを用いるかは不明であって、「効果的」な措置とはいえないからである。また、クレジットカードや身分証明番号による受信者の確認も、非営利の大半の情報内容提供者が用いえない方法であって、結局、これらの抗弁も本法による成人間の通信への負担を減少させていない。

当裁判所は、可分条項である合衆国法典第四七編六〇八条が適用可能な二二三条（a）項については、「わいせつな」通信の規制は維持したうえで「下品な」通信の規制部分のみを違憲とし、可分条項が適用しえない「明らかに不快な」に関する二二三条（d）項についてはすべて違憲とする。通信品位法五六一条により当裁判所に管轄が認められるのは文面審査についてであるので、本判決を適用違憲の判断とすることはできない。また、本法の無限定的な性格上、これに合憲限定解釈を施すこともできない。

政府は当裁判所で、人々がインターネットから遠ざかりその成長が妨げられることがないようにするためにも、「下品な」、「明らかに不快な」情報を規制する必要があるとしているが、このような主張は、この新たな思想の自由市場の劇的な拡張という現実と矛盾する。政府による規制は、思想の自由な交換を促進するよりもむしろ阻害する。(51)

［一部同意一部反対意見・オコナー裁判官］

通信品位法はインターネット上に「アダルト・ゾーン」を創出しようとするものであると考えられるが、このようなゾーニングは、（i）規制される素材への成人のアクセスを不当に制限せず、かつ（ii）未成年者が規制される素材を受領する修正一条の権利を有していない場合には合憲である。従来の現実空間では、物理的な場所の存在と身分確認とによりゾーニングは容易であったが、これに対し電子空間では、現時点の技術水準では、身分確認の困難さとこれによる一定の情報からの特定者の排除の困難さとを伴う。

通信品位法の合憲性は今現在のインターネットに適用されるものとして評価されなければならないが、そうであるとすると、（i）に関し、二二三条（d）項（一）号（B）の「陳列」の場合には、身分確認等のゲートウェイ技術の未確立により成人のみを相手とすることが不可能であり、本法による訴追を避けるには表現を控えるしかなく、結局成人に保障される表現をなすことも受領することも規制されるため違憲である。これに対し、受信者を一八歳未満の者に限定している同号（A）と、同条（a）項（一）号（B）の「下品な」送信の規定は、相手が未成年者であることを認識しつつ電子メールを送信する場合のように、未成年者との会話において成人が一人のみの場合に適用される限りで合憲である。この場合には成人間の会話内容の規制が問題とならないからである。（ii）に関しては、未成年者にとって埋め合わせとなる価値を有し、その好色的興味に訴えない表現をも規制対象としうる点で、「下品な」、「明らかに不快な」との文言は広汎ではある。しかし、過度の広汎性の立証にはそれが現実的かつ実質的なものであることを要し、また「下品な」、「明らかに不快な」表現でありながらも未成年者にとって埋め合わせとなる価値を有し、その好色的興味に訴えない表現は極めて少ないと考えられるので、結局本法は、未成年者に保障された表現を過度に制限するものではない(52)。

2　分　析

①　サイバー・スペースにおけるミラー・テストの妥当性

このACLU II判決については、まず、法廷意見による問題の文言の漠然性および広汎性の分析に際しての、政府により「下品な」と同義であると主張される「明らかに不快な」との文言とわいせつ性の判断基準であるミラー・テストとの関連についての判断が注目される。

第一に、これらの文言の漠然性につき、二二三条（d）項（一）号の「現代の地域社会の基準によれば明らかに不快と評価される言葉で、性的なもしくは排泄的な行為または器官を文脈上記述し、または描写する」との文言が、ミラー・テストの三要素の一つを条文化したものであって不明確ではないとする政府の主張を、法廷意見が退けている点である。法廷意見は、三要素からなるミラー・テストが漠然であるとは評価されないからといって、その一要素のみでも明確であるわけではないとし、このテストでは他の二要素がわいせつの定義の不明確な射程を決定的に限定しているとする。さらに、ミラー・テスト上の「明らかに不快な」に関する要素では、規制対象となる素材が「適用可能な州法によって明確に定義づけられた」性的行為を描写していることとの要件があるとともに、描写対象も「性的行為」に限定されているのに対して、本条（d）項（一）号では州法による定義づけの要件がなく、描写対象も「性的行為」に加えて「排泄行為」、性的排泄的「器官」をも含む点で、無限定的な（open-ended）「明らかに不快な」との文言に固有の漠然性がなんら減じられていないとしている。描写対象が「性的行為」に限定されていないのは、この規定がわいせつには至らない性表現の規制を目的とするものであるためと思われるが、法廷意見が以上のように述べてミラー・テストの存在を理由とした明確性の主張を退けた点は、原判決におけるスロビター、バックウォルター両裁判官が特にミラー・テストとの関連性には言及することなく問題の文言の漠然性を肯定し、他方でダルツェル裁判官に至ってはミラー・テストを理由にその漠然性を否定していることとは対照的である。

そして第二に、法廷意見が、問題の文言の広汎性の検討に際して、（d）項（一）号によればある表現が規制対象となるか否かは「地域社会の基準」に基づいて判断されなければならない点を問題としている点である。法廷意見は、「地域社会の基準」がインターネットというメディアに適用される場合には、そこにおける表現はいかなる地域においても受信可能なのであるから、結局そのような性表現に対し最も寛容ではない「地域社会の基準」によってもなお「明らかに不快な」（および、この文言と同義であるとする政府の解釈を前提とすれば、「下品な」）と判断されない表現が、この条項の適用を免れる最低限度の表現となってしまうことを懸念し、この点も当該文言の過度の広汎性の理由として挙げている。

インターネットへの「地域社会の基準」の適用によるいわゆる「最小公分母」の問題は、前述のように、すでにThomas判決で問題となっていた論点であって（第一章第二節二参照）、その際、連邦最高裁はサーシオレイライを拒否することによって、確かに何らの判断も示してはいなかった。しかし、本件ACLU II判決では、問題となっている（d）項（一）号が文言上ミラー・テストの一部を条文化したものであり、それゆえにこの規定により「地域社会の基準」がインターネットへ適用されることを法廷意見は批判しているにもかかわらず、他方で、この法廷意見自身が、（通信品位法という新たな規制立法は不要であるとの認識を示唆するかのようなかたちで）インターネット上のわいせつ表現の規制は現行法たる連邦刑法典一四六五条などにより可能であると積極的に言及しているからすれば（この場合、「地域社会の基準」を前提とするミラー・テストのインターネットへの適用が当然に必要となる）[53]、「地域社会の基準」に対する法廷意見の評価には矛盾があるように思われる[54]。

② インターネットの法的位置づけ

法廷意見はこれらの点に加え、修正五条の問題につき最終的な判断をせず、その漠然性を過度の広汎性の評価に包括させた上で修正一条違反のみを認定していることのほかは、ほぼ原判決、特にスロビター、バックウォルター両裁判官の見解と同様と評価することができる。法廷意見は冒頭で、Pacifica判決も含め政府側から先例として主張される三判例がいずれも事案を異にすると判断したうえで、インターネットには妥当しない「規制の歴史」、「周波数の希少性」および「情報の侵入性」という諸要素を挙げて、これが放送類似の法的位置づけには適さないことを確認している。これら諸要素のうち、「規制の歴史」とは、放送がその草創期以来、連邦通信委員会という専門委員から成り規則制定権や裁決権をも有する独立行政法人の管轄の下にあり、制度的にも専門性の面でも規制の合理性が保障されてきたことをいう趣旨と解され、また、「地上波放送の周波数の希少性」は、従来から、番組内容についての政治的中立性や見解の多様性などに関するいわゆる公正（公平）原則（fairness doctrine）を地上波放送に対して課すことを根拠づける理由とされてきたが、確かにこれらの要素はインターネットというニュー・メディアには当てはまらないものの、特定の内容の表現の禁止に関する本件の事案で放送メディアとの区別に実質的な意味をもつのは、これが「情報の侵入性」という要素をもたないことである。アクセスの容易性（をインターネットが欠くこと）については特に触れられてはいないが、法廷意見もまた原判決と同様の理由づけにより、インターネットを放送メディアと同等に評価することを拒否し、電話（架電サービス）類似の位置づけを与えたものと解される。(55)

こうして法廷意見は本判決により、アメリカ連邦最高裁として初めてインターネットのメディアとしての法的位置づけを示したが、その基礎となっているのは、情報の侵入性の欠如などの技術特性を指標とする従来どおりの「メディア特定的アプローチ」であり、その厳格審査に基づいた問題の諸規定の過度の広汎性の分析に際しても、情報規制技術、特に送信者の側で受信者を選別しうる技術の不十分性という、原判決の認定する現時点での技術水準との要素が、この修正一条違反の認定に相当の影響を与えている。この点はオコナー裁判官による少数意見についても同様であり、ここでは問題の規定の合憲性があくまで現時点でのインターネットの技術特性に基づいて評価されなければならないことが特に強調されている。したがって連邦最高裁は、少なくとも本判決においては、原判決におけるダルツェル裁判官の意見に象徴されるような、表現の自由との関連でインターネットがメディアとして有する社会的実質的意義を分析、評価したうえでその法的位置づけを検討するとの手法を採用するものではないと解される。

③　学説による評価

本判決の結論自体は学説においても肯定的に評価されているが、そのインターネットのメディアとしての法的評価については、原判決に関して前述したことと同様の視点からの懸念を表明する見解が多い。

これらの見解によれば、急速な技術革新とそれに伴うメディアの融合が進行している今日にあっては、「メディア特定的アプローチ」の前提自体が著しく流動化していることに加え、インターネット自体もまた、既存の郵便に類似する電子メール、一対一ないし複数の会話に類似したコミュニケーションの点で電話に類似するチャット、一対多の情報伝達の点で放送に類似するWWW等、多様なサービスを提供しうることで従来の単一メディアの範疇では評価し尽くされえない複合的性質を有していることから、その技術特性的側面を指標として従来型メディアとの類似点を探究するのみでは十分ではなく、匿名性や双方向性をも備えたこれら複合メディアとしてのその実質が表現の自由保障の原理との関係で有しうる法的社会的意義の観点からの分析が必要であるとされる。その際、インターネットの有する重要な意義として指摘されているのは、そのグローバル性と非中央集権性とのゆえに、これが最も民主的で大衆参加型なマス・メディアとして機能している点である(56)。

本判決の原審におけるダルツェル裁判官の意見と同趣旨と解されるこれらの見解によれば、インターネットには、印刷メディアと同等以上の法的位置づけとこれに伴う保障とが与えられるべきこととなるとともに、このようなメディアとしての法的位置づけ（と保障と）が、その将来の技術特性の変化（例えば、放送類似化など）にかかわらず、一定の不変性を獲得することとなる点が重要である(57)。

通信品位法上の、青少年保護を目的としてわいせつには至らないサイバー・ポルノを規制対象としていた条項は、このACLU II判決により違憲無効と判断されたが、この判断には、受信者確認等の技術がいまだ十分には確立されていないなど、現時点でのインターネット関連の技術水準という事情も相当の影響を与えているとしても、やはりその最大の要因は、表現内容の刑事規制立法としては安易にも、十分に確立されあるいは定義づけられていない「下品な」、「明らかに不快な」などの文言を用いた法律を、厳格な法的規制を急ぐ立法者が拙速にも成立させたことにあるように思われる。

実際に、通信品位法の成立の要因としては、議会での審議過程での、本法制定への抵抗は国民にポルノ肯定派議員との印象を与えるだけだという立法者の打算的な態度や、その速やかな可決成立が情報通信産業の規制緩和という緊急の課題に応えるために不可欠であった電気通信法案に通信品位法案を挿入させるという立案議員の戦略、その一方でこのエクソン議員自身インターネットの経験さえ一度もなかったことに示されるような、このニュー・メディアの法的技術的特性に対する立法者達の著しい無知、などが指摘されており[58]、それゆえに、本法の制定は、国民のみならず立法者までも巻き込んだサイバー・ポルノへのあまりにヒステリックな反応であるとか、ロビー団体による激しい規制要求に応えようとする立法者の選挙前年のパフォーマンスに過ぎない、などと批判されている[59]。そうであるとすれば、そもそもACLU II判決は、メディアとしてのインターネットの法的評価もしくは既存メディアとの類推によるその法的位置づけ如何により、その結論が左右されうるほどの事案に関するものではないともいいうる[60]。

しかしいずれにせよ、連邦最高裁として初めてインターネットのメディアとしての法的位置づけを示したことで、本判決は、その後のアメリカにおけるインターネット規制立法についての重要な先例となっている[61]。

第二節　一九九八年児童オンライン保護法

このACLU II判決によって、インターネット上で公表される特定内容の表現を規制しようとするアメリカ初の連邦法であった通信品位法の違憲無効が確定したことを受けて、政府は直ちにクリントン（Clinton）大統領による声明を発表した。

すでに一九九六年一月の一般教書において、二〇〇〇年までにアメリカにおけるすべての学校でのインターネット接続を実現することを表明していた大統領は、ACLU II 判決を受けたこの声明において、同国における言論の自由の価値と調和する方法で子供を保護する手段を開発する必要性を論じ、インターネットを子供にとって安全なメディアとするために必要な手段を親や教師に与えなければならないとの決意を明らかにした。これに続いて、一九九七年七月一日に発表された正副大統領の共同作成による「グローバルな電子商取引のためのフレームワーク（A Framework for Global Electronic Commerce）」と題された報告書においては、インターネット上での情報流通に対する公的規制が表現の自由を侵害する危険性が示され、オンライン上の情報をスクリーニングする方策としての、レイティングの強制を含む業界による自主規制や、フィルタリング技術・年齢認証システムなどの、利用の容易な技術的手段の開発を政府が支援することが表明された(62)。インターネット上の自由な情報の流通を維持することで情報通信産業の利益保護を図るという目論見もあり、政府としてはこのように、今後青少年保護を目的とするサイバー・ポルノの規制には介入せず、以後はこの問題を民間主導による自主規制に委ねていくとの立場を明らかにしていた。

ところが、政府によるこのような政策表明とは対照的に、連邦議会においては、ACLU II 判決の直後から、通信品位法において無効とされた条項に代わる規制法を立案する動きが活発化し、翌九八年一〇月には新たに、通信品位法と同一の立法目的に基づく一九九八年児童オンライン保護法（Child Online Protection Act of 1998（COPA））が制定されるに至っている(63)。

一　立法経過と条文

1　立法経過

ACLU I，ACLU II の二判決により違憲無効とされた通信品位法（ＣＤＡ）上の諸規定の趣旨を受け継いでいるという意味で、しばしば“son of CDA”とか、“CDA II”などと俗称される一九九八年児童オンライン保護法は、第一〇五議会第二会期末の一九九八年一〇月二一日に成立した。

本法の条文は、最終的には議会下院の法案に基づいて作成されたものであるが、通信品位法に対する違憲判決を受けて直ちに新法制定に乗り出したのはむしろ上院であって、九五年当時エクソン議員とともに通信品位法案を共同提出したコーツ議員が新法案の作成に当たった。コーツ議員は、ACLU II判決で示された判断を踏まえて、規制を商業目的での情報提供に限定する、規制対象となる性表現につき「未成年者に有害な」表現との文言を用いる、未成年者を一七歳未満の者とする、などの点で通信品位法におけるよりも規制対象の限定された新法案を作成し、九七年一一月にこれを上院に提案した。本法案は、翌九八年三月には上院商務・科学・運輸委員会で、その後七月には上院本会議で可決された。

一方、下院においても、九八年四月三〇日には、ともに共和党員であるオックスリー（Oxley）、グリーンウッド（Greenwood）両下院議員によって、上院案とほぼ同一内容の法案が提出されていた。本法案は、同年九月一七日に下院商務委員会における電気通信・通商・消費者保護小委員会で可決され、同月二四日には商務委員会、翌一〇月七日には下院本会議で可決された。この下院案は、条文数が一条のみであった上院案に対し六条と比較的詳細であったことから、児童オンライン保護法案は最終的にこの下院案に統一された。その後、本法案は共和党員により、会期末に審議中であった一九九九会計年度一括的統合緊急追加歳出法（Omnibus Consolidated and Emergency Supplemental Appropriations Act, 1999）[64]案の内部にその一部として組み込まれ、上下両院を通過したのち、歳出法案内部にあるため児童オンライン保護法案のみに拒否権を発動することもできない大統領の署名を得ることによって、一〇月二一日に成立した。[65]

2　条　文

こうして成立した一九九八年児童オンライン保護法は、一括的統合緊急追加歳出法のC部（Division C）第一四編を構成することからいずれも一四〇〇番代の条文番号を付された六つの条文からなっており、このうち、無効とされた通信品位法に代わる条文が一四〇三条である。(66)本条は、一九三四年通信法第二編（電話規制に関する総則的諸条文）に該当する合衆国法典第四七編第五章第二節第一款（同法典第四七編二〇一条ないし二三〇条）に改正を加えているが、通信品位法が本款中の二二三条を改正したのに対して、本款の末尾に二三一条を追加するという形式を採っている。

こうして新設された二三一条は、「WWWを利用して営業として配信される未成年者に有害な素材への未成年者によるアクセスの制限」との表題を付されており、その規定の構成は、（a）項において禁止行為が、（c）項では積極的抗弁（affirmative defense）がそれぞれ規定され、定義規定として（e）項が設けられている。

①　禁止行為

禁止行為を定める二三一条（a）項（一）号では、「いかなる未成年者にも入手可能であり、かつ未成年者に有害な（harmful to minors）いかなる素材をも含むいかなる通信をも、そう認識しつつ、かつ当該素材の性質を認識して、州際または国際通商において、WWWを利用して商業目的（commercial purposes）で行ういかなる者も、五万ドル以下の罰金もしくは六月以下の自由刑に処し、またはこれらを併科する」と規定されている。(67)

②　定　義

この禁止行為規定において用いられている文言については、その定義が同条（e）項各号において規定されているが、通信品位法が違憲無効と判断された経緯からしても、極めて重要な意味を有するのが、「未成年者に有害な」との文言の定義づけである。これにつき、同項（六）号は、「『未成年者に有害な素材』との文言は、いかなるわいせつな、もしくは以下の性質をも有するいかなる通信、写真、画像、画像ファイル、記事、録音、著述、またはその他の物（communication, picture, image, graphic image file, article, recording, writing, or other matter）をも意味する。（A）平均人が、現代の地域社会の基準（community standards）を適用すると、当該素材を全体としてみた場合に、かつ未成年者に関して、これが好色的興味（prurient interest）に訴え、または迎合するように作成されたものと認めるものであり、（B）現実のもしくは擬態の性的行為または性的接触、現実のもしくは擬態の正常なまたは倒錯した性的行為、または性器もしくは思春期を経過した女性の胸部の淫らな公開を、未成年者に関して明らかに不快な（patently offensive）方法で記述し、描写しまたは表現するものであり、かつ（C）全体としてみた場合に、未成年者にとって重要な文学的、芸術的、政治的または科学的価値を欠くもの」と規定している。

なお、この定義規定たる（e）項では、そのほかに、「商業目的」との文言については、同項（二）号（A）で「ある者が当該通信を行う営業に従事している場合にのみ、この者は商業目的で通信をなすものとみなされる」とされており、「未成年者」については、（七）号で「一七歳未満の者」をいうと規定されている。(68)

③　抗　弁

抗弁に関する同条（c）項（一）号では、未成年者に有害な素材への未成年者によるアクセスを次の方法で誠実に制限したことが、本条に基づく訴追の積極的抗弁となるとして、「（A）クレジットカード、デビット・アカウント、成人アクセス・コード、または成人の身分証明番号の使用の要求により、（B）年齢を証明する電子認証の許可により、または（C）利用可能な技術のもとで実効性のあるその他のいかなる合理的な手段によって」アクセスを制限することが規定されている。(69)

二　通信品位法との相違

児童オンライン保護法一四〇三条によって新設されたこの合衆国法典第四七編二三一条は、いうまでもなく、通信品位法の規定（により改正された同法典第四七編二二三条）の一部を無効と判断したACLU II判決によって指摘された同法の問題点を踏まえたうえで、この改善を図り、裁判所による違憲審査を通過しうる、未成年者保護の目的に基づくわいせつには至らないサイバー・ポルノの規制を試みるものである。この二三一条と通信品位法上の規定（により改正された二二三条）との重要な相違点は、おおむね次のとおりである。

第一は、最も重要な改善点として、規制対象となる性表現につき通信品位法の「下品な」、「明らかに不快な」との文言に代えて、新たに「未成年者に有害な」との文言を用いてその類型化を行っていることである。この文言は、前述のように、法案段階の通信品位法が議会両院協議会で審議されていた当時にも採用が検討されていたものであって、州法において採用されている例も多く、それらの明確性を肯定する裁判所の判例も少なくない。先に紹介したように、二三一条（e）項（六）号では、児童オンライン保護法によって採用されたこの文言の定義が規定されており、それによれば、この「未成年者に有害な」性表現は、わいせつ表現とともに、同号（A）、（B）、（C）の三要素によって判断される性表現を意味するとされている。連邦議会下院での本法の法案審議に際して、本法案とともに本会議に提出された下院商務委員会による報告書（以下「下院報告書」）によれば、この三要素からなる定義づけは、わいせつ概念の判断基準として確立しているミラー・テストと、連邦最高裁による一九六八年のGinsberg判決によって承認された「未成年者に有害な」との文言の定義づけとに従ったものであり[70]、これは要するに、成人との関係においてはわいせつには至らない性表現であっても、未成年者に対する関係ではわいせつと評価されうることを認める、いわゆる「可変的わいせつ（variable obscenity）概念」を採用したものであるとされる[71]。

児童オンライン保護法によって採用されたこの「未成年者に有害な」との文言、およびその定義づけについては、これが連邦最高裁自身によって確立されている判断基準に基づいて規制対象となる性表現を類型化したものである以上、この文言が漠然不明確のゆえに違憲と判断される可能性は低いとして評価されている[72]。その一方、

「未成年者に有害な」性表現か否かを判断する三要素のうちの一つ（二三一条（e）項（六）号（A））が、ミラー・テストにおける「地域社会の基準」をそのまま用いている点を批判する見解もある。Thomas 判決によってもその問題性が明らかとなったように（第一章第二節二参照）、この基準をサイバー・スペースに適用する場合の「地域社会」の決定ないし選択は極めて不確定的であり、連邦最高裁もまた ACLU II 判決において、（前節四**2**①で述べたように、その立場は必ずしも明確ではないが、しかし少なくとも）この基準の適用による「最小公分母」の問題性に懸念を表明していることからすれば、この文言の合憲性にはなお疑問の余地があるとも指摘される。[73]

第二の相違点は、その法適用が、WWWを用いて伝達される性表現に限定されていることである。通信品位法が、規制対象となる性表現の流通につき、およそ「双方向コンピュータ・サービス」を利用したいかなる場合をもその適用対象としていたのに対して、児童オンライン保護法は、これをインターネット上の一サービスであるWWWを利用する場合のみに限定している。下院報告書においても、本法による規制が、一対一の通信（電子メール）、一対多の通信（リストサーブ（list-serv））、情報データベース（ニュース・グループ）、リアルタイム通信（インターネット・リレー・チャット（internet relay chat））、リアルタイム遠隔操作（テルネット（telnet））、あるいはWWW以外の遠隔情報検索（ファイル転送プロトコル（file transfer protocol（ftp））およびゴーファ（gopher））などによって伝達される内容には適用されないことが強調されている。[74] 法適用の対象となるサービスのこのような限定は、ACLU I 判決におけるスロビター裁判官による意見が、この判決の時点では、ニュース・グループやチャット・ルーム（chat room）等といったWWW以外のインターネット上の各種サービスにつき、送信者側での受信者の選別を可能にする技術が存在しないことを指摘していたことに配慮したものとも考えられる。

第三に、規制対象となる情報提供活動が商業目的に基づいて行われる場合に限定されている。ACLU II 判決において連邦最高裁もまた、非営利団体や個人によって行われる表現までも対象とする通信品位法の広汎性と、それゆえに事実上強制されることとなる、その時点で実用化されていた情報送信者側での受信者選別技術の利用が、非営利での情報提供者にとって表現活動自体を断念せざるをえないほどの経済的負担となることを指摘していた。そこで新法では、規制対象を、営業として提供される性表現のみに限定することとしている。

しかしながらこの点については、児童オンライン保護法による「商業目的」の定義づけは緩やかに行われており、当該サイトにおいて提供される情報に対する対価としての料金支払いが必要となる、いわゆる「有料サイト」による場合以外の情報提供も広く本法の規制対象とされている、との批判が強い。「商業目的」との文言を定義づけている二三一条（e）項（二）号（A）は、前述のように「ある者が当該通信を行う営業に従事している場合にのみ、この者は商業目的で通信をなすものとみなされる」と規定しているが、ここにいう「営業に従事している（engaged in the business）」との文言につき、同号（B）によってさらに定義づけがなされており、そこにおいて、「『営業に従事している』との文言は、未成年者に有害ないかなる素材をも含む通信を、WWWを利用して行い、もしくは行うことを提供している者が、当該活動の結果として利益を得る目的で、その者の取引または営業の通常の過程として、これらの活動のために時間、処置もしくは労働力を充当することをいう（ただし、この者が利益を得ること、または当該通信を行いもしくは行うことを提供することがこの者の唯一のもしくは主要な営業であり、もしくは収入源であることは必要ではない）」と規定されている。これは、営業活動の一環として当該サイトが運営されているのであれば営業に従事していることとなり、よって商業目的で通信をなすものとみなされることを意味している。つまり、これによれば、当該サイトでの情報提供自体が有料で行われる典型的な有料サイトはいうまでもないが、そこへのアクセスもそのサイトで提供される情報も完全に無料であるポルノ業者の広告を兼ねたホームページや、通常の民間企業、例えば美術品などを扱う業者の自社ホームページがたまたま性的な作品を掲載していた場合、さらにはホームページ上のバナー広告の収入によって当該サイトの運営を賄う非営利の団体や個人が性的な情報を提供していた場合などまでもが商業目的での通信とみなされ、本法の対象となる。[75]一見するとその適用対象が、情報提供自体が有料で行われる場合のみに限定されているかのようにみえる本法が、実際にはこのような広範な射程を有していることに対しては、表現活動の過度の自主規制につながるとして、各方面より懸念が表明されている。

第四に、児童オンライン保護法は、積極的抗弁となりうる措置につき、これが「効果的（effective）」であることまでは要求していない。この点、通信品位法上の抗弁では、誠実に講じられるべき措置が「合理的、効果的かつ適切」であることが要件とされており、連邦最高裁もACLU II判決で、この「効果的」との要件こそが抗弁規定を非現実的なものとしていると批判していた。なお、通信品位法でも列挙されていた、クレジットカード等を用いた受信者制限による抗弁は児童オンライン保護法でも維持されており、新法ではこれらに加えて新たに電子認証による方法も認められている。

最後に、これは条文自体についての通信品位法との相違点ではないが、児童オンライン保護法の法案審議の過程では、上下両院でそれぞれ公聴会が開催されるなど、比較的慎重に法律作成の手順が踏まれている。通信品位法は初のインターネット規制法でありながらも、その議会審議に際して一度の公聴会さえ開催されることもなく、終始閉鎖的な経過を経て制定され、結果としてこのニュー・メディアに対する立法者の認識不足もまた本法の欠陥の要因となったことと比較して、一九九八年二月一〇日（上院商務等委員会）、九月一一日（下院商務委員会）と二度にわたり公聴会も開催された児童オンライン保護法については、立法面では正当な手続を経たものと評価されている。(76)

こうして、通信品位法が連邦最高裁により違憲無効と判断される理由となった同法上の問題点を改善したものとして起草され、制定された児童オンライン保護法であったが、本法もまたその制定直後から、表現の自由保障との抵触などを理由に、違憲訴訟を提起されることとなった。

三　ACLU Ⅲ判決・ACLU Ⅳ判決・ACLU Ⅴ判決

1　訴訟の経緯

一九九八年一〇月二一日に児童オンライン保護法が成立したその翌日、アメリカ自由人権協会（ＡＣＬＵ）やインターネット関連団体など一七団体からなる原告団が、リノ司法長官を相手として、本法執行の差し止めを求める訴えをペンシルベニア州東部地区連邦地裁に提起した。原告は、本法による「未成年者に有害な」性表現の規制が、過度に広汎で成人と未成年者の表現の自由を侵害している点で合衆国憲法修正一条に、漠然としている点で修正一条とデュー・プロセスに関する修正五条とに、それぞれ違反し無効であることをその理由として挙げていた。

児童オンライン保護法はその一四〇六条で、成立から三〇日後に施行されることが規定されており、したがって施行日は一一月二〇日であったが、その前日に同地裁リード（Reed）裁判官は、本法の規定する積極的抗弁が多くの原告にとって技術的にも経済的にも利用が困難であり、本法による訴追を回避するためには成人に保障された表現を差し控えなければならなくなることを原告は立証したと認め、本法に対する一方的緊急差止命令を発した。この差止命令の有効期限は当初一二月四日までと定められていたが、その後、翌九九年二月一日まで延長されることとなった。

一方的緊急差止命令が発せられたのち、同地裁は本法の暫定的な差し止めを求める原告の訴えにつき証拠審理を重ね、一方的緊急差止命令の有効期限日である二月一日に、原告の要求どおり本法執行に対する暫定的差止命令を発した（ACLU Ⅲ判決）[77]。リード裁判官によるこの ACLU Ⅲ判決では、まず原告の当事者適格（standing）を争う被告の主張が検討され、続いて六七項目にわたる事実認定が行われている。その上で暫定的差止命令を求める原告の訴えが具体的に検討され、本法の過度の広汎性による成人に保障された表現に対する必要以上の負担を理由とした修正一条違反の立証可能性が認定されて、暫定的差止命令を発する同地裁の結論が示されている。

この判決を不服とした司法省側は、直ちに第三巡回区連邦控訴裁判所への上訴を行ったが、これに対して同裁判所は翌二〇〇〇年六月二二日に、連邦地裁の結論を支持する判決（ACLU IV 判決）を下している(78)。もっとも、ガース（Garth）裁判官の執筆による本判決は、児童オンライン保護法の差し止めを認める原判決の結論は是認するものの、その結論に至る分析視角の点では原判決と内容を異にしている。ACLU IV 判決は、本法上の「未成年者に有害な」との文言の定義づけ、具体的には、この有害性の判断要素として「地域社会の基準」を用いることがインターネットというメディアとの関連で適切か否かを検討し、現時点での技術水準を前提とすればこの基準の適用が本法を過度に広汎な表現規制としてしまうことを認める。そして、「未成年者に有害な」との文言による性表現規制が本法の核心である以上この点のみでその修正一条違反による違憲性は立証されるとして、原判決で分析された、過度の広汎性に関する本法上のその他の問題点については判断を行っていない。

このACLU IV 判決に対しても、連邦最高裁への裁量上訴受理請求が行われた。ただし、その際司法省は、児童オンライン保護法の差し止め自体は争わず、本判決が同法の過度の広汎性の有無につき、ACLU III 判決では論じられていなかったその「地域社会の基準」の採用にのみ議論を限定したうえでこれを肯定していることのみについての、最高裁による判断を求めるものとしていた。二〇〇一年五月にこの上訴の受理を認めた最高裁は、翌二〇〇二年五月一三日に、ACLU IV 判決を取り消し、差し戻すことで、連邦控訴裁判所での審理のやり直しを命じる判決を下した（ACLU V 判決）。本判決では児童オンライン保護法の差し止め自体が問題とされていないがゆえに、トーマス裁判官による相対多数意見も明確に認めているように、これは控訴裁判所が唯一判断した、同法は「地域社会の基準」を用いていることのみでも過度に広汎となるとの評価のみを取り消す判決であって、ACLU III 判決で示された、同法についての他の諸論点に基づくその過度の広汎性の肯定との判断自体について、最高裁の何らかの見解を示すものではない。
児童オンライン保護法は現在も差し止められたままであり、第一審でのACLU III判決のような、本法の総合的な検討に基づいたその合憲性についての判断は、今後、控訴裁判所において、あるいは最高裁でも示されることとなる。

2 判　旨

以下に、これら三判例の重要部分を要約して示す（段落の見出しは判決文のもの）。

○ ACLU III判決（ペンシルベニア州東部地区連邦地裁・リード裁判官）

III　被告による訴え却下の申立についての決定

被告は、児童オンライン保護法がいわゆるポルノ業者のみに適用されるものであり、原告にはこれらの業者は含まれていないと主張するが、本法の文面上その射程をポルノ業者のみに限定するものはない。本法における「商業目的」の定義づけの広範さを前提とすれば、本法は理論的には、未成年者に有害な素材をごくわずかでも含むいかなるウェッブ・サイトにも適用される。原告はすべてそれ自身あるいはその構成員が性に関する情報をウェッブ・サイトに掲載しており、これらは一定の地域社会では「未成年者に有害」と判断されうると主張している。原告の示す不合理とはいえない本法の解釈が正しいとすれば、原告は確実な訴追の脅威に直面することとなり、さらに、修正一条の文脈では、当該法律の存在自体が第三者に与える萎縮的効果を理由として訴えを提起することができる。

VI　暫定的差止の申立と法律問題に関する結論

児童オンライン保護法は、少なくとも成人に対する関係においては保障された表現についての、内容に基づく規制である。放送メディアや営利的言論（commercial speech）の規制に対しては緩やかな審査基準が当てはまるが、本件はこのいずれにも該当しない。ACLU II判決で連邦最高裁は、インターネットというメディアに関する修正一条に基づく審査基準を緩和させる理由はないとしている。わいせつには当たらない性表現は修正一条によって保護される。このような表現の内容規制として、本法には無効の推定が働き、厳格審査に服する。

経済的負担を課すことで表現活動へのインセンティブを失わせることも言論の抑止に当たる。児童オンライン保護法を遵守するためには、積極的抗弁となる措置を実行するという経済的負担が課されることになる。さらに、インターネットというメディアの性質上、ウェッブ・サイトの管理者や情報内容提供者（content providers）は、積極的措置を講じない限りアクセスしてくる者の身分、所在地、年齢などを確認することはできず、これと同じ理由で、未成年者のアクセスを制限するための措置は成人のアクセスをも対象とすることになる。クレジットカード等による年齢確認は利用者の減少、ひいてはそのような情報提供の財政基盤にも影響を与えうるので、ウェッブ・サイト管理者や情報内容提供者は当該表現自体を行わないよう自己検閲（self-censorship）をすることにもなりうる。

連邦議会には、成人との関係ではわいせつと評価されない性表現からも未成年者を保護するというやむにやまれぬ利益があることは明らかである。しかし本件では、外国のウェッブ・サイトや商業目的によらないサイト、ハイパーテキスト転送プルトコル（http）以外のプロトコルを経由したオンラインなどで未成年者が有害情報にアクセスできること、さらに、本法上の積極的抗弁にもかかわらず、未成年者は合法的にクレジットカードやデビット・カードを所有しうることが、本法の有効性についての問題を示している。他方、原告の提示するフィルタリング（filtering）やブロッキング（blocking）の技術によるソフトウェアは、それも完全ではないものの、国外サイトや他のプロトコルによるものなど本法が対象としない情報源をも遮断するものと認められる。これらの技術が、本法によって成人の利用者やサイト管理者らに課される憲法上保護された表現への負担を課すことなしに、未成年者による有害情報へのアクセスの制限の点で少なくとも本法と同程度に奏功していることは、本法が最も限定的な規制手段（least restrictive means）を用いるものではないことの証拠となる。

さらに、「いかなる通信、写真、画像、画像ファイル、記事、録音、著述、またはその他の物」という本法で規制対象となるコンテンツの形式の広範さも、これが例えばアダルト・サイトのトップ・ページで「宣伝（teasers）」として典型的に用いられる「写真、画像、画像ファイル」に限られていれば、本法がより権利制限的ではなく、限定的に起草された（narrow tailored）ものとなりえたであろう。

自己検閲をせざるをえないとして原告の示す本法による訴追の脅威は、本法の広汎性からして合理性がある。このような萎縮的効果は原告にとっての回復不能な損害（irreparable harm）である。また、自己検閲をしない原告が修正一条のもとで成人に保障された表現を伝達したがゆえに訴追と刑罰とに直面することもまた回復不能な損害である。

Ⅶ　結論

原告が本案に勝訴する可能性を立証したことを認め、本法の暫定的差止を命じる。この命令は、合衆国法典第四七編二三一条または同法典のその他のいかなる条項のもとでの児童ポルノもしくはわいせつな素材についての捜査や訴追をも、制限するものではない。(79)

○　ACLU Ⅳ 判決（第三巡回区連邦控訴裁判所・ガース裁判官）

Ⅱ　分析

児童オンライン保護法には表現内容規制として無効の推定が働き、これが厳格審査に服するとする原判決の判断は正当である。個々のメディアにはそれに特定的な表現規制根拠が認められるが、放送メディアのそれがインターネットには妥当しないことも、ACLU II 判決において連邦最高裁の認めるとおりである。

たとえ成人の基準によればわいせつには当たらないとしても、このような有害情報から子供達を保護するやむにやまれぬ利益を政府が有していることには争いはない。問題は、成人に保護された表現の権利を制約することなしに、このやむにやまれぬ利益を実現する憲法上許容される手段を連邦議会が規定しているかどうかである。当裁判所は原判決と異なり、児童オンライン保護法が未成年者に有害な表現を特定するためＷＷＷという電子メディアにおける「地域社会の基準」に依拠している点に、本法が違憲である可能性を認める。「地域社会の基準」を用いる「未成年者に有害な」との定義の広汎性は本法全体を違憲とさせると考えられるので、当裁判所はこれ以外の、原判決の分析した本法の問題点については言及しない。

「地域社会の基準」を含むわいせつ性の判断基準を確立させた Miller 判決は、わいせつ物の郵送に関する事案であった。児童オンライン保護法でこの基準が用いられている点につき、政府は、現実空間で未成年者に有害な素材が交付されることとオンライン上でそれが提供されることとの間には決定的な相違はないと主張する。しかし、特定的地理的な場所が前提となる現実空間におけるとは異なり、ウェッブは地理的な限定を受けない。そして、極めて重要であるのは、ウェッブ上の情報提供者は個々の利用者の地理的な所在地に基づいて自己のサイトへのアクセスを制限するいかなる手段をも有していないことである。ACLU II 判決ですでに連邦最高裁は、地理的限定を受けないサイバー・スペースの特殊性のゆえに、「地域社会の基準」はすべてのウェッブ上の通信が最も制約的な「地域社会の基準」を遵守することを本質的に要請すると述べていた。同様に、児童オンライン保護法のもとで責任を回避するためには、ウェッブ上の情報提供者は自己の情報を厳格に検閲するか、あるいは最も厳格な地域社会によって有害と評価される素材を年齢認証措置で遮蔽することを必要とする。このような措置は、クレジットカード等の年齢を証明するものを所有していない一七歳以上のすべての成人が保護される表現へアクセスすることを妨げることとなり、また、自己の地域社会では有害と評価されない素材へのすべての未成年者によるアクセスを完全に禁止することにもなる。

「地域社会の基準」を含んだミラー・テスト自体は従来から確立されている。しかしこれは、わいせつ物の郵送など地理的な地域社会に関して行為者が客体の交付先をコントロールしうる事案でのことであり、本件のようなウェッブ上の情報提供者はこのようなコントロールを有していない。政府は、現在までのところ電子メディアに「地域社会の基準」を適用した唯一の判例であるThomas判決を引用するが、会員制ＢＢＳであるがゆえに行為者が画像データの送信先を確認しえたこの判決における本件とでは事案が異なる。ウェッブあるいはインターネットが様々な「地域社会の基準」に照らして合憲的に規制されうるかを判断した連邦裁判所の判例は存在していない。

ミラー・テストの「地域社会の基準」を児童オンライン保護法が採用したことについての当裁判所の懸念は、ウェッブというメディアの文脈でのその過度の広汎性にある。過度の広汎性による法律の無効化を回避するには限定解釈による方法があり、政府もまた本法について、立法者は「地域社会の基準」につき地理的基準ではなく成人という人的基準を意図していたと主張する。しかし、アメリカ全土の成人が共通の「未成年者に有害」との評価基準を有しているはずがなく、「地域社会の基準」の創出自体が地理的相違に基づく人々の評価や価値観の多様性を前提としたものである以上、政府のような解釈は採りえない。もう一つの選択肢として、違憲となりうる部分のみを切り取る解釈もありうるが、本法における「現代の地域社会の基準」は本法全体に影響する核心的部分であるので、このような解釈も採ることができない。

当裁判所の判断は、「地域社会の基準」を含むミラー・テストの一般的な適用性を問題とするものでは決してない。しかしながら、情報提供者が現段階では自己の通信につきその受信者の範囲を制御しえないインターネットやウェッブに対しては、ミラー・テストの適用の余地はない。

III　結論

原告は暫定的差止命令を得るための挙証責任を果たしていると認められるので、原判決を支持する。当裁判所は、開発途上の技術がまもなく「地域社会の基準」の問題性をムートとし、それにより未成年者保護のためのウェッブ上の有害情報の規制も合憲的に実行可能となるであろうことを確信している。(80)

○　ACLU Ⅴ判決（連邦最高裁）

［相対多数意見・トーマス裁判官］

Ⅲ　A

「地域社会の基準」は、正確な地理的領域を基準とすることにより決定されることを要しない。

B

通信品位法の合憲性を評価する際、当裁判所は、「『地域社会の基準』がインターネット上で用いられると、全国的規模で受信されるコミュニケーションが、その内容によって最も不快感を与えられる地域社会の基準によって判断されることとなる」との懸念を表明したが、ACLU Ⅳ判決は、当裁判所のこの評価に強く依拠している。しかしながら、同法による「地域社会の基準」の使用は、その前例のない広汎性と漠然性とのゆえに特に問題となったのである。同法は、「地域社会の基準」を含むミラー・テストの一要素に類似した要素によって「明らかに不快な」と判断される情報伝達を対象としているが、それにつき同テストの他の二要素のような限定は有していない。同法の著しい広汎性は、全国のそれぞれの「地域社会の基準」の相違による影響を増大させているのである。これに対し、児童オンライン保護法は、その射程が通信品位法よりも相当に限定的であり、かつ、「未成年者に有害な」素材を、ミラー・テストとほぼ同様の三要素により定義づけている。特に、同法が未成年者にとって重要な価値を有する素材を排除している点は、ミラー・テストにおける、重要な価値を有する素材を排除する要素が地域社会の基準により判断されるものではないことからして、埋め合わせとなる社会的価値の評価の全国的な場の設定となることにより、規制対象の定義づけの限定要素となる。

C

当裁判所は先例において、わいせつ表現規制立法の射程が重要な価値を有する素材を排除する要素などにより相当に限定されている場合には、素材を全国に頒布しようとする者に、多様な「地域社会の基準」を遵守させても修正一条違反とはならないと判示してきた。ACLU IV 判決は、郵便や電話など従来のメディアでは情報発信者はその伝達先を制御可能であるのに対し、ウェッブではこれが不可能であるとする。しかし、インターネットのメディア特性が、先例におけるとは異なるアプローチを採らせることになるとは思われない。もし公表者がその素材を特定の「地域社会の基準」によってのみ判断されることを欲するのであれば、その素材を当該地域社会にのみ到達させせうるメディアを用いればよいだけである。

もし当裁判所が、児童オンライン保護法は「地域社会の基準」を用いているがゆえに違憲であると判断するならば、連邦のわいせつ規制法規もウェッブに適用される限り違憲ということになり、わいせつ表現に対する通信品位法の適用は合憲であるとした ACLU II 判決での当裁判所の判示とも矛盾する。

IV

本判決の射程はきわめて狭い。当裁判所は、児童オンライン保護法は「地域社会の基準」を用いていることのみのゆえに違憲となるものではないと判示しているに過ぎない。当裁判所は、同法が他の理由により実質的に過度に広汎であるか、違憲となるほど漠然としているか、同法が厳格審査を通過しない可能性が高いとする ACLU III 判決の結論は正当か、については何らの見解をも示してはいない。上訴人は同法の差し止めの取り消しを求めてはおらず、当裁判所もまた、連邦控訴裁判所がいまだ論じていない諸論点を扱うことなしに、その点の判断はなしえない。

以上の理由により、控訴裁判所の判決を取り消し、さらなる審理のために本件を差し戻す。(81)

［一部同意意見・オコナー裁判官］

児童オンライン保護法の射程の狭さからすれば、「地域社会の基準」の下での地域ごとの評価の差異との問題は、これだけで本法を違憲とするほど重大とはならないとの相対多数意見には同調する。しかし、将来、「地域社会の基準」の適用がインターネット上のわいせつ表現の規制に問題を生じることは想定される。これら将来の事案が、従来型メディアに関する先例にて我々の採ったアプローチで解決されうるとは思われない。インターネットでの話し手が聴衆の地理的位置を制御しえないことを考慮すれば、この話し手にその制御の負担を期待するのは過剰であって、膨大な量の表現を抑圧することとなる。それゆえに、インターネット上のわいせつ表現の合理的な規制のためには、全国的基準の採用が必要である。

ミラー・テストにおける「地域社会の基準」も、本基準の適用を陪審に説示する際に特定の地域社会が指定されることを常に要するものではない。Miller 判決は、全国的な基準は確認もされえず現実的でもないと述べたが、インターネット上の表現についてはそうはいえない。Miller 判決自体の事案の訴訟中にも、広大なカリフォルニア州全体の基準の考慮が陪審に説示されているのであって、同判決において当裁判所が同州州民の基準の一般化が可能であると想定したのであれば、合衆国全体についての同様の一般化が不可能だとは考えがたい(82)。

［一部同意意見・ブレーヤー裁判官］

連邦議会は、児童オンライン保護法上の「地域社会」との文言につき、地理的に区分される地方領域ではなく、全体としてみた場合の全国の成人の共同体を意図していたと思われる。連邦議会は、本法の立法資料たる下院報告書においてこのことを明示している。本法を、わが国のそれぞれの地方の「地域社会の基準」を採るものと解することは、最も厳格な地域に、全国の他の地域に影響を与える干渉権を与えることとなる。インターネット上の素材を特定地域のみに宛てるための努力の技術的な困難性は、この問題をとりわけ深刻なものとさせるとともに、この特殊な困難性の存在しなかった当時の諸判例の先例性を脆弱化させる。(83)

〔同意意見・ケネディ裁判官〕

児童オンライン保護法が過度に広汎か否かは、それが「地域社会の基準」を採用していることのみによっては判断されえず、ACLU IV 判決が検討対象としなかった他の問題と一体として判断されるべきものである。それゆえに、この判決を取り消す相対多数意見の結論には同調するが、本意見の述べるごとく、同法の射程は「地域社会の基準」における判断基準の多様性を問題化させないに足るほど限定的であるとは思われない。

ACLU II 判決で当裁判所は、「『地域社会の基準』がインターネット上で用いられると、全国的規模で受信されるコミュニケーションが、その内容によって最も不快感を与えられる地域社会の基準によって判断されることとなる」と述べたが、これは単なる傍論ではなく、むしろ同判決の理論的根拠の一つである。いかなる表現の様式も特有の性質を有しているのであり、これらはそれ自体に即した基準により修正一条の諸目的に適うよう評価されなければならない。インターネットでのコミュニケーションの経済性や技術性は電話や郵便によるそれとは重要な点で異なる。インターネット上では、全世界の聴衆への到達は容易かつ安価であるが、特定地域へのそれは、不可能ではないとしても経済的負担が大きい。公表者は「その素材を当該地域社会にのみ到達させうる（他の）メディアを用いればよいだけである」との相対多数意見の判示は、この問題の答えとはなっていない。あるメディアそのものを排除することが表現の自由に与える危険性は明らかである。

児童オンライン保護法の実際上の効果が最も厳格な地域社会の基準を全国に課すことになるという ACLU IV 判決の結論は正しいと思われる。通信品位法を違憲無効と判断した際、ACLU II 判決での当裁判所はまさにこの問題性を認識していたのであり、それ以前の当裁判所の先例がこの問題性をわいせつ表現規制法規の違

憲理由としていないのは、それらの判決がインターネットとは全く異なるメディアに関するものだったからである。(84)

〔反対意見・スティーブンス裁判官〕

児童オンライン保護法は、そこでの表現が、未成年者に有害と判断される可能性のある地域社会を回避するために分離されえないメディアを規制対象としている。郵便や架電サービスにおいては、表現者はその供給先たる地域社会を制御しえ、ゆえに当裁判所の先例もこれらのメディアに対する「地域社会の基準」の適用を支持してきたが、そこでは、その表現者に、他のメディアを用いることや、すべての者が受け入れうる表現しか行わせないことがないことが前提とされている。技術の根本的な相違に鑑みれば、郵便や架電サービスに適用される原則はＷＷＷ上の表現の合法性の判断に用いられるべきではない。

相対多数意見は、本件事案を郵便や架電サービスについての先例の枠組み内におこうとしているが、「『地域社会の基準』がインターネット上で用いられると、全国的規模で受信されるコミュニケーションが、その内容によって最も不快感を与えられる地域社会の基準によって判断されることとなる」と述べたACLU II判決では、当裁判所はそのような姿勢をとっていない。

児童オンライン保護法はミラー・テストとほぼ同様の三要素からなる判断基準を用いているが、「明らかに不快な」との要素も「地域社会の基準」により判断されるのであり、「重要な価値」との要素も「未成年者にとって」そうであるかが判断されなければならない点で、いずれも同法の射程を限定するものとはいいがたい。同法の他の規定がいかに解釈されるかにかかわらず、インターネットへの「地域社会の基準」の適用は、多くの地域社会では「未成年者に有害な」とは判断されない多くの保護される表現を規制することになると結論づけるACLU IV判決は正しい。(85)

3　ACLU III 判決の分析

①　インターネットの法的位置づけ

ACLU III 判決は、まず、インターネットというメディアの法的位置づけにつき、先例として作用する連邦最高裁による ACLU II 判決に従って、これが放送類似の位置づけを受けないことを確認している。ここから本判決は直接的に、（商取引の提示を意味する営利的言論の規制法ではない表現内容規制立法である）児童オンライン保護法の合憲性は厳格な審査基準によって判断されるとの結論を導いており、インターネット自体のメディアとしての法的評価についてはこれ以上の検討は行っていない。

②　規制の必要最小限性――フィルタリング技術の法的意義

一　次いで本判決は、厳格審査の前提として、本法が成人に対し憲法上保護された言論に与える負担を分析し、ウェッブないしインターネットの特性上、本法を遵守するためには大きな経済的負担が課されることを認定している。本法上積極的抗弁として認められる年齢認証等の措置は、情報提供者に直接的な経済的負担を課す。また、現実空間（書店など）では成人が同じ素材を比較的自由に、特に匿名性を維持したままで入手しうるのに対し、インターネットでこの素材を得るために年齢認証を経なければならないとすれば匿名性を損なうこととなり、利用者の利用意欲の減退を招き、顧客離れを生じるという間接的な経済的負担をも生じることになる。(86) そしてこれらの負担が、自己検閲などによる情報提供自体の自粛という直接的な表現抑制に導くと認めている。

児童オンライン保護法に対する厳格審査として、保護される言論に対するこれらの負担が未成年者保護のために必要最小限度のものであるかが問題となるが、本判決は本法の実効性ないし必要性を疑わせる諸要素として、国外サイト、非営利サイト、http によらない通信などにより未成年者がいまだ有害情報に容易にアクセス可能であること、未成年者が合法的にクレジットカード等を利用しうることで積極的抗弁たるアクセス制限措置の実効性が弱いことを挙げている。そのうえで本判決は、本法による規制との対比として、原告の提示するフィルタリングやブロッキング（両者は同義である）の技術を分析している。

二　原告側はこの訴訟で、未成年者を有害情報から保護するための、児童オンライン保護法による規制よりもより効果的でありかつ権利制限的でない手段の一例として、フィルタリングソフトの存在を挙げていた。フィルタリング技術とは、学校、子をもつ家庭、あるいは公共施設や企業など、コンピュータ端末の設置・管理者とその利用者とが分離する場面で、これら利用者による一定のコンテンツの閲覧を管理者が規制することなどのために研究・開発が行われてきた情報選別技術である。この機能を有する、受信者側のコンピュータで用いられるソフトウェアがフィルタリングソフトであり、未成年者保護の脈絡では、子供によるインターネット上の有害情報の閲覧を制限するために学校や家庭などで活用される。これによる情報（コンテンツ）の遮断は、ユーザー（例えば、教師や親）が指定した特定の単語や語句（キーワード）、あるいは、コンテンツに対して事前に付与されているレイティング（格付け）値につきユーザーの選択した数値などを基準として行われる。

本判決は事実認定において、フィルタリングソフトにつき次のような認定を行っている。

このソフトウェアは、WWWをはじめとしてそれ以外のインターネット上のサービスをも含め、これらにおける有害情報の受信を阻止するために用いられる。このソフトウェアは、約四〇ドルの料金でユーザー側（アクセスする者の側）のコンピュータにダウンロード、インストールすることができ、またインターネット・サービス・プロバイダ自身がこのようなソフトウェアを利用している場合もある。これらはあるサイトの全体またはその一部へのアクセスを阻止し、サイトの所在国、営利非営利の別、ニュース・グループやチャットなど当該サービスがhttp以外のプロトコルを用いることなどにかかわらず機能する。このソフトウェアは、場合によっては有害と評価されるサイトを判別せず、あるいは有害ではないものをブロックしたりと、いまだ技術的に不完全な部分もあり、また、コンピュータ技術に精通している未成年者が時間をかければブロック機能が回避される場合もある。[87]

本判決は、完全ではないもののこのようなソフトウェアが存在していることを重視し、これらが有害情報へのアクセス制限の点で児童オンライン保護法よりも効果的であり、かつ保護される表現に負担を課すことがない点でより権利制限的でないことから、これらの事実は本法が最も権利制限的でない規制手段を用いるものではないことの証拠となるとしている。

三　有害情報にアクセスするユーザーの側で用いられるこれらのソフトウェアは、およそ一国の法規では規制の困難な国外に由来するサイトからの情報についても機能し、また、児童オンライン保護法が適用対象を一応「商業目的」でのWWWに限定していることで、本法では規制されえない完全に趣味的な有害情報の発信やウェッブ以外のサービスによるこれらの発信の場合などにも対応することができる。このような規制効果の実効性の面で、フィルタリング技術は、児童オンライン保護法のような一国の法規による発信者規制よりも優れているということができる。

そして、このような技術的効率的な側面での有用性以上にこれらのフィルタリング技術が重要であるのが、その表現内容規制手段として有する法的意義である。それは、この技術の利用があくまで受信者側での、受信者自身の表現内容選択に基づく情報規制措置であることである。

「未成年者に有害」であると「わいせつ」であるとを問わず、またサイバー・スペースであると現実空間であるとを問わず、表現行為者に対しおよそ性表現についての内容を理由とした規制が課される場合には、その範疇の枠づけないし許容されるべき表現との限界づけという著しく困難な問題を生じ、表現行為者が本来保障される表現までも自主的に規制してしまうという萎縮的効果が生じる（この萎縮的効果は、このような表現内容規制が刑罰法規によって行われる場合には一層強まる）。同時に、このような表現行為者の自主規制は、情報の受け手に対する関係では、本来受領する権利を有する表現の受領を妨げられるという権利侵害（表現の自由（知る権利）の侵害）を意味する。表現行為者の側での発信規制という方法による法的規制が原因となって生じるこれらの諸問題を考慮すれば、オンラインでの有害な性表現に対する未成年者保護の目的に基づく技術的規制として、受信者の側でのフィルタリングソフトの活用によって、教師や親など未成年者を保護・監督すべき立場にある者に未成年者の受領する情報を制御しうる能力が与えられるのであれば、表現者の側には原則的に自由な表現が許容されうるのであるから、表現行為者に対する法的規制よりもこれらフィルタリング技術の活用の方が望ましいということができる。これらの技術の存在は、オンラインでの有害な性表現の法的規制の存在理由を脆弱化させるといわざるをえず、本判決もまたこのような代替手段の存在を理由として児童オンライン保護法が厳格審査を通過しないとしている点は、合理的な判断であると思われる。[88]

③　客体の性質

このほか、本判決は、児童オンライン保護法が客体となる素材の形式につき、記事、録音、著述等といった画像・映像として認識されるもの以外をも対象としている点も本法の広汎性の理由に挙げ、これらが「写真、画像、画像ファイル」に限定されるべきことを指摘している点が注目される。確かに、わいせつ表現に関しては、連邦最高裁によるここ数十年の判例も、いかに卑猥で衝撃的な内容のものであっても文字による表現についてはわいせつ性を認めず、これを写真や映画など、画像ないし映像としての表現に限定してきている。[89] しかし、児童オンライン保護法は、むしろわいせつには至らない性表現をも青少年保護の観点から規制対象とすることを本質的な目的とした規制立法であることからすれば[90]、本判決がそれをなお画像・映像としての性表現に限定した点は重要である。

4　ACLU Ⅳ判決の分析

一

ACLU Ⅲ判決は以上の点を理由として、児童オンライン保護法が過度に広汎であり修正一条に違反するとの原告の主張を認めたのに対し、控訴裁判所による ACLU Ⅳ判決は、ACLU Ⅲ判決では触れられていないなかった、本法上の「未成年者に有害な」表現の判断要素における「地域社会の基準」に合憲性判断の焦点を限定している。ACLU IV 判決もまたインターネットの法的位置づけについては原判決どおりの判断を行っており、これに基づいて児童オンライン保護法に対し厳格な審査基準を適用する。本法の目的の正当性には問題はないが、オンライン上の有害情報に対する「地域社会の基準」による判断を前提とした規制では過度の広汎性を免れないとする。

二　わいせつ概念に関するミラー・テストの一要素である「地域社会の基準」自体は従来から確立されてきた判断要素であるが、ACLU IV 判決がこれを問題とする理由は、インターネット上では情報発信者がその到達先についてのコントロールを全く有していない（受信の許否をアクセスしてくる者の所在地如何に依拠させえない）からである。表現者のこのような状況にもかかわらず、その表現内容が、地域社会ごとに大幅な相違のある性表現に対する人々の評価や価値観を前提として判断されるとすれば、児童オンライン保護法による訴追を回避するためには、性表現に対し最も厳格な地域社会の評価によっても確実に「未成年者に有害」とは判断されない表現内容に限定するか、あるいは、わずかでもこのように評価される可能性のあるすべての情報につき、積極的抗弁としてのアクセス制限措置を講じておくほかない。前者はいわゆる「最小公分母」の問題であり、後者もまた表現者の経済的負担の点のほか、本判決のいうように、受信者としての成人と未成年者の双方の知る権利に関する問題を生じる。ここから本判決は、本法の規定する「未成年者に有害な」表現の規制が修正一条との関連において過度に広汎な規制であることを認定している。

児童オンライン保護法による「地域社会の基準」の採用によるこれらの問題性を踏まえて、本判決は、インターネット上の性表現に対するミラー・テストの適用が憲法上許容されないことを明確に認めており、この点は極めて注目に値する。ただし本判決は、この点についての判示の箇所も含め、判決文中で何回にもわたり、情報発信者がその到達先を確認も制御もしえないことが現時点での技術水準に由来する事実であることを特に強調している。
同一の素材が地域社会ごとに異なって評価され、自己の所在地ではわいせつとは評価されない客体が他の地域ではこれに当たるとして規制されることを認めるミラー・テストが許容されてきたのも、現実空間におけるわいせつ物の輸送等の場合には行為者がその到達先の物理的地理的な場所を認識しているのが通常であり、当該地域での性表現に対する寛容度が低いと予測されればその土地への送付を回避することもできるからである。したがって、サイバー・スペースへのミラー・テストの適用に当たっても、その前提として、情報提供者の側で自らのサイトにアクセスしてくる者の地理的な所在地を確認しえなければならない。しかし、現時点ではこのための技術が未確立であり、情報提供者は特定地域からのアクセスを拒否したり、送信される情報内容を受信先の地域ごとに異なるように設定したりすることも不可能である。これらの諸問題もそのための技術の不存在が原因であり、よって、「地域社会の基準」を用いている児童オンライン保護法も現時点では過度に広汎との評価を免れない。

ACLU IV 判決は、サイバー・スペースへのミラー・テストの適用をこのように分析している。ここから本判決は、今後送信者側で受信者ないしアクセス者の地理的な所在地を確認することを可能にする技術が確立された場合には、サイバー・スペースに対する本テストの適用も許容されると評価しており、「地域社会の基準」の是非に関する本判決の射程も広いものではないことを示唆している。なおこの点は、このような技術が確立されればわいせつ性の判断基準としての「地域社会の基準」（ミラー・テスト）がサイバー・スペースへも適用可能であるという意味にとどまり、児童オンライン保護法までもが当然に合憲的な規制となることを意味するわけではない。この「地域社会の基準」の問題以外にも、本法には、ACLU III 判決で検討された問題点が存在しているからである。

5　ACLU Ⅴ判決の分析

一　このACLU Ⅳ判決に対して司法省が行った上訴では、児童オンライン保護法の差し止めを認めたACLU Ⅲ判決を維持するというACLU Ⅳ判決の結論自体は争われていない。同法につき違憲の可能性を認めその執行を差し止める根拠とされたその過度の広汎性について、本法の適用を免れるために情報発信者の採るべき措置の経済的負担の大きさ、本法と同等以上の規制効果をあげうる代替的な技術的規制手段の存在、本法の規制対象となるコンテンツの形式の広範さなどの諸要素を挙げていたACLU Ⅲ判決に対して、ACLU Ⅳ判決は、これら諸要素とは別の、サイバー・ポルノ規制法たる同法による「地域社会の基準」の採用の是非のみを論じ、この点のみでその過度の広汎性は根拠づけられうるとしており、連邦最高裁への上訴は、連邦控訴裁判所によるこのような判断方法自体の可否、実質的には、本法の過度の広汎性がその「地域社会の基準」の使用だけで根拠づけられうるかとの点のみを問題とするものである。

これを受けた最高裁は、結論として、控訴裁判所による判断方法が適切ではないことを認め、これを取り消したうえで差し戻している。この結論自体については、一名の裁判官による反対があるのみである。しかしながら、ここでの実質的な争点たる、インターネット上の性表現についての「地域社会の基準」の適用の是非に関しては、これに肯定的であるのは事実上三名のみの裁判官からなる相対多数意見だけであって、本意見が特に児童オンライン保護法による同基準の採用はなお許容されうるものとしている点にはさらに一名の裁判官の同調があるものの、反対意見はもとより他の同意意見もすべて、インターネット上の性表現への同基準の適用について重大な問題性を認めている点は重要である。

二　相対多数意見はまず、「地域社会の基準」をその一要素とするミラー・テスト自体も、これに基づいて判断をなす陪審に、ある特定地域の説示を要するものではないと解されてきた先例を挙げる。次いで、連邦最高裁自身がACLU Ⅱ判決においてインターネットへの「地域社会の基準」の適用に懸念を示していたことについて、同判決で問題となっていた通信品位法が「明らかに不快な」を「地域社会の基準」のみで判断させていたのと異なり、児童オンライン保護法は射程自体がより限定的であることとともに、同法による「未成年者に有害な」もミラー・テストとほぼ同じ三要素により判断されることを挙げ、よって仮に「地域社会の基準」のゆえに当該表現が規制対象となるかの判断が異なりえても、その問題性は最小化されているとする。

また、相対多数意見は、「地域社会の基準」を用いたわいせつ表現規制法規の合憲性を認めてきた先例を挙げ、同基準のゆえに当該表現が規制対象となるかの判断が多少は異なりえてもそれは許容されているのであって、もし表現者がそのような判断の相違を嫌うのであれば、特定地域のみへの情報伝達が可能なその他のメディアを用いればよいとも述べている。

この相対多数意見は、本判決では、児童オンライン保護法の過度の広汎性がその「地域社会の基準」の使用のみにより根拠づけられうるかが争点となっていることもあり、同基準のインターネットへの適用に伴なう問題性自体を深く考察することによってではなく、同基準と児童オンライン保護法との関係性を重視した判断により、それを否定する結論に至っている。ただ、このような判断においては、同法の差し止め自体が争点とされていないことから、ACLU III 判決において検討されたその広汎性に関する同法についての他の諸論点は論じられておらず、またこのことを強調する相対多数意見自身の立場のわりには、同法の射程（つまり広汎性の有無）の問題がある程度総合的に検討されているといえなくもない。

三　一方、オコナー裁判官による同意意見は、特に児童オンライン保護法による「地域社会の基準」の採用は許容されうること、および、同法についての過度の広汎性の問題を総合的に検討させるために ACLU IV 判決を取り消し、差し戻すとの結論では相対多数意見に同調しているが、インターネットへの同基準の適用という一般的な問題については、全国的基準の採用が望ましいことを指摘している。この点、児童オンライン保護法上の「地域社会」は「全体としてみた場合の全国の成人の共同体」を意図されていたはずであるとするブレーヤー裁判官の同意意見も、同基準を純粋に地方領域的な基準と解した場合の問題性を懸念するものである。

これらの意見は、相対多数意見とは対照的に、率直にインターネットと「地域社会の基準」との関係性を検討し、インターネットへの同基準の適用には看過しえない問題性があると評価するものであるが、その点では、ケネディ裁判官の同意意見、スータ裁判官の反対意見もまた同様である。両裁判官ともに、従来からの郵便や電話などにおけるとは異なるインターネットのメディア特性の観点から、これに対しては「地域社会の基準」を適用しがたいことを強調している。

四　このACLU V判決自体は、控訴裁判所による児童オンライン保護法についての過度の広汎性の判断方法自体の不適切さを理由にこれを取り消したが、同法の差し止め自体は争われていない本判決においては、ACLU Ⅲ判決が本法の過度の広汎性の根拠とした他の諸論点に対する連邦最高裁の判断は何ら示されていないことはもとより、その過度の広汎性が「地域社会の基準」を用いていることだけで根拠づけられうるかとの点についても、最高裁は実質的には、これを五対四（インターネットへの同基準の適用自体については、むしろ六対三）で肯定したに等しい。

今後、児童オンライン保護法は、連邦控訴裁判所において、その総合的な検討に基づいて、過度の広汎性などを理由とした差し止めの是非（違憲性の有無）が判断されることとなるが、同裁判所およびその後最高裁に到達した場合の判決において、それが違憲と判断される可能性は少なくないと思われる。

6　補　論

以上、児童オンライン保護法に関する三判例を紹介した。このうち、連邦最高裁によるACLU V判決は、同法の差し止め自体ではなく、原審たる連邦控訴裁判所による判断が本法の過度の広汎性につき一つの争点のみに焦点を当てたことに対する判決となっているため、若干性格を異にしている。

一方、同法の差し止めに関してその合憲性を正面から論じたACLU III，ACLU IVの両判決では、その結論に至る本法の問題性についての具体的検討の焦点の当て方には相違があるものの、本法が過度に広汎であって修正一条に違反する違憲無効な法律であるとする結論自体や、この厳格審査の前提としてのインターネットというメディアの法的位置づけについては一致しており、そしてまた両者ともに、サイバー・ポルノ規制立法に対する判決として必然的に、結論とそれに至る理論構成が急速な発展過程にあるインターネットとその関連技術の一定時点の技術水準に依拠せざるをえないものである点でも共通している。児童オンライン保護法の過度の広汎性が肯定されるに際し、ACLU III判決では受信者側での情報選択に利用されるフィルタリング技術の登場が、ACLU IV判決では発信者が受信者を地理的に特定しうる技術の未確立が、それぞれ理由とされている。

インターネットとその関連技術の全般的な進歩により、情報提供者の側でのアクセス者に対する年齢認証や場所的特定の技術が今後確立され、これらが容易に利用可能となるとしても（もしそうなるとすれば、インターネット上の性表現規制につき「地域社会の基準」を用いることの疑義は解消されうる）、同時にアクセス者の側での情報の選別やその受信の可否に関するコントロール技術が向上すれば、このようなフィルタリングなどの技術の活用を促進させる必要性は認められるとしても（その使用の法的な義務づけまでもが可能かとの問題は別として）[91]、情報発信者に対し受信者の年齢認証や場所的特定の技術の使用を事実上義務づけてまで、未成年者保護を理由として憲法上保障される性表現を規制する刑罰法規の合理性は減少せざるをえないように思われる。またそもそも、インターネット上で伝達される情報に対する、これら一国の規制法規による発信者規制では、ACLU III判決も指摘しているように、そのグローバル性のゆえに当然に受信の可能な国外に由来する情報を実際上規制しえないのであって、規制目的に対する規制手段の必要性自体が否定されざるをえないこととなる。これは、未成年者に有害な性表現に限らず、わいせつ表現の法的規制についても同様に当てはまる問題性であって、これらの表現の規制における ごとく、特にその規制根拠とされてきた害悪の発生（の危険）が把握されがたい性表現規制に際しては、規制の実効性の意味でも、情報発信者・受信者双方の表現の自由の保障の側面でも、フィルタリングなどの技術的規制手段のもつ意義は大きいと考えられる。

そしてまた実際にも、このアメリカにおいては、未成年者に有害なサイバー・ポルノの規制につき、情報発信者に対する法的規制から情報受信者のもとでの技術的規制へと向かう動きも生じつつある。ACLU IV判決後の二〇〇〇年一二月二一日に成立した二〇〇一会計年度統合歳出法[92]一条（a）項（四）号により、本法の一部として成立した下院法案五六六六号（H.R. 5666）には、B部第一七編として、児童インターネット保護法（Children's Internet Protection Act（CIPA））[93]という名称の法律が含まれているが、本法は、通信品位法や児童オンライン保護法のごとく、オンラインでの有害な性表現に対する発信者規制を課すことをせず、割引料金によるインターネット接続を認められ、連邦政府によってこの割引額の補塡を受けている小中学校や図書館を対象として、これらがフィルタリングソフトを導入することを義務づけている。これによって立法者は、青少年に有害なサイバー・ポルノの規制について、通信品位法以来のスタンスを変更して受信者側での技術的規制を前提とし、本法により学校や図書館という場に限ってその使用の法的な強制を導入したことになる[94]。

補論　プロバイダ責任

インターネットに代表されるコンピュータ・ネットワークでの表現活動は、非対面性や匿名性、地理的な無限定性などの特色をもつ。そのため、何者かによりネットワーク上に違法な情報が発信されても、この発信者自身を特定し責任を追及することが実際上困難な場合がある。そこで、自己の管理するサーバー・コンピュータによってオンラインにおける通信の媒介を行い、またサーバー・レンタルなどのサービスにより会員ユーザーの情報発信を支援するインターネット・サービス・プロバイダ（以下「プロバイダ」）に対しても、その者の管理するサーバーに記憶・蔵置された第三者に由来する違法な内容のデータに関して、これが閲覧に供されることにつき何らかの処置を講ずることを要求すべきではないか、またこの処置を怠った場合には一定の責任が問われるべきではないか、ということが法的にも問題となりうる。このように、自己の管理するサーバー内の違法データにつき、プロバイダ自身がこれを作出ないし記憶・蔵置したわけではないが、その通信媒介者としての役割や地位に照らして一定の法的責任が認められるか、また認められるとすればそれはいかなる要件のもとにおいてか、などを問題とするのが、いわゆる「プロバイダ責任」論である。(95)

プロバイダのこのような法的責任は、当然ながら、その管理するサーバー・コンピュータに第三者によって記憶・蔵置されたデータが未成年者に有害な性表現のものである場合に限らず、わいせつ表現や児童ポルノといった違法な性表現はもとより、名誉毀損表現やプライバシーを侵害する情報、著作権を侵害する情報、詐欺的情報など、およそ違法と評価される情報につき共通して問題となりうる。ただ、未成年者に有害なサイバー・ポルノの規制法規として本章で分析した一九九六年通信品位法は、その五〇九条において、プロバイダ等の責任範囲を規定した条項をも新設している。この規定は、「下品な」、「明らかに不快な」性表現の規制を定めた同法五〇二条に関する違憲訴訟とは無関係であって、現在でも当然に効力を有している。

しかしながら、通信品位法により新設されたこのプロバイダ等の免責規定は、その刑事責任に関するものではない。(96)同法上プロバイダ責任に関する五〇九条は、電話規制の総則部分に相当する一九三四年通信法第二編（合衆国法典第四七編第五章第二節第一款）の末尾に二三〇条を新設している。(97)この二三〇条の（c）項が、プロバイダ等の民事免責を次のように規定している。「（一）公表者（publisher）または言論者（speaker）としての扱い―双方向コンピュータ・サービスの提供者または利用者は、他の情報内容提供者によって提供されたいかなる情報についても、その公表者または言論者として扱われない。（二）民事責任―双方向コンピュータ・サービスの提供者または利用者は、次のことを理由として責任を負わされない。（A）当該提供者または利用者が、わいせつな、淫らな、好色な、卑猥な、過度に暴力的な、いやがらせ的な、もしくはその他に好ましくないと判断する素材が憲法上保護されているか否かにかかわらず、当該素材へのアクセスまたはその利用可能性を制限するために自発的に誠実に行ったいかなる行動、または（B）（A）において規定された素材へのアクセスを制限するための技術的手段を情報内容提供者またはその他の者が利用または入手可能にするために行ったいかなる行動[98]」。

つまり、この規定は、第三者により自己の管理するサーバーに記憶・蔵置された、自らが違法・有害であると判断する情報につき、自発的に送信防止措置等を講じることによってその扱う情報内容に介入することとなった良心的なプロバイダ等に関して、そのような措置にもかかわらず完全には送信を防止しえなかった他の違法・有害情報が存在した場合に当該表現の公表者としても（（一）号）、また、そのような措置の対象たる情報が実際には保障されるべき表現のものであった場合に当該表現を行った者に対する関係での役務提供者等としても（（二）号）、その民事責任から免責されることを規定するものである[99]。この民事免責規定は、その施行直後から、名誉毀損表現につきプロバイダの民事責任が争われた諸判例においてすでに積極的に解釈適用がなされている[100]。

これに対し、連邦法上、プロバイダの刑事責任について一般的に規定した条項は存在していない[101]。また、その刑事責任が問題とされた裁判例も、現在までのところ存在していないようである。学説においても、プロバイダの刑事責任についての十分な議論にまでは至っていないのが現状である[102]。

（1）　*See, e.g.,* Sable Communications of California, Inc. v. FCC, 492 U.S. 115, 126 (1989).

（2）　390 U.S. 629 (1968).

（3）　本法上「未成年者」とは「一七歳未満の者」をいい、「未成年者に有害な」とは、性的行為等の描写の質が「(i) 主に未成年者の好色的、羞恥的または豊艶的興味に訴え、かつ (ii) 未成年者にふさわしい素材についての成人による地域社会全体の一般的基準に照らし明らかに不快であり、かつ (iii) 未成年者にとって埋め合わせとなる社会的重要性を完全に欠く」場合をいうと規定されている。なお、この定義規定の刑罰法規としての明確性は、本判決によって肯定されている（*id*. at 643）。

（4）*Id*. at 639-43.

（5）18 U.S.C.A. § 1464 (West 2000).

（6）*See* Jeff Magenau, *Setting Rules in Cyberspace: Congress's Lost Opportunities to Avoid the Vagueness and Overbreadth of the Communications Decency Act*, 34 San Diego L. Rev. 1111, 1141-42 (1997).

（7）FCC v. Pacifica Foundation, 438 U.S. 726, 742-43 (1978). ただし、本判決においても、「下品な」との文言自体は抽象的には判断されえず文脈と相関関係にある用語であると解されており（*id*. at 742. 本判決は、ラジオにおける性表現の規制に関するこの連邦刑法典一四六四条上の「下品な」との文言については、前述の連邦通信委員会の定義づけを前提としているが、それとの対比で、わいせつ物の郵送規制に関する同法典一四六一条の「わいせつな、淫らな、好色な、下品な、卑猥な、もしくは下劣な（obscene, lewd, lascivious, indecent, filthy or vile）」との文言における「下品な」については、郵送過程において名宛人以外の者が客体そのものを目にすることのない郵便物の規制という本条の文脈からしても、これらの文言は全体としてわいせつ性を表すと解すべきであるとしている（*id*. at 740-41)。なお、通信品位法による改正の結果、わいせつ情報が客体に含まれると解されざるをえないため、この解釈の根拠文言となると思われる前述の同法典一四六二条、一四六五条における「その他の下品な（もしくは不道徳な）性質の物」との文言のなかの「下品な」との言葉も、意味内容としては、一四六一条の場合と同様わいせつ性を表すものと思われる)、これは「わいせつ」のような確立された意味を有するものではないことから、連邦刑法典第七一節（同法典中一四六〇条から一四七〇条までが属する「わいせつ」との表題を有する節。前章第一節一参照）の諸条項におけるように、これが刑罰法規に用いられていることには、（一四六四条の「下品な」との文言は、のちに詳述するPacifica判決の事案におけるように（本章序論**3**）、連邦通信委員会による行政命令等の根拠条文として活用される以外に直接刑罰法規として適用されることは稀である（Mageneau, *supra* note 6, at 1141）としても）違憲の疑いもある、とされる（*see* Marc Rohr, *Can Congress Regulate "Indecent" Speech on the

Internet?, 23 Nova L. Rev. 709, 712 (1999))。

（8） *See* Anthony L. Clapes, *The Wage of Sin: Pornography and Internet Providers*, Computer Law. July 1996, at 1, 5. 「下品な」表現の規制は、放送メディアに対してのみならず通信メディアに対しても存在するが、その場合には、この文言の定義づけ（連邦通信委員会による行政解釈）は若干異なる。本章注（43）参照。

（9） *See* Sable Communications of California, Inc. v. FCC, 492 U.S. 115, 126 (1989).

（10） *See id.*; Ginsberg v. New York, 390 U.S. 629, 639-40 (1968).

（11） *See* Stephen C. Jacques, Comment, Reno v. ACLU: *Insulating the Internet, the First Amendment, and the Marketplace of Ideas*, 46 Am. U. L. Rev. 1945, 1955-65 (1997). アメリカにおけるこのような、メディアの技術的な特性ごとの類型化とそれに基づく規制法規の違憲審査基準の確定というアプローチについては、表現の自由保障とインターネットというニュー・メディアとの関係性を憲法学的観点から検討する、山口いつ子「サイバースペースにおける表現の自由」東大社会情報研究所紀要五一号（一九九六年）一五頁以下、同「サイバースペースにおける表現の自由・再論」東大社会情報研究所紀要五三号（一九九七年）三三頁以下、同「コンピュータ・ネットワーク上の表現の自由」『変革期のメディア』（ジュリスト増刊）（一九九七年）一六三頁以下、大沢秀介「インターネットと表現の自由」法学教室一九四号（一九九六年）八一頁以下、福島力洋「インターネットと表現の自由」阪大法学四八巻四号（一九九八年）五七頁以下、小倉一志「サイバー・スペースに対する表現内容規制立法とその違憲審査基準—アメリカにおけるアダルトコンテンツ規制を素材として—」北大法学研究科ジュニア・リサーチ・ジャーナル六号（一九九九年）二一五頁以下等の邦語文献も参照。

（12） 352 U.S. 380 (1957).

（13） *Id.* at 383. フランクファータ（Frankfurter）裁判官による著名な法廷意見である。

（14） 438 U.S. 726 (1978).

（15） *Id.* at 748-49. Ginsberg 判決については、本章序論**1**参照。

（16） 492 U.S. 115 (1989).

（17）　*Id.* at 127-28.

（18）　Pub. L. No.104-104, 110 Stat. 56 (1996). 本法を解説する城所岩生『米国通信改革法解説』（二〇〇一年）では、通信品位法についても紹介がなされており（一九五頁以下）、また、電気通信法全条文の逐語訳としては、郵政省郵政研究所編『一九九六年米国電気通信法の解説』（一九九七年）八八頁以下がある。ただし、本書での条文訳はこれらには依拠していない。

（19）　Act of June 19, 1934, ch.652, 48 Stat. 1064 (1934).

（20）　John F. McGuire, Note, *When Speech Is Heard around World: Internet Content Regulation in the United States and Germany*, 74 N.Y.U. L. Rev. 750, 758 & n.40 (1999).

（21）　*See* Andrew Spett, Comment, *A Pig in the Parlor: An Examination of Legislation Directed at Obscenity and Indecency on the Internet*, 26 Golden Gate U. L. Rev. 599, 613 & n.102 (1996).

（22）　*See* Blake T. Blistad, *Obscenity and Indecency in a Digital Age: The Legal and Political Implications of Cybersmut, Virtual Pornography, and the Communications Decency Act of 1996*, 14 Santa Clara Computer & High Tech. L.J. 321, 375 (1997).

（23）　*See* Vikas Arora, Note, *The Communications Decency Act: Congressional Repudiation of the "Right Stuff"*, 34 Harv. J. on Legis. 473, 479-83 (1997); Jonathan Wallace & Mark Mangan, Sex, Laws, and Cyberapace: Freedom and Censorship on the Frontiers of the Online Revolution, at 177-86 (1997).

（24）　これらの修正につき、特に、Wallace & Mangan, *supra* note 23, at 190; Robert Cannon, *The Legislative History of Senator Exon's Communications Decency Act: Regulating Barbarians on the Information Superhighway*, 49 Fed. Comm. L.J. 51, 69 (1996). このブライレイ修正が、のちの通信品位法五〇七条（a）項および（b）項であって、先に分析した、連邦刑法典の改正を定める条項である（第1章第1節参照）。

（25）　Arora, *supra* note 23, at 483-85; Cannon, *supra* note 24, at 66-67.

（26）　*See* Cannon, *supra* note 24, at 76, 91-92; Blistad, *supra* note 22, at 376-77.

(27)　Pub. L. No.104-104, tit.V, §§ 502, 507, 509, 110 Stat. 133, 133-36, 137-39 (1996). なお、通信品位法の具体的な条文内容については、城所・前掲注（18）一九五頁以下のほか、浜田良樹「アメリカ通信品位法（ＣＤＡ）とコンテンツ規制」藤原宏高編『サイバースペースと法規制』（一九九七年）五二頁以下も参照。

(28)　Act of May 3, 1968, Pub. L. No.90-299, § 1, 82 Stat. 112, 112 (1968).

(29)　47 U.S.C.A. § 223 (West 1991 & Supp. 1995).

(30)　改正後の二二三条の関連部分（47 U.S.C.A. § 223(a)(1)(B), (a)(2), (d)(1), (d)(2) (West 1991 & Supp. 1997)）の原文は、次のとおりである。

"(a) Prohibited general purposes

Whoever —

(1) in interstate or foreign communications —

……

(B) by means of a telecommunications device knowingly —

(i) makes, creates, or solicits, and

(ii) initiates the transmission of,

any comment, request, suggestion, proposal, image, or other communication which is obscene or indecent, knowing that the recipient of the communication is under 18 years of age, ……

……

(2) knowingly permits any telecommunications facility under his control to be used for any activity prohibited by paragraph (1) with the intent that it be used for such activity,

shall be fined under Title 18, or imprisoned not more than two years, or both.

……

(d) Sending or displaying offensive material to persons under 18

Whoever —

(1) in interstate or foreign communications knowingly —

(A) uses an interactive computer service to send to a specific person or persons under 18 years of age, or

(B) uses any interactive computer service to display in a manner available to a person under 18 years of age,

any comment, request, suggestion, proposal, image, or other communication that, in context, depicts or describes, in terms patently offensive as measured by contemporary community standards, sexual or excretory activities or organs, …… or

(2) knowingly permits any telecommunications facility under such person's control to be used for any activity prohibited by paragraph (1) with the intent that it be used for such activity,

shall be fined under Title 18, or imprisoned not more than two years, or both."

(31)　47 U.S.C.A. §§ 223(h)(1)(B), (h)(2), 230(e)(2)（West 1991 & Supp. 1997）.

(32)　H.R. Conf. Rep. No.104-458, at 188（1996）, *reprinted in* 1996 U.S.C.C.A.N. 124, 201-02. ここにいう、連邦最高裁によっても承認されている連邦通信委員会による「下品な」との文言（ラジオにおける性表現の規制を定める連邦刑法典一四六四条の文言）の解釈については、本章序論**1**参照。

(33)　*See* Magenau, *supra* note 6, at 1146-47.

(34)　47 U.S.C.A. § 223(e)(1)（West 1991 & Supp. 1997）. わが国では一般に「プロバイダ」との言葉は、インターネット接続サービスを提供する事業者のことのみを意味するものとして用いられているが、アメリカでは、この意味のプロバイダは一般に「インターネット・サービス・プロバイダ（internet service provider（ISP））」と呼ばれており、これに対し、インターネット上で何らかの内容の情報発信を行う者は（一般ユーザーであっても）「コンテンツ・プロバイダ（content provider）」と呼ばれる（したがってアメリカでは、単に「プロバイダ」との言葉のみで必然的にＩＳＰを意味するわけではない）。この（ｅ）項（一）号の趣旨は、（ａ）項、（ｄ）項が規制対象となる情報を作成し発信した者（コンテンツ・プロバイダ）のみを対象としており、ある者によるインターネット接続（アクセス）の提供の結果、規制対象となる情報の送受信が行われても、この接続（アクセス）を提供した者（ＩＳＰに代表されるアクセス・プロバイダ）自身は責任を負わないことを示すことにある。

なお、近時のＩＳＰの提供するサービスはインターネット接続に限られず、会員ユーザーへのホームページ用サーバーの貸与などをはじめとして多岐にわたっており、自ら開設したホームページなどでＩＳＰ自身が情報発信を行うことも通例である。このように、自ら情報発信を行う限りでは、ＩＳＰはコンテンツ・プロバイダでもあるのであり、その場合、当該情報の内容に対しては、ＩＳＰもまた当然にコンテンツ・プロバイダとしての責任を負う。

なお、第三者によって、自己の管理するサーバー内に法的規制の対象となる内容のデータが記憶・蔵置され、これが公開されることについてＩＳＰが一定の法的責任を負うかとの問題、いわゆる「プロバイダ責任」論については、のちに考察する（アメリカにおける議論については本章補論、わが国でのそれについては第四章第二節を参照）。

(35)　47 U.S.C.A. § 223 (e)(4), (e)(5) (West 1991 & Supp. 1997). この（ｅ）項（五）号（Ｂ）にいう成人の「身分証明番号（personal identification number（PIN））」とは、ユーザーが、自己のアクセスしようとするアダルト・サイトが採用している年齢認証システムのサイトへアクセスしたのち、当該システムに対して自己のクレジット・カード情報を添えた申請を行うことによって取得されるものである。ＰＩＮの発行自体は当該システムが申請者の情報の有効性を確認して即時に行われる。この確認は通常五秒から一〇秒程度で終了する。*See* Kelly M. Doherty, Comment, *WWW. OBSCENITY. COM: An Analysis of Obscenity and Indecency Regulation on the Internet*, 32 Akron L. Rev. 259, 281 n.167 (1999).

(36)　American Civil Liberties Union v. Reno, 929 F. Supp. 824 (E.D. Pa. 1996) [hereinafter *ACLU I*], *aff'd*, 521 U.S. 844 (1997) [hereinafter *ACLU II*]; Shea *ex rel.* American Reporter v. Reno, 930 F. Supp. 916 (S.D.N.Y. 1996), *aff'd*, 521 U.S. 1113 (1997) (mem.). 前者の、一九九六年にペンシルベニア州東部地区連邦地裁に係属

したＡＣＬＵらを原告とする訴訟以来、このＡＣＬＵを中心とする原告団がリノ司法長官（その後任のアシュクロフト（Ashcroft）司法長官、および司法省）を被告としたサイバー・ポルノ規制立法の違憲訴訟による判決が五件続く。同一の事件名称であるこれら諸判例は、多くの米国文献においては、混同を避けるために、時系列に沿って"ACLU I"，"ACLU II"などと通称されていることから、本書もこれに従う。

(37) American Civil Liberties Union v. Reno, 24 Media L. Rep. (BNA) 1379 (E.D. Pa. 1996).「明らかに不快な」との文言に関する（d）項についても、両当事者の訴訟上の合意により、同地裁の最終的な決定が下されるまで執行が停止された。

(38) *ACLU I, supra* note 36. 本判決を紹介する邦語文献として、内藤順也「インターネットと表現の自由」国際商事法務二四巻八号（一九九六年）七九七頁以下、渥美東洋「アメリカ合衆国のインターネットへの下品な伝達をする行為を規律する法律を第一、第五修正に違反する、違憲であると判示したフィラデルフィア地方裁判所と控訴裁判所の合同判決について」判例タイムズ九二三号（一九九七年）八七頁がある。

(39) *Id.* at 828 n.5.

(40) *Id.* at 850-52, 854-57.

(41) *Id.* at 858-64.

(42) *Id.* at 868-83 & n.19.

(43) 前述のように、連邦通信委員会は、ラジオにおける性表現の放送禁止に関する連邦刑法典一四六四条における「下品な」との文言については、「放送メディアに関する現代の地域社会の基準によれば明らかに不快と評価される言葉で」性行為等を描写する場合をいうとの行政解釈を示しているが（本章序論**1**参照）、同様に、例えばダイヤル・ア・ポルノ・サービスの規制に関する一九三四年通信法上の条文における「下品な」との文言については、同委員会は、「電話メディアに関する現代の地域社会の基準によれば」明らかに不快な方法で性行為等を描写する場合をいうとしている（*see id.* at 862）。

(44) なお、ダルツェル裁判官は、Sable判決はダイヤル・ア・ポルノ・サービスという電話における一つの特定のタイプのコミュニケーションに関するものであって、電話メディア一般と表現の自由との関係についての裁判例ではないことからしても、人々のイマジネーションと同じほど膨大な量の情報内容を提供するインターネットに関する本件（ACLU　Ⅰ判決）の先例としては説得的ではないとしている（*id.* at 877）。

(45)　Charles Nesson & David Marglin, *The Day the Internet Met the First Amendment: Time and the Communications Decency Act*, 10 Harv. J.L. & Tech. 113, 121 (1996).

(46)　もっとも、ここにいう技術特性の変化が、情報内容の侵入性やアクセスの容易性などの具備（放送類似化）にとどまるものではなく、参入障壁の低さやグローバル性、非中央集権性などの特性の喪失にまで及び、表現の自由の原理論との関係でのインターネットの本質的意義にまで変容をきたすものである場合には、そのメディアとしての法的位置づけやこれに伴う保障の程度はそれに連動して当然に変化すべきこととなる。そのように変化したメディアはもはや、今日の意味での「インターネット」とは全く異なる別のメディアであると考えられるからである。

(47)　わが国において、この点をつとに指摘されているのが山口いつ子助教授である。同・前掲注(11)「サイバースペースにおける表現の自由・再論」三九頁以下参照。

なお、このACLU　Ⅰ判決の約一月後の七月二九日には、ニュー・ヨーク州南部地区連邦地裁によるShea判決においても、「明らかに不快な」との文言に関する二二三条(d)項につき、暫定的差止命令が発せられている(Shea *ex rel.* American Reporter v. Reno, 930 F. Supp. 916 (S.D.N.Y. 1996))。本件で、原告はこの文言についてのみ漠然性と過度の広汎性とを理由に差し止めを求めていたが、同地裁における三人合議法廷は、この漠然性は否定し、過度の広汎性のみを理由として差し止めを認めた（*id.*　at　935-42）。過度の広汎性についての理由づけは、ACLU　Ⅰ判決とほぼ同一である（なお、このShea判決の判決文は、第二巡回区連邦控訴裁判所カブレーン(Cabranes)裁判官による執筆で統一されている）。

(48)　*ACLU II, supra* note 36. 本判決を紹介する邦語文献として、城所岩生「米国通信法改正（一五）」国際商事法務二六巻二号（一九九八年）一五九頁以下（同・前掲注(18)二五一頁以下所収）、阪口正二郎「インターネットにおける性表現の規制」法律時報七〇巻八号（一九九八年）一〇〇頁以下、萩原滋「インターネットにおける言論の自由」愛知大学法経論集一四七号（一九九八年）八三頁以下、松井茂記・福島力洋「レノ対アメリカ自由人権協会事件合衆国最高裁判所判決―インターネットと表現の自由―」阪大法学四八巻四号（一九九八年）一四七頁以下がある。

(49)　法廷意見にはスカリア（Scalia）、ケネディ（Kennedy）、スータ（Souter）、トーマス（Thomas）、ギンスバーグ（Ginsburg）およびブレーヤー（Breyer）の各裁判官が、一部同意一部反対意見にはレーンキスト（Rehnquist）首席裁判官が、それぞれ同調している。

(50)　Ginsberg v. New York, 390 U.S. 629 (1968)（本章序論**1**参照）; FCC v. Pacifica Foundation, 438 U.S. 726 (1978)（本章序論**3**参照）;Renton v. Playtime Theatres, Inc., 475 U.S. 41 (1986)（Renton 判決の邦語による評釈として、浜田純一「成人映画館に対する土地利用規制と表現の自由」憲法訴訟研究会・芦部信喜編『アメリカ憲法判例』（一九九八年）一四七頁以下）。

(51)　*ACLU II, supra* note 36, at 864-72, 874-79, 881-85.

(52)　*Id.* at 886, 888, 891-93, 895-96.

(53)　*Id.* at 877 n.44（法廷意見によるこの指摘の趣旨が、実際に、通信品位法という新立法による未成年者保護を目的としたサイバー・ポルノ規制条項の不要性を示すことにあるのだとすれば、ここでもまた、新たな非わいせつ表現規制条項の制定に対する批判としてわいせつ表現規制条項の存在を挙げるという、論点のズレがみられる（なお、第一章注（16）も参照）)。

　なお、この訴訟では争点となっておらず、ACLU　II判決後も存続する二二三条（a）項（一）号（B）の「わいせつな」表現の規制についても、「地域社会の基準」の問題性は当然に妥当する。

(54)　この、「地域社会の基準」のインターネットへの適用との問題について、連邦最高裁によるのちのACLU　V判決（Ashcroft v. American Civil Liberties Union, 122 S. Ct. 1700 (2002) (plurality)）においては、実質的には三名の裁判官からなる相対多数意見が同基準の適用を肯定的に評価し、他の六名による個々の少数意見はこれを否定的に解するという判断が示されている。次節三参照。

(55)　Glenn E. Simon, Note, *Cyberporn and Censorship: Constitutional Barriers to Preventing Access to Internet Pornography by Minors*, 88 J. CRIM. L. & CRIMINOLOGY 1015, 1041 (1998).

(56)　*See* Jacques, *supra* note 11, at 1986-89. *See also* Nesson & Marglin, *supra* note 45, at 130.

(57)　ただし、本章注（46）も参照。

(58)　*See* Laura J. McKay, Note, *The Communications Decency Act: Protecting Children from On-Line Indecency*, 20 SETON HALL LEGIS. J. 463, 478 n.87 (1996); Arora, *supra* note 23, at 479; Cannon, *supra* note 24, at 72-73. 通信品位法案の議会審議の当時、その可決を図るため、エクソン議員が同僚議員らに繰り返し閲覧させたプリントアウト済みのインターネット上のわいせつ画像（これらの写真は青表紙のファイルに綴じられていたため、嘲笑的に「ブルー・ブック（Blue Book）」と呼ばれていた）は、インターネットの利用法を知らないエクソン議員自身によってではなく、同議員の依頼を受けた友人などによって蒐集されたものであるとされる（*see* Cannon, *supra* note 24, at 64, 72 & n.108）。この「ブルー・ブック」についてはさらに、通信品位法（案）が未成年者の保護のためにわいせつには至らない性表現の規制を主目的としたものであるにもかかわらず、過激なわいせつ画像ばかりを蒐集したものであること（通信品位法が制定されなくても、わいせつ画像自体は、前述の Thomas 判決におけるように、現行の連邦刑法典による規制が可能であった）、また、蒐集された画像のデータの記憶・蔵置されているサーバーの所在がアメリカ国内であるかが不明であり、仮に国外サーバーに由来する画像であれば、アメリカ法の規制しえない画像である（前述のように、実際の法適用についてはこのように解されているようである）こと（*see* Cannon, *supra* note 24, at 64 n.61）などの点でも、批判が多い。

(59)　*See* Lawrence Lessig, *Reading the Constitution in Cyberspace*, 45 EMORY L.J. 869, 884 (1996); Sean J. Petrie, Note, *Indecent Proposals: How Each Branch of the Federal Government Overstepped Its Institutional Authority in the Development of Internet Obscenity Law*, 49 STAN. L. REV. 637, 658 n.149, 659 (1997); Arora, *supra* note 23, at 485. そして、立法者、つまりはアメリカ国民のサイバー・ポルノへの過剰反応を引き起こした原因の1つとして広く指摘されているのが、いわゆる「リム研究（Rimm Study）」である。これは、一九九五年の『ジョージタウ

ン・ロー・ジャーナル』誌八三巻に掲載された、インターネット上で流布されているポルノグラフィーの著しい氾濫状況を報告した研究論文（Marty Rimm, *Marketing Pornography on the Information Superhighway: A Survey of 917,410 Images, Descriptions, Short Stories, and Animations Downloaded 8.5 Million Times by Consumers in Over 2000 Cities in Forty Countries, Provinces, and Territories*, 83 GEO. L.J. 1849 (1995)）であって、その内容が、『タイム』誌の一九九五年六月三日号にカバー・ストーリー（Philip Elmer-DeWitt, *On a Screen Near You: Cyberporn*, TIME, July 3, 1995, at 34-41）として掲載されたことによって、国民の間にその問題性についての認識が急速に広まり、この当時行われていた連邦議会での通信品位法案の審議の過程でも、これを支持する議員らによって、この記事が何度も引用されることとなった。ところがその後、リム氏による調査手法や分析方法の問題性が各方面から強く批判され、その研究論文の内容の信憑性自体が疑問視されることとなり、のちに『タイム』誌自身もこの研究内容を報じた記事を事実上撤回し謝罪するまでの事態に至ったが（Philip Elmer-DeWitt, *Fire Storm on the Computer Nets*, TIME, July 24, 1995, at 57）、それにもかかわらず、インターネット上でのポルノグラフィーの氾濫という国民の間に一旦広まった認識は、通信品位法の可決成立に大きく作用したといわれている（*see, e.g.*, Jacques, *supra* note 11, at 1969）。

（60）通信品位法上の問題の諸規定が刑事罰を伴う規制を定めるものであることや、本法による規制が事実上非わいせつ表現の全面的禁止に等しいことからすれば、たとえこれが放送メディアに関する規制であったとしても、違憲と判断される可能性はあると思われる。通信品位法案が議会で審議されていた当時には、のちのACLU I，ACLU II訴訟でその合憲性を主張せざるをえない立場に置かれることとなる司法省もまた、その合憲性に疑問を表明していたのである（Petrie, *supra* note 59, at 658-59 & n.157. なお、第1章注（16）も参照）。

（61）なお、このACLU II判決の翌日に、連邦最高裁は理由を付さないメモランダム判決によって、ニュー・ヨーク州南部地区連邦地裁によるShea判決（本章注（47））を支持している（Reno v. Shea *ex rel.* American Reporter, 521 U.S. 1113 (1997) (mem.)）。

（62）Jacques, *supra* note 11, at 1990-91 & n.260.

(63) Pub. L. No.105-277, div.C, tit.XIV, 112 Stat. 2681-736 (1998).

(64) Pub. L. No.105-277, 112 Stat. 2681 (1998).

(65) *See* Rohr, *supra* note 7, at 731. *See also* Magenau, *supra* note 6, at 1114 & n. 12; 城所・前掲注（18）三一九頁以下。

(66) Child Online Protection Act § 1403, 112 Stat. at 2681-736 to 2681-739（なお、本法の主要な条文の邦訳および紹介として、城所・前掲注（18）三二九頁以下がある）. このほかに、本法では、一四〇五条において新たに、インターネット上の有害情報への未成年者によるアクセスを減少させる方法の研究を実施するためとして、民間事業者と政府委員からなる暫定的なオンライン児童保護委員会の設置が規定されている点が注目される（§ 1405, 112 Stat. at 2681-739 to 2681-741）。

(67) 47 U.S.C.A. § 231(a)(1) (West 1991 & Supp. 1999). この禁止行為規定の原文は、次のとおりである。

"(a) Requirement to restrict access

(1) Prohibited conduct

Whoever knowingly and with knowledge of the character of the material, in interstate or foreign commerce by means of the World Wide Web, makes any communication for commercial purposes that is available to any minor and that includes any material that is harmful to minors shall be fined not more than $50,000, imprisoned not more than 6 months, or both."

(68) 47 U.S.C.A. § 231(e)(2), (e)(6), (e)(7) (West 1991 & Supp. 1999). 本項（六）号による「未成年者に有害な素材」との文言の定義の原文は、次のとおりである。

"(6) Material that is harmful to minors

The term "material that is harmful to minors" means any communication, picture, image, graphic image file, article, recording, writing, or other matter of any kind that is obscene or that —

(A) the average person, applying contemporary community standards, would find, taking the material as a whole and with respect to minors, is designed to appeal to, or is designed to pander to, the prurient interest;

(B) depicts, describes, or represents, in a manner patently offensive with respect to minors, an actual or simulated sexual act or sexual contact, an actual or simulated normal or perverted sexual act, or a lewd exhibition of the genitals or post-pubescent female breast; and

(C) taken as a whole, lacks serious literary, artistic, political, or scientific value for minors."

(69) 47 U.S.C.A. § 231(c)(1)（West 1991 & Supp. 1999).

(70) Ginsberg判決（Ginsberg v. New York, 390 U.S. 629（1968））、およびここで明確性を認められたニュー・ヨーク州刑法典上の「未成年者に有害な」との文言の定義づけについては、本章序論**1**、および本章注（3）を参照。

(71) H.R. Rep. No.105-775, at 27-28（1998), *available at* ftp://ftp.loc.gov/pub/thomas/cp105/hr775. txt.

(72) Matthew Baughman, Recent Legislation, *Regulating the Internet*, 36 Harv. J. on Legis. 230, 233（1999).

(73) *See* Doherty, *supra* note 35, at 286-90. この点は実際に、児童オンライン保護法による非わいせつ表現の規制に関して提起された違憲訴訟において、「未成年者に有害な」との文言に対する過度の広汎性に基づく違憲判断の理由とされるに至っている（ACLU IV判決。後述本節三**2**・**4**参照）

(74) H.R. Rep. No.105-775, at 12.

(75) *See* Baughman, *supra* note 72, at 236-38. 本法におけるこのような「商業目的」概念の広さを前提とすれば、スター（Starr）独立検察官によって作成され、一九九八年九月一一日に連邦政府により公表されたクリントン大統領の不倫疑惑に関する報告書の内容を伝える報道機関のホームページもまた、本法の適用対象となるとされる（Doherty, *supra* note 35, at 283 n.179）。

(76) *See* Rohr, *supra* note 7, at 734-35; 城所・前掲注（18）三二六頁以下。

(77) American Civil Liberties Union v. Reno, 31 F. Supp. 2d 473（E.D. Pa. 1999）[hereinafter *ACLU III*], *aff'd*, 217 F. 3d 162（3d Cir. 2000）[hereinafter *ACLU IV*], *vacated and remanded sub nom.* Ashcroft v. American

Civil Liberties Union, 122 S. Ct. 1700 (2002) (plurality) [hereinafter *ACLU V*].

(78) *ACLU IV, supra* note 77.

(79) *ACLU III, supra* note 77, at 480-81, 492-99.

(80) *ACLU IV, supra* note 77, at 166, 173-81 & nn.18, 19.

(81) *ACLU V, supra* note 77, at 1708, 1709-10, 1712-13, 1714（レーンキスト首席裁判官、スカリア裁判官、およびIII Bにつきオコナー裁判官が同調）.

(82) *Id.* at 1714-15.

(83) *Id.* at 1715-16.

(84) *Id.* at 1717-20（スータ、ギンスバーグ両裁判官が同調）.

(85) *Id.* at 1723-27.

(86) 本判決による事実認定においては、このような間接的な負担の方が、直接的なそれよりも、情報提供者にとっての現実的な経済的負担となるとの認定もなされている（*ACLU III, supra* note 77, at 491 (Finding of Fact, ¶ 61)）.

(87) *Id.* at 492 (Finding of Fact, ¶ ¶ 64-66). フィルタリング技術に関しては、さらに、終章一**2**を参照。

(88) ただ、フィルタリングソフトの存在を理由として、「児童オンライン保護法が最も限定的な規制手段を用いるものではない」とするのみである本判決の認定からは、規制（の代替）手段としてフィルタリング技術の活用を（刑罰により）法的に義務づけるような場合の、表現の自由保障との関係での当該法規に対する憲法的評価については明らかではない。本判決自身、原告が法的な規制手段としてこれらのソフトウェアの使用を提案しているわけではないことを注記しており（*id.* at 497 n.6）、この問題には触れていない。

(89) Wallace & Mangan, *supra* note 23, at 174.

(90) わいせつ表現も規制対象に含まれている。合衆国法典第四七編二三一条（e）項（六）号柱書参照（本節一**2**②参照）。

(91)　この問題は、以下に本文で紹介する、二〇〇〇年一二月に制定された連邦法たる児童インターネット保護法が、小中学校や図書館に対しフィルタリングソフトの導入を義務づけていることに具体化している。本章注（94）も参照。

(92)　Consolidated Appropriations Act, 2001 (Pub. L. No.106-554, 114 Stat. 2763 (2000).

(93)　Pub. L. No.106-554, § 1(a) (4) (div.B, tit.XⅦ), 114 Stat. 2763, 2763A-335 (2000).

(94)　この児童インターネット保護法による規制方法についても、自らが受領すべき情報をその者（この場合、特に小中学校については、未成年者ではある）自身が選別、決定する権利（表現の自由としての情報受領権）等との関連で憲法問題を生じうるが、実際に、本法の適用対象となる公立図書館やその利用者らは、本法はこれら図書館に対し利用者の情報受領権を侵害すること、および図書館自体の表現の自由権を放棄することを要請しており、これを保障する合衆国憲法修正一条に違反しているとして、連邦政府を被告としてその違憲無効の確認を求めて訴訟を提起している。この訴えにつき、三人合議法廷からなるペンシルベニア州東部地区連邦地裁による二〇〇二年五月三一日のAmerican Library Association v. United States判決（*available at* http://www. paed. uscourts.gov/documents/opinions/02D0414P.HTM）は、原告の主張を認め、フィルタリングソフトの使用を義務づける本法は公立図書館やその利用者の表現の自由権（情報受領権）を侵害することになるとして、これを違憲無効と判断した。ただし、この訴訟においては、本法により使用を義務付けられるフィルタリング技術自体の精度、つまり、これが青少年を含め国民による受領を保障される表現を遮ることなく、わいせつおよび青少年に有害な性表現のみを遮断しうるかが最大の争点とされており、したがって本判決の結論も、現在の技術水準ではいまだにフィルタリング技術自体の精度が低く、これが、性表現とは無関係な情報を含め本来は自由な閲覧に供されるべき保護された表現までも過剰に規制してしまう可能性が高いと認定されたことが、その実質的な理由となっている。

(95)　プロバイダの法的責任と類似する問題は、通信媒介を業とする者ではない大学や企業内のネットワーク管理者（以下「ネットワーク管理者」）、また、パソコン通信ネットの開設・運営者（以下「パソコン通信開設者」）などについても問題となる。これらのうち、その会員のみから構成される閉鎖的なコミュニティーであって、その内部でのみ情報通信が行われるパソコン通信においては、その開設者は一般に、そこでの電子掲示板を主催し議論を調整するなど、会員による発言内容に積極的に関与する。つまり、パソコン通信開設者は、全ての会員にアクセスされ、情報通信サービスの中核となるホスト・コンピュータを管理・運営しており、これに伴って中央集権的なかたちで情報の管理・集約をするのが通常であって、このような情報内容への関与という点では、インターネットへの接続の提供を主たる業務とするプロバイダやネットワーク管理者との間には相違がある。

このパソコン通信開設者の性格は、インターネットの脈絡では、プロバイダからホームページ用サーバーのレンタルを受けて掲示板サイトを設営するユーザー（プロバイダの一会員）と類似する（書き込みをなしうる者の範囲に相違はある）。一方、プロバイダ自身が自己のサイト上で掲示板サービスを提供する場合には、当該サービスについてのその法的責任は、プロバイダとしてではなくその掲示板サイト設営者として検討される。また、近時は、一つの事業者が会員に掲示板サービスとインターネット接続サービスの両方を提供している場合も多く、パソコン通信開設者とプロバイダとを一律には区別しがたくなっている。このようにみてくると、プロバイダやパソコン通信開設者の法的責任との問題は、その者の事業形態にかかわらず、その者が自己の管理するサーバー・コンピュータないしホスト・コンピュータに第三者により記憶・蔵置された情報を、自分自身の行う情報（コンテンツ）提供サービスのなかでその一部として提供している場合がパソコン通信開設者としての責任の問題、そうでない場合（ホームページ用サーバーのレンタルや、インターネットへの単なるアクセス提供の場合など）がプロバイダ責任の問題として検討されるべきこととなり、大雑把にいって、相対的にパソコン通信開設者の方が責任を認められやすくなると思われる（以上、速水幹由「インターネットプロバイダの法的責任論（通信役務説の立場から）」インターネット弁護士協議会（ＩＬＣ）編『インターネット法学案内』（一九九八年）一八九頁以下、同「有害・違法な情報や行為とプロバイダの責任」インターネット弁護士協議会（ＩＬＣ）編『インターネット事件と犯罪をめぐる法律』（二〇〇〇年）六六頁以下参照）。

もっとも、アメリカでは、その法的責任の問題に関してこれらプロバイダないしネットワーク管理者とパソコン通信開設者との相違は特に意識されていないようであり、よってここでは、「プロバイダ」との呼称を、ネットワーク管理者やパソコン通信開設者などをも含めた意味で用いることとする。

(96)　以下に紹介するように、これはプロバイダ等の民事免責を定める条項である（通信品位法制定時の議会両院協議会報告書においても、その旨が明示されている（*see* H.R. Conf. Rep. No.104-458, at 194 (1996), *reprinted in* 1996 U.S.C.C.A.N. 124, 207-08)）。なお、アメリカにおけるプロバイダの民事責任に関する邦語文献としては、棚橋元「コンピュータ・ネットワークにおける法律問題と現状での対応策―米国における裁判例・事例の検討（一）（二）（三）」NBL六一五号（一九九七年）二三頁以下、六一七号（同年）三九頁以下、六一八号（同年）三四頁以下、同「ネットワークにおける情報仲介者の責任」内田晴康・横山経通編著『インターネット法』（新版）（一九九九年）四七頁以下、平野晋「ユーザの名誉毀損行為に対するISPの民事責任（上）（下）」判例タイムズ一〇〇二号（一九九九年）四五頁、一〇〇三号（同年）八八頁などがある。

なお、プロバイダの法的責任という問題については、ドイツにおいても、いわゆる連邦マルチメディア法（序章注（16）参照）上に、これに関する条項（正確には、本法一条により新たに制定された「テレサービスの利用に関する法律（Gesetz über die Nutzung von Telediensten）」の五条）が設けられているが、この規定は、アメリカの通信品位法におけるごとく民事責任に限定されるものではなく、より一般的抽象的な、各法分野での個別的な責任要件の前提となるものである（米丸恒治「ドイツ流サイバースペース規制―情報・通信サービス大綱法の検討―」立命館法学二五五号（一九九八年）一五二頁参照）。このテレサービスの利用に関する法律五条は、次のように規定されている。「（1）サービス・プロバイダ（Diensteanbieter）は、利用に供する自己のコンテンツ（Inhalte）については、一般の法律に従い責任を負う。（2）サービス・プロバイダは、利用に供する他人のコンテンツについては、そのコンテンツについて認識を有しており、その利用を阻止することが技術的に可能であり、かつ期待可能であるときにのみ、責任を負う。（3）サービス・プロバイダは、利用のためのアクセス（Zugang）を媒介しているに過ぎない他人のコンテンツについては、責任を負わない。利用者の要求信号（Nutzerabfrage）に基づく、他人のコンテンツの自動的かつ短時間の記録（Vorhaltung）は、アクセスの媒介とみなす」。この規定や、ドイツにおけるプロバイダの刑事責任に関する議論については、岩間康夫「コンラディ＝シュレーマー『インターネットプロバイダーの可罰性』」大阪学院大学法学研究二四巻一号（一九九七年）七三頁以下（ただし、連邦マルチメディア法制定以前の文献の紹介）、米丸・前掲一五〇頁以下、鈴木秀美「ドイツ・マルチメディア法制におけるプロバイダーの責任―法的規制と自主規制―」広島法学二三巻二号（一九九九年）一二七頁以下、山口厚「プロバイダーの刑事責任」法曹時報五二巻四号（二〇〇〇年）一頁以下等を参照。

(97)　Pub. L. No.104-104, tit. V, § 509, 110 Stat. 133, 137-39 (1996) (codified as added at 47 U.S.C.A. § 230 (West 2001))（なお、一九九八年に児童オンライン保護法によって追加され、その後ACLU Ⅲ, ACLU Ⅳの二判決によりその一部の差し止めが認められた合衆国法典第四七編二三一条は、ここで通信品位法により新設された二三〇条に続く条文である）。

(98)　なお、この（c）項（二）号（B）の原文では“any action taken to enable or make available to information content providers or others the technical means to restrict access to material described in paragraph (1).”と規定されているが、『註釈合衆国法典（United States Code Annotated）第四七編一条―三五〇条』（二〇〇一年）三〇七頁によれば、この“…in paragraph (1)（（一）号において…）”は“…in subparagraph（A）（（A）において…）”の誤りであろうとされている。そこで、本書でもこの註釈に従うこととした。

(99)　この（一）号による免責の前提となる問題、すなわち、第三者によって作成された違法な内容の情報につきその伝達を媒介した者がその作成者と同一の責任（「公表者」としての責任）を負うか否かという問題は、従来より不法行為法上の名誉毀損の責任に関連して扱われてきた論点である（なお、現代アメリカでのプロバイダ（の民事）責任論も、特に名誉毀損や著作権を侵害する情報の媒介に関する諸判例との関連で発展してきている（*see* Mark Konkel, Note, *Internet Indecency, International Censorship, and Service Providers' Liability*, 19 N.Y.L. Sch. J. Int'l & Comp. L. 453, 466 (2000))）。

名誉毀損の成立に必要な基本的要素は、当該表現の「公表（publication）」であり、これは一般に、名誉を毀損される者以外の第三者に対する当該表現の意図的なまたは過失による伝達であるとされる。そして、ある者によって他人の名誉を毀損する表現が行われた場合、この表現を行った者自身に対するとは別に、その表現の伝達に関与した他の者についても名誉毀損の責任が問われうるかについては、アメリカの不法行為法上ほぼ確立された、各州共通のルールが存在している。

それによれば、第一に、書籍、雑誌、新聞などの出版社や発行者は、その扱う表現内容につき編集や校閲などによる強いコントロールを及ぼすことができ、その具体的内容を知りうべき機会を有していることから、当該表現の作成者と同様の責任を負う「公表者（publisher）」との責任類型に分類される。「公表者」は表現内容の名誉毀損的性質の認識を推定されるため、その責任は現実の認識やこれを欠いたことの過失の立証を必要としない厳格責任（strict liability）であるとされる（ただし、厳格責任を負うとされてきた名誉毀損表現の作成者自身については、連邦最高裁の諸判例により、合衆国憲法上の表現の自由権の保障の観点から、少なくともある程度の落度が必要と解されてきており（*e.g.*, New York Times Co. v. Sullivan, 376 U.S. 254, 279-80 (1964)（公務員（public officials）に対する不法行為としての名誉毀損の成立を、表現者がその内容の虚偽性を認識していたか、あるいはこれを全く配慮していなかった場合のみに限定（いわゆる「現実の悪意（actual malice）」の法理の確立）), Gertz v. Robert Welch, Inc., 418 U.S. 323, 345-47 (1974)（私人に対する不法行為としての名誉毀損の成立にも、表現者の過失は必要とする））、その限りでは、作成者と同様の責任を負うとされる「公表者」の責任もまた完全な厳格責任ではなくなってきているともいえる）。

第二は、書店、図書館または新聞販売店などに代表される「配布者（distributor）」の類型である。「公表者」の場合とは異なり、「配布者」は当該表現の名誉毀損的性質を実際に「知っていたか、または知る理由があった（knew or had reason to know）」ことが証明される場合にのみ責任を負う（なお、この「知る理由があった」との要件は、過失（negligence）を意味する「知るべきであった（should have known）」との要件とは異なり、問題となる事実についての注意義務を課すものではなく、過失責任よりも限定的な責任である。よって「配布者」は、その扱う表現物に名誉毀損表現が含まれているかを調査する義務を負わない。棚橋・前掲注（96）「コンピュータ・ネットワークにおける法律問題と現状での対応策（二）（三）」六一七号四一頁以下、六一八号三四頁以下参照）。その扱う表現物すべての内容を確認し、ましてやコントロールすることは不可能である書店等につき、これらの主観的要件の立証のないまま責任が認められることとなれば、書店等は、自らその内容を確認しえたいわば安全な表現物しか扱いえなくなる。表現の伝達に対する著しい萎縮的効果を生じるとともに表現の受け手にとっての知る権利の侵害を構成するこのような事態を防ぐために、「配布者」類型には上記のような責任要件が認められている。

そして第三が、いわゆる「コモン・キャリア（common carrier）」であって、これに該当する郵便や電話はその利用を希望する者を選択することが許されず、いかなる者に対しても平等にサービスを提供する義務を負うが、その代わりに自らが伝達する表現内容についてはー切の責任を負うことがなく、また、そもそもその伝達する表現内容を知ること自体が禁止される（以上の、情報媒介者の責任の類型化につき、*see* Keith Siver, *Good Samaritans in Cyberspace*, 23 Rutgers Computer & Tech. L.J. 1, 9-10 (1997)）。

他人による名誉毀損表現を伝達する者の不法行為責任については、このような類型化が従来から確立されていたが、コンピュータ・ネットワーク上での表現内容についての情報媒介者の法的責任はどのように評価されるべきかを判断した初めての判例が、一九九一年のCubby, Inc. v. CompuServe Inc.判決（776 F. Supp. 135 (S.D.N.Y. 1991)）である。アメリカにおける最大手のプロバイダの一つであるコンピュサーブ社は、一五〇件以上ものフォーラムを運営しており、そのうちの一つは同社との契約により他の会社が編集その他の管理を行っていた。この会社は当該フォーラムの一環としてオンラインでのニュースレターの発行を行い、その作成を契約関係にある他者に委ねていた。この者とコンピュサーブ社との間には雇用・契約その他の直接的な関係は存在しなかったが、ここで発行されたニュースレターの内容につき名誉毀損を理由に同社が提訴されたのが本件である。原告は同社が名誉毀損表現の「公表者」としての責任を負うと主張したが、ニュー・ヨーク州南部地区連邦地裁は、同社がそもそもニュースレターの掲載自体を完全に停止させることは可能であるが、このような掲載を行う以上その内容につき同社が編集を行うことはほぼ不可能であり、本件のようにフォーラムの管理自体が他社に委ねられている場合にはなおさらそうであること、この種の発行物に対して同社の有する内容的コントロールは図書館や書店、新聞販売店以上のものではないこと、名誉毀損表現が存在する可能性のゆえにその掲載するすべての発行物を同社が調査することは図書館や書店等がそれを行う場合以上に実行可能ではないこと、そして、技術が情報産業を急速に変化させており、電算化されたデータベースは機能的にはより伝統的な新聞販売店と同一であり、図書館や書店、新聞販売店に対して適用されるよりもより容易に責任を肯定する基準を同社のような電子ニュース配布者に適用することは情報の自由な流通に不当な負担を課すことになるとし、以上より同社には「配布者」としての基準が適用されるとしている。その上で本判決は、原告は同社が問題の表現を知っていたか、または知る理由があったことを立証しえていないとして、その訴えを退けている（*id.* at 140-41.）。

こうしてCubby判決によって、他人の行った名誉毀損表現につき、プロバイダには「配布者」としての責任の基準が適用されることが初めて明らかとされたが、これに対して、その後一九九五年に下されたStratton Oakmont, Inc. v. Prodigy Services Co.判決（23 Media L. Rep.（BNA）1794（N.Y. Sup. Ct. 1995））においては、プロバイダに「公表者」としての責任が肯定されることとなった。本件では、二〇〇万人以上の会員を有する大手プロバイダであるプロディジィ社が、その提供する掲示板サービスにおいて、会員により原告の名誉を毀損する内容が書き込まれていたことを理由として提訴されている。同社は「公表者」に当たると主張する原告に対し、同社は、掲示板に書き込まれる一日六万件ものメッセージを校閲することは不可能であること、この掲示板の具体的な運営を契約により同社から委ねられている者たるボード・リーダー（board leader）は編集者として機能するわけではないこと、Cubby判決に照らせば同社は「配布者」に過ぎないことなどを主張した。ニュー・ヨーク州第一審裁判所は、同社が家庭志向のプロバイダを標榜しており、その提供する掲示板でも編集権の積極的な行使などにより内容に配慮することをその宣伝文句として顧客獲得に努めていたこと、同社が掲示板につき実際にこの方針を実行するため、侮辱的、いやがらせ的または嫌悪感を抱かせる等の書き込みを削除するなどのガイドラインを有しており、また、不快と評価される言葉を自動的にスクリーニングするソフトウェアを使用していたことなどの事実を認定し、これらを前提とすれば同社は明らかに掲載内容につき編集を行っており、このような事実の認められなかったCubby判決の事案とは異なって、同社は自己を「公表者」の地位にまで高めていると判断した（*id.* at 1795-98）。

このようなStratton判決の立論によれば、プロバイダは、その提供するサーバーに会員によって記憶・蔵置されるデータの内容につきわずかでも関与していれば編集権を行使していると認定され、当該サーバー内の情報全体につき「公表者」に該当すると判断されることとなる。「公表者」には厳格責任が認められるため（ただし、前述のように、厳格責任を負うとされてきた名誉毀損表現の作成者自身についてはある程度の落度が必要と解されてきており、その限りで、作成者と同様の責任を負うとされる「公表者」の責任もまた完全な厳格責任ではなくなってきているはずではある）、具体的に問題となる個々の情報については実際には何らの認識もなく（本件事案においても、プロディジィ社は訴えを提起されるまで問題の情報の存在を認識していなかった。この点は、Cubby 判決におけるコンピュサーブ社も同様である）、またその認識の欠如が無過失による場合であっても責任を負わなければならない。この場合には、すべての情報内容を完全に把握し問題となる表現を確実に削除するなどしてその公表を阻止しない限り責任を回避することはできないが、これを実行することは、今日のプロバイダが扱う膨大な情報量を前提とすれば事実上不可能である。結局 Stratton 判決は、不適切と判断した情報につき送信防止措置等を講じる良心的な者に対し、そのような措置に着手した以上それが完全ではなかった場合には責任を負うとすることで、プロバイダに対し、「公表者」と認定されないようその扱う情報につきいかに問題のあるものが含まれている可能性があっても一切関知せず、いわば放任政策を採ろうとするインセンティブを与えたことになる（*see* Siver, *supra*, at 15-19)。

このStratton 判決が下された一九九五年五月当時には連邦議会において通信品位法案の審議が行われており（本判決自身この点に言及している）、ここでも議員らは本判決がプロバイダ事業者に与える影響を懸念していた。そこで本法案の内部に設けられたのが、本文で解説した、その民事免責を定める合衆国法典第四七編二三〇条(c)項（を新設する条文）である。なお、同項には、「不快な素材をブロックしスクリーニングする『良きサマリア人（Good Samaritan)』の保護」との見出しが付されている。この見出しは、本項が、自発的に（法的義務なく）他人を救助しようとする良心的な者につき、その救助の失敗という結果に対する責任の免除を認めるという不法行為法上の一原則、すなわち「良きサマリア人の法理」と呼ばれる原則に依拠するものであることを示している。ここからも、本項が、第三者によって自己の管理するサーバーに記憶・蔵置された適切ではないと判断される情報につき、自主的に送信防止措置等を講じることでその扱う表現内容に介入することとなった善良なプロバイダ等について、それにもかかわらずそのような情報の伝播を完全には阻止しえなかった場合にも、当該措置を理由として「公表者」としては扱われないこと（本項（一）号。本法制定時の議会両院協議会報告書においても、「本条の特定的な目的の一つは、問題のある素材に対するアクセスを制限したことのゆえに、それらプロバイダや利用者をその者自身によらない内容についての公表者または言論者として扱った Stratton Oakmont v. Prodigy 判決、およびその他のいかなる類似の判決をも覆すことにある」（H.R. Conf. Rep. No.104-458, at 194 (1996), *reprinted in* 1996 U.S.C.C.A.N. 124, 207-08）と明言されている）、また、当該措置を講じた情報が実際には保障されるべき表現であった場合にも、当該情報の作成者に対する関係での責任を負わないこと（（二）号。*See* Zeran v. America Online, Inc., 958 F. Supp. 1124, 1134 n.22 (E.D. Va. 1997)）を定めるものであることが分かる。

（100）　なお、これら諸判例による二三〇条（c）項の解釈では、本項（一）号はその立法趣旨からして、プロバイダ等の「公表者」責任のみならず「配布者」責任をも免除する、つまり完全免責を規定したものであるとされている。

一九九七年の Zeran v. America Online, Inc. 判決（958 F. Supp. 1124 (E.D. Va. 1997)）は、プロバイダであるアメリカ・オンライン社の運営する掲示板上で、何者かが原告の名を騙ってその電話番号とともにオクラホマ連邦政府ビル爆破事件を賞賛するかのような書き込みをなしたため、自宅に抗議や脅迫の電話が殺到した原告からの苦情を受け、同社はその書き込みの削除を行ったものの、以後も類似の書き込みが続いたことから、同社がその対応の遅さなどを理由として提訴された事案であるが、原告は、自らが行った苦情によりその書き込みの存在と性質とを知っていた同社は「配布者」責任を負うと主張していた。これに対しヴァージニア州東部地区連邦地裁は、この「配布者」責任という類型は、第三者による名誉毀損表現の性質を知っていたかまたは知る理由があった者を当該表現の「公表者」として扱うものであって、単に「公表者」責任の一類型に過ぎないと解されること、また、連邦議会が二三〇条（c）項を制定した理由はプロバイダによる自主的な有害情報の規制を促すことにあるが、本項によっても「配布者」責任は免除されないとすると、自主規制を行うプロバイダは問題となる情報を「知る理由があった」と判断される可能性があることからこれを行わなくなるため、本項制定の趣旨に反する結果となることを理由として、本項（一）号にいう「公表者」は「配布者」をも含み、よってプロバイダは「配布者」責任からも免責されるとして、原告の訴えを退けている（*id.* at 1133-35）。この判決は第四巡回区連邦控訴裁判所でも支持され、確定している（129 F.3d 327 (4th Cir. 1997), *cert. denied*, 524 U.S. 937 (1998)．控訴裁判所判決を紹介する邦語文献として、平野晋・相良紀子「解説『Zeran 対 AOL』事件」判例タイムズ九八五号（一九九八年）七三頁がある）。

また、アメリカ・オンライン社と契約関係にあった者により作成された同社の会員サービスとしてのオンライン記事の内容が名誉毀損に当たるとして、同社が提訴された事案についての一九九八年の Bulmenthal v. Drudge 判決（992 F. Supp. 44 (D.D.C. 1998)）においても、Zeran 判決と同様の判断が示されている。本件において、原告は、アメリカ・オンライン社がそのオンライン記事の作者と契約関係にあり、記事に対する編集権を有し、作者を積極的に宣伝していたことなどを Zeran 判決の事案との相違として指摘していたが、これに対しコロンビア特別区連邦地裁は、編集権を有するなど同社は確かに「コモン・キャリア」には当たらず、「公表者」あるいは少なくとも「配布者」の責任が課されても公正であると認められるが、しかし二三〇条（c）項（一）号はプロバイダによる自主的な有害情報の規制を促すため「公表者」とともに「配布者」の責任をも免責していると解されざるをえないとして、原告の訴えを退けている（*id.* at 51-52. 本判決を紹介する邦語文献として、平野晋「Bulmenthal 対 Drudge および America Online, Inc.事件判決」国際商事法務二六巻六号（一九九八年）六四八頁以下がある）。

学説においては、二三〇条（c）項（一）号の解釈論としては、本号により立法者の意図していた免責の範囲につき、（その是非は別として）完全免責であるとする見解（*e.g.*, Robert T. Langdon, Note, *The Communications Decency Act § 230: Make Sense? Or Nonsense?* — *A Private Person's Inability to Recover If Defamed in Cyberspace*, 73 St. John's L. Rev. 829, 848 (1999); Mitchell P. Goldstein, *Service Providers Liability for Acts Committed by Users: What You Don't Know Can Hurt You*, 18 J. Marschall J. Computer & Info. L. 591, 638 (2000)）と、「公表者」責任のみの免除に過ぎないとする見解（*e.g.*, Siver, *supra* note 99, at 3; David R. Sheridan, Zeran v. AOL *and the Effect of Section 230 of Communications Decency Act upon Liability for Defamation on the Internet*, 61 Alb. L. Rev. 147, 169-70 (1997)）との争いがあるものの、立法論としては、プロバイダには「配布者」責任は認められるべきであるとする点でおおむね一致している。

(101)　連邦法上、プロバイダの刑事責任を一般的に規定する条項は存在しないが、個々の犯罪行為に特定的な規定であって、プロバイダの刑事責任にも関連しうるものとしては、通信品位法五〇二条によって改正された合衆国法典第四七編二二三条における、本条（a）項および（d）項の禁止行為（「わいせつな」、「下品な」、「明らかに不快な」等の情報の発信等）についての規定がある。これらの規定には、文言の意義や規定の仕方が明快ではないことなどにより、プロバイダを特に対象としたものというよりはむしろ、これにも適用されうるに過ぎないものと解されるべきものも含まれているが、これらの規定としては、すでに紹介したように（本章第一節二）、まず、本条（a）項（二）号および（d）項（二）号による、自己の管理する電気通信設備を各項（一）号の禁止行為（「わいせつな」、「下品な」、「明らかに不快な」等の情報の発信等）に利用させる意図でその利用を許可する者の処罰規定がある。また、（a）項、（d）項による処罰に対する抗弁としての（e）項各号の規定、すなわち、同項（一）号による単なるアクセス提供者の免責（同項（二）号、（三）号では、この（一）号の抗弁が規制対象情報発信者の共謀者などには適用されないことを定める。なお、本法の立案者であるエクソン議員は、法案審議の過程で、WWW上の自己のサイトからわいせつ画像の閲覧可能なページに対してリンクを設定する行為については（いわゆる「リンク行為の可罰性」の問題。わが国におけるこの論点に関する議論につき、第三章第五節を参照）、この（e）項（一）号の抗弁を援用しえないと表明している（Wallace & Mangan, *supra* note 23, at 176））、（四）号による使用者の免責、（五）号によるアクセス制限者の免責もまた、プロバイダの刑事責任にも関連する（47 U.S.C.A. § 223 (a) (2), (d) (2), (e) (West 1991 & Supp. 1997)）。

さらに、一九九八年児童オンライン保護法一四〇三条によって新設された合衆国法典第四七編二三一条においても、本条（a）項の禁止行為（「未成年者に有害な」通信の規制）に特定された、プロバイダにも適用されうるその刑事責任に関する規定が同条（b）項に設けられており、ここにおいても、単なるアクセス提供者などが責任を負わないことが規定されている（47 U.S.C.A. § 231 (b) (West 1991 & Supp. 1999)）。

ただし、以上の諸規定はそれぞれ合衆国法典第四七編二二三条・二三一条違反の罪に特定された規定であり、さらに、これら二条文とも、情報作成（発信）者自身に対するわいせつ表現以外の「下品な」、「明らかに不快な」、または「未成年者に有害な」表現の規制そのものが違憲無効とされあるいは執行を差し止められていることから（特に、規制対象にわいせつ表現を含めていない（「明らかに不快な」表現に関する）二二三条（d）項は、その違憲性を認めたACLU II判決のゆえに、すでに全体として失効している）、上記の諸規定が実際にプロバイダに適用される頻度はさほど高くないものと予想される。

(102) 学説において、性表現に関する情報媒介者の刑事責任につき参考となる判例と位置づけられているものとして、一九五九年のSmith v. California判決（361 U.S. 147 (1959)）がある。本判決は、わいせつ物の販売目的所持につき無過失責任を課していた市条例により、書店店主がその扱う書籍の中にそうと認識しないままわいせつ書が含まれていたことを理由として訴追された事案に関するものである。ここで連邦最高裁は、厳格責任を課す本条例の存在により、書店は自らその内容を調査した書籍しか販売しなくなるが、書店がこのような調査確認を行うことのできる書籍の量には限界があり、また刑事訴追の脅威と相俟って、実際に販売される書籍はごく限られたものとなることから、わいせつ書と同時に憲法上保護される書籍の販売までもが自主的に規制されてしまうこと、よって公衆によるそれらの書籍へのアクセスも著しく制限されてしまうことを理由として、本条例が表現の自由に関する合衆国憲法修正一条、およびその州への適用に関する修正一四条に違反する、としている（*id.* at 153-54）。書店に対する厳格責任の賦課が許されないことの論証が、表現の自由の保障の観点のもとでのみ行われているという問題はあるが、本判決においても、黙示的ながら、書店という情報媒介者（名誉毀損表現の媒介についての民事責任との関係では、「配布者」責任の類型に該当する。本章注（99）参照）は、それが違法な性表現を扱うことがあっても、それを現実に認識していない限り刑事責任は負わない（よって、「知る理由があった」ことでも足りない）ということは前提とされている。

学説においては、この判決の趣旨からしても、第三者に由来する性表現に関するプロバイダの刑事責任もその存在の現実の認識が前提となると解されている（*e.g.*, Robert F. Goldman, Note, *Put Another Log on the Fire, There's a Chill on the Internet: The Effect of Applying Current Anti-Obscenity Laws to Online Communications*, 29 Ga. L. Rev. 1075, 1099-100 (1995); Wallace & Mangan, *supra* note 23, at 83-99）。しかし、現時点での

アメリカ刑法学説においては、それを越えた、違法な性表現（ないしその他の違法な情報）の存在を認識しつつこれを放置した場合のプロバイダの刑事責任の議論にまでは至っていない（その具体的な論証は欠いているものの、違法な性表現の存在を認識した場合に、これを削除する作為義務が認められるとする見解もある。*See* Goldstein, *supra* note 100, at 614)。

第二部　わが国におけるサイバー・ポルノ規制

第三章　わいせつ表現

序論　わいせつ表現規制の経緯

1　規制の経緯

現在のわが国において、わいせつであると評価される性表現の法的規制に関しては、その無線通信による発信に対する電波法一〇八条、放送としての公表に対する放送法三条の二第一項一号なども存在しているが[1]、その適用領域に基づく実際上の適用頻度の面でも最も重要な規制条文は、いうまでもなく刑法典一七五条である。「わいせつな文書、図画その他の物を頒布し、販売し、又は公然と陳列した者は、二年以下の懲役又は二百五十万円以下の罰金若しくは科料に処する。販売の目的でこれらの物を所持した者も、同様とする。」と規定され、一九九五年（平成七年）の口語化改正以来「（わいせつ物頒布等）」との見出しを付された刑法一七五条は、その文面から明らかなように、わいせつ表現をその媒体物たる文書、図画その他の物を指標として規制する。一方、同法一七四条では、「公然とわいせつな行為をした者は、六月以下の懲役若しくは三十万円以下の罰金又は拘留若しくは科料に処する。」とする「（公然わいせつ）」罪が規定されており、文書等の媒体物を伴わないわいせつな発言や言語に対しては、異論もあるものの、これが公然と行われる限り本条の適用があると解されている[2]。もっとも、実際上のわいせつ表現規制に関してより重要であるのは、もとより一七五条である。

一七五条は、一九〇七年（明治四〇年）の現行刑法の制定、翌年の施行以来の条文であり、その間、一九四七年（昭和二二年）と九一年（平成三年）の罰金額の改正、および九五年（同七年）の口語化といういわば技術的な改正以外、今日に至るまで重要な改正は行われていない。また、現行刑法の一条項としてこの一七五条が施行される以前には、一八八二年（明治一五年）制定の旧刑法に、「風俗ヲ害スル冊子図画其他猥褻ノ物品ヲ公然陳列シ又ハ販売シタル者ハ四円以上四十円以下ノ罰金ニ処ス」とする二五九条が存在しており、その規定内容からしても、基本的にはこれが現行一七五条に継承されていることが分かる。

ただし、戦前におけるわいせつ表現規制としては、わいせつ文書の出版や新聞への掲載に関し、一八九三年（明治二六年）制定の出版法と一九〇九年（同四二年）制定の新聞紙法が、それぞれ「安寧秩序ヲ妨害シ又ハ風俗ヲ壊乱スル文書図画ヲ出版シタルトキハ著作者、発行者ヲ十一日以上六月以下ノ軽禁錮又ハ十円以上百円以下ノ罰金ニ処ス」（出版法二七条）、「安寧秩序ヲ紊シ又ハ風俗ヲ害スル事項ヲ新聞紙ニ掲載シタルトキハ発行人、編輯人ヲ六月以下ノ禁錮又ハ二百円以下ノ罰金ニ処ス」（新聞紙法四一条）との条文を有しており、これらによって、わいせつ表現物の頒布や販売以前のその作成段階で、これがすでに風俗壊乱の行為であるとして規制されていた。これらの法律はさらに、「安寧秩序ヲ妨害シ又ハ風俗ヲ壊乱スルモノト認ムル文書図画ヲ出版シタルトキハ内務大臣ニ於テ其ノ発売頒布ヲ禁止シ其ノ刻版及印本ヲ差押フルコトヲ得」（出版法一九条）、「内務大臣ハ新聞紙掲載ノ事項ニシテ安寧秩序ヲ紊シ又ハ風俗ヲ害スルモノト認ムルトキハ其ノ発売及頒布ヲ禁止シ必要ノ場合ニ於テハ之ヲ差押フルコトヲ得」（新聞紙法二三条一項）として、一八七六年（明治九年）以来の行政処分として確立されていた内務大臣による発行禁止措置をも法定しており、しかも、これら出版法等は刑法に対する特別法と位置づけられていたことにより、これらによる規制措置が優先的に執行されていたため、戦前におけるわいせつ表現物の規制に関して刑法一七五条が適用される事案は限られていたといわれる[3]。

戦後、日本国憲法の施行に伴い出版法、新聞紙法は廃止され、これにより作成時点での事前規制は撤廃されたが、刑法典上のわいせつ物頒布等罪は廃止はもとより何らの実質的な修正をも受けなかったため、むしろ出版法等に代わるかたちで、その適用は飛躍的に増加した。その後のわいせつ物頒布等罪については、性表現規制という その性質上必然的な、時代の経過による社会風俗や国民文化の大幅な変容に伴う「わいせつ」概念の実質的な修正[4]や、また、その施行以来今日までほぼ一世紀にもわたって本格的な改正が行われていないことに由来する、わいせつ表現の媒体物の技術的進歩への対応を図る解釈上の展開などを、その顕著な特徴として指摘することができる。

2　保護法益

この一七五条の保護法益について、判例および通説は従来から、性秩序や健全な性的道徳・性風俗の維持にあると解している。最高裁大法廷として初めて、憲法二一条による表現の自由の保障との関係で一七五条の合憲性について判断した一九五七年（昭和三二年）のいわゆるチャタレー事件判決は、「羞恥感情の存在が理性と相俟って制御の困難な人間の性生活を放恣に陥らないように制限し、……性に関する道徳と秩序の維持に貢献しているのである。ところが猥褻文書は性欲を興奮、刺戟し、人間をしてその動物的存在の面を明瞭に意識させるから、羞恥の感情をいだかしめる。そしてそれは人間の性に関する良心を麻痺させ、理性による制限を度外視し、奔放、無制限に振舞い、性道徳、性秩序を無視することを誘発する危険を包蔵している。……性道徳に関しても法はその最小限度を維持することを任務とする。そして刑法一七五条が猥褻文書の頒布販売を犯罪として禁止しているのも、かような趣旨に出ているのである[5]」とし、その後の判例においても、本条の罪がいわゆる風俗に関する犯罪であって、性秩序や健全な性風俗を維持することを目的とすると明示されており、通説もまたこれに従っている[6]。

これに対して近時の学説では、侵害原理の見地から、本条の保護法益につき国民の性的感情、すなわち、自己の欲しない性表現を見せられることによって性的感情を侵害されることがない自由を主たる法益とし、あわせて

なりつつある。(7)

青少年に関しその思考判断能力の未成熟性を理由とする保護をも法益に加えるものとすべきとする見解も有力と

思うに、性表現の受け手となる者はその内容の認識、理解を通じてその者自身の何らかの精神的価値的判断をなすが、これを繰り返し行う各個人の集合体たる国民公衆によって形成される性的秩序や性道徳がその結果として一定の影響を受け、往々にしてそれに一定の変容が生じること自体は否定しえない。この点は、例えば戦後半世紀におけるわが国での、その社会風俗における性表現への著しい寛容化傾向にも示されている。このような性秩序ないし性道徳の変容に対しては倫理的道徳的観点からの懐疑、批判もありうるが、しかし、法的規制手段を用いて国家がその価値観に基づく一定の倫理道徳を強制することは、自由主義原理を前提とする近代国家の根本原則と矛盾することとなる。性秩序や健全な性風俗の維持という社会的利益を一七五条の罪の法益と解する判例および通説の見地においては、根底において、その壊乱により国民の無制約無理性的な行動が惹き起こされうるとの危険性が考慮されているものと思われるが、このような側面では、性犯罪等に代表される犯罪行為による個人的法益の侵害が想定されえ、その限りで性秩序等の社会的法益を個人的法益へと還元することも不可能ではない。わいせつ表現と性犯罪等他人の権利自由を侵害する行為との間の一般的な因果関係は科学的にも経験的にも否定も肯定もされておらず、またたとえこれが肯定されるとしても、当該表現が差し迫った違法行為を惹起する危険性を有しているのでない限りその規制は差し控えられるべきであるが、もし当該表現の内容がそのような違法行為の唱導に向けられており、かつその違法行為の現実的で差し迫った発生の危険性を有するものである場合には、当該表現の規制は許容される。(8)この場合には、当該表現行為が各種犯罪の教唆ないし幇助的に構成されうるので、これ以外の、一七五条の罪に独自の保護法益は、有力説のいう国民の性的感情の自由および青少年の保護に求められうると解される。

保護法益をこのように解する場合、およそわいせつ表現一般を包括的に規制している現行一七五条については、憲法二一条による表現の自由の保障との関係での合憲性が問題となる。この点学説では、一七五条に対し、上記のような法益を侵害する場合のみに適用されるものと解する合憲限定解釈を行うことは可能であるとする見解も存在する。(9) しかしながら、本条の文面による客体および実行行為についての一般的包括的な規定の仕方を前提とすれば、この文面から、差し迫った違法行為を惹起するわいせつ表現、または国民の性的感情を侵害しもしくは青少年の保護に欠けるわいせつ表現の方法のみを規制対象としているとする解釈を導くことは容易ではなく、法文の書き直しにも匹敵すると考えられるほか、これがそもそも優越的地位を有すると解されるべき表現の自由に対する規制条項であって解釈による救済が適切ではないことに照らしても、このような合憲限定解釈を行うことは妥当ではないと解される。(10) したがって本条については、少なくとも、解釈による救済の困難な過度の広汎性が認められると判断されざるをえないように思われる。(11)

現行刑法一七五条の保護法益ないし憲法上の表現の自由との関係性について、解釈論的には以上のように解されうるとしても、もとよりこれは判例の採る立場ではなく、前述のように本条は、戦後の新憲法制定以降も社会風俗の変化や表現媒体の技術的進歩への判例解釈上の対応を経つつ、刑法各則上今日でも重要な規定としてその適用が行われている。そして、たとえこのような解釈上の展開を是認するとしても、なおその延長線上に位置づけられうるものとして許容されうるかの検討を要するのが、近年のサイバー・ポルノ問題に対する本条の積極的な活用である。

第一節　サイバー・ポルノ判例

一　概観

サイバー・ポルノの事案でのわいせつ画像の流布は、最も一般的には、当該コンピュータ・ネットワークに接続可能なコンピュータを有するユーザーがこれをダウンロードし再生・閲覧することを予期しつつ、行為者がパソコン通信のホスト・コンピュータあるいはインターネットのサーバー・コンピュータに内蔵されているハードディスクに当該画像のデータを送信してこれを記憶・蔵置させる、という態様で行われる。(12) パソコン通信およびその後のインターネットの急速な普及に伴い、このような方法によるコンピュータ・ネットワーク上でのわいせつ画像の公開が頻発するようになったため、規制当局ではこれが刑法一七五条にいうわいせつ物（図画）公然陳列に該当するとの判断のもとに、積極的な検挙・起訴を行ってきた。そしてまた裁判所も相次いで本罪の成立を肯定してきており、二〇〇一年（平成一三年）には、下級審裁判所によるその判断を肯定する最高裁による初めての決定も下されている。

一方、学説においては、判例によるこのような一七五条の解釈適用を肯定的に評価する見解が多数を占めているが、サイバー・ポルノについての、わいせつ画像データのコンピュータ・ネットワーク上での流通という従来までの表現媒体にはみられなかった著しい技術特性を理由として、これに対する本条の適用を批判する見解もまた有力に展開されている。

サイバー・ポルノに対する刑法一七五条の適用の可否については、従来までの表現媒体の技術的進化への本条の対応を可能としてきたこれまでの判例・通説による具体的な解釈を基礎づけている理論によって、コンピュータ・ネットワーク上での画像データの伝達というその実質を、従来までのわいせつ表現の媒体に関する事案と同列に論じることが可能かについての慎重な検討を必要とする。そこで、この検討を行う前提として、ホスト・コンピュータないしサーバー・コンピュータに内蔵されているハードディスクにわいせつ画像データを記憶・蔵置させ、ユーザーによるこの再生・閲覧を可能にさせるという最も典型的なサイバー・ポルノ事案を中心とした、今日までに下されている裁判例を、ここで概観しておく(13)。

以下の諸判例の分析に際しては、判例名の冒頭に付した番号によってそれを引用する。

① 横浜地裁川崎支部平成七年七月一四日判決(14)
パソコン通信の開設・運営者がその会員にわいせつ画像を閲覧させるため、自己の管理するホスト・コンピュータ内のハードディスクに当該画像データを記憶・蔵置させ、これを会員に再生・閲覧させていた行為につき、わいせつ物公然陳列罪の成立を認めた事例。

② 京都簡裁平成七年一一月二一日略式命令(15)
パソコン通信の開設・運営者がその会員にわいせつ画像を閲覧させるため、自己の管理するホスト・コンピュータ内のハードディスクに当該画像データを記憶・蔵置させ、これを会員に再生・閲覧させていた行為につき、わいせつ物公然陳列罪の成立を認めた事例。

③ 東京地裁平成八年四月二二日判決（いわゆる「ベッコアメ事件(16)」）
インターネット接続業者（プロバイダ）の会員が、自己の開設したホームページ上でインターネット利用

者にわいせつ画像を閲覧させるため、同社の所有・管理するサーバー・コンピュータ内のハードディスクに当該画像データを記憶・蔵置させた行為につき、わいせつ図画公然陳列罪の成立を認めた事例。

④　札幌地裁平成八年六月二七日判決[17]

パソコン通信の開設・運営者がその会員にわいせつ画像を閲覧させるため、自己の管理するホスト・コンピュータ内のハードディスクに当該画像データを記憶・蔵置させ、これを会員に再生・閲覧させていた行為につき、わいせつ図画公然陳列罪の成立を認めた事例。

⑤　大阪地裁平成九年二月一七日判決[18]

インターネット接続業者の会員が、自己の開設したホームページ上でインターネット利用者にわいせつ画像を有料で閲覧させるため、同社の所有・管理するサーバー・コンピュータ内のハードディスクに、ＦＬマスク（エフエルマスク）（画像処理ソフト）で修正を施した当該画像データとこのマスクを配布するサイトへのリンク情報とを記憶・蔵置させ、これを利用者に再生・閲覧させていた行為につき、わいせつ図画公然陳列罪の成立を認めた事例。

⑥　京都地裁平成九年九月二四日判決（いわゆる「アルファーネット事件[19]」）

パソコン通信の開設・運営者がその会員にわいせつ画像を閲覧させるため、自己の管理するホスト・コンピュータ内のハードディスクに自ら当該画像データを記憶・蔵置させるとともに、会員にもその画像データの記憶・蔵置を奨励し、これらを会員に再生・閲覧させていた行為につき、会員の記憶・蔵置に係る画像分も併せ、わいせつ物公然陳列罪の成立を認めた事例。

⑦　岡山地裁平成九年一二月一五日判決[20]
インターネット接続業者の会員が、自己の開設したホームページ上でインターネット利用者にわいせつ画像を有料で閲覧させるため、同社の所有・管理するサーバー・コンピュータ内のハードディスクに、ＦＬマスクで修正を施した当該画像データを記憶・蔵置させ、これを利用者に再生・閲覧させていた行為につき、わいせつ図画公然陳列罪の成立を認めた事例。

⑧　山形地裁平成一〇年三月二〇日判決[21]
アメリカ所在のインターネット接続業者の日本在住会員が、自己の開設したホームページ上でインターネット利用者にわいせつ画像を閲覧させるため、同社の所有・管理するサーバー・コンピュータ内のハードディスクに日本国内から当該画像データを記憶・蔵置させ、これを日本国内の利用者に再生・閲覧させていた行為につき、わいせつ図画公然陳列罪の成立を認めた事例。

⑨　大阪地裁平成一一年二月二三日判決[22]
アメリカ所在のインターネット接続業者の日本在住会員が、自己の開設したホームページ上でインターネット利用者にわいせつ画像を有料で閲覧させるため、同社の所有・管理するサーバー・コンピュータ内のハードディスクに日本国内から当該画像データを記憶・蔵置させ、これを日本国内の利用者に再生・閲覧させていた行為につき、わいせつ図画公然陳列罪の成立を認めた事例。

⑩　大阪地裁平成一一年三月一九日判決[23]
インターネット接続業者の会員として、自己の開設したホームページ上でインターネット利用者にわいせ

つ画像を閲覧させるため、同社の所有・管理するサーバー・コンピュータ内のハードディスクに、ＦＬマスクで修正を施した当該画像データとこのマスクを配布するサイトへのリンク情報とを記憶・蔵置させた行為、および、同時にアメリカ所在のインターネット接続業者の日本在住会員として、自己の開設したホームページ上でインターネット利用者にわいせつ画像を有料で閲覧させるため、同社の所有・管理するサーバー・コンピュータ内のハードディスクに日本国内から当該画像データを記憶・蔵置させた行為のそれぞれにつき、わいせつ図画公然陳列罪の成立を認めた事例。

⑪　東京地裁平成一一年三月二九日判決[24]
アメリカ所在のインターネット接続業者の日本在住会員が、自己の開設したホームページ上でインターネット利用者にわいせつ画像を閲覧させるため、同社の所有・管理するサーバー・コンピュータ内のハードディスクに日本国内から一部ＦＬマスクで修正を施した当該画像データを記憶・蔵置させた行為につき、わいせつ図画公然陳列罪の成立を認めた事例。

⑫　大阪高裁平成一一年八月二六日判決（「アルファーネット事件」控訴審判決[25]）
控訴棄却により⑥判決を維持。

⑬　浦和地裁川越支部平成一一年九月八日判決[26]
パソコン通信の開設・運営者がその会員にわいせつ画像を閲覧させるため、自己の管理するホスト・コンピュータ内のハードディスクにＦＬマスク等で修正を施した当該画像データを記憶・蔵置させた行為につき、わいせつ図画公然陳列罪の成立を認めた事例。

⑭　大阪地裁平成一二年三月三〇日判決(27)
インターネット接続業者の会員として、自己の開設したホームページ上で自己の開発したFLマスクとその使用説明等の情報とを提供していた者が、当該ホームページと、同ソフトで修正を施したわいせつ画像データを自己の開設したホームページ上で提供していた者（⑤判決および⑩判決の被告人）のホームページとの間にリンクを設定した行為につき、わいせつ図画公然陳列幇助の成立を認めた事例。

⑮　最高裁平成一三年七月一六日第三小法廷決定（「アルファーネット事件」上告審決定(28)）
上告棄却により⑫判決を維持。

二　論点の整理

こうして判例では、ユーザーによるそのダウンロードと再生・閲覧とを意図しつつ、パソコン通信におけるホスト・コンピュータ、あるいはインターネットにおけるサーバー・コンピュータに内蔵されているハードディスクにわいせつ画像データを記憶・蔵置させる行為が、いずれもわいせつ物（図画）公然陳列罪に該当すると判断されているが、これら諸判例については次の諸点が重要な論点となる。

まずは、本罪の成否について共通に問題となる、わいせつ物（図画）と認められるべき客体、および公然陳列と評価されるべき実行行為についての、判例による具体的な理論構成の是非である。

次いで、事案によっては、ユーザー自身によるその復元を予定しつつ、わいせつ画像に一定の修正（マスク）を施すことによってそのわいせつ性の遮蔽が図られている場合（⑤、⑦、⑩、⑪、⑬の各判決）や、日本国内ではなく海外のインターネット接続業者のサーバー・コンピュータに画像データを記憶・蔵置させている場合（⑧〜⑪の各判決）、さらに、自ら直接に画像データを記憶・蔵置させることはしないが、これを行っている他人によって画像が公開されているWWW上のホームページに向けてのリンクを自己のホームページから設定している場合（⑭判決）もあり、これらのいずれについても本罪（⑭判決ではその幇助）の成立を認める判例による立論についても、慎重な検討が必要となる。

そこで、以下では、公然陳列の客体、実行行為、マスク画像、リンク行為、および国外サーバーの利用というこれら諸論点について、順次検討する。(29)

第二節　客体としての「わいせつ物（図画）」

刑法一七五条によってその頒布、販売、公然の陳列および販売目的の所持が禁止される客体は、「わいせつな文書、図画その他の物」である。これらの文言を素直に理解すれば、本条は、その物自体から直接視覚的にわいせつ性を認識することのできる物体を客体としているとの解釈が最も自然であるように思われる。わいせつな内容を文字によって表示する「文書」、絵画や写真等の象形的方法により表現する「図画」はその典型であって、これらと並列的に規定された「その他の物」もまた、その物自体の外観・形状などから直接的に、視覚によりわいせつ性が認識される物体を連想させるからである。そしてまた実際にも、一九〇七年（明治四〇年）という本条の制定当時には、それについての最も素直であるともいえるこのような解釈により、立法者の意図するとおりのわいせつ表現の規制が達成されえたものと思われる。

しかしながら、その後の技術革新により、文書、図画等のいわば伝統的な表現媒体以外にも、わいせつ表現の伝達を可能にする数々のメディアが登場することとなった。すでに一九二六年（大正一五年）には映画フィルムのわいせつ図画性が問題となり、(30)また戦後には、未現像の映画フィルムのほか、(31)録音テープ、(32)ビデオテープ、(33)さらにはダイヤルQ²サービスにおける録音再生機(34)など、その外観ないし形状はもとより、およそその物自体から直接には何らわいせつ性を認識することができない物についても一七五条の客体性が争われ、判例はいずれも、これらの物体に化体されたわいせつな内容についての顕在化の容易性を理由として、これを肯定してきている。しかしその一方で、わいせつな映像の録画されたビデオテープ（オリジナルテープ）を所有する被告人が、依頼人の持参した空ビデオテープに自己のオリジナルテープの内容をダビングし、この複写料金を徴収した事案につき、ここでは実際上わいせつ映像の情報が移転したのみであるにもかかわらず、この事案を空テープのわいせつビデオテープ（コピーテープ）への加工請負契約と構成し、依頼人所有の空テープが被告人による主要材料（わいせつ映像）の提供により加工物（コピーテープ）となった段階でこれに対する所有権の被告人への帰属が認められ、複写料金の徴収によりこのコピーテープについての販売罪が成立するとして、あくまでビデオテープという有体物の移転・交付を本罪成立の指標とする判例(35)にも如実に示されているように、わいせつ情報それ自体もまた一七五条の客体に含まれるとする解釈は、これまでの判例によっては採られていない。

したがって、今日までの判例においては、一七五条の客体性に関し、その物自体から直接的にわいせつ性を認識することが不可能な物であっても、それに化体されているわいせつな内容の顕在化の容易性が肯定される限度でなお本条の客体たりうるが、しかし、これにつき「文書、図画その他の物」と規定されている本条の文言からしても、そのわいせつな内容、すなわちわいせつ情報そのものが本条の客体となるのではなく、この規制はあくまでもこれが有体物に化体されている限度で、この媒体物の規制を通じて行われるべきである、との認識が前提となっているものと解される(36)。

このように判例においては、一七五条の客体性の要件についての、わいせつ性顕在化の容易性を条件とするその直接的認識可能性の放棄（と有体物性の維持）という解釈上の展開によって、従来までの表現媒体の技術的な進歩や多様化への対応が図られてきたが、これによりなお、コンピュータ・ネットワークの技術的特性を前提とするサイバー・ポルノが捕捉されうるかが問題となる。

一　判例

サイバー・ポルノ事案に関する初期の裁判例は、これに対するわいせつ物（図画）公然陳列の成立を肯定しつつも、何をもって本罪の客体たるわいせつ物（図画）とみるのかについては明確な言及を行っていない。わが国における初のサイバー・ポルノ判例であると解されている①判決以降、これに続く②～⑤判決は、いずれも単に被告人による具体的行為を摘示して、もってわいせつ物（図画）を陳列したと結論づけるのみである。

またこの他に、その後の⑧、⑪、⑬の諸判例においても、客体についての明確な言及はなされていない。

1　ハードディスク説（有体物説）

サイバー・ポルノ事案に対し一七五条を適用してわいせつ物公然陳列の成立を認めるに際し、判例として初めて具体的にその客体についての判断を示したのは、パソコン通信を利用した事案に関する⑥判決（「アルファーネット事件」第一審判決）である。本判決では、被告人によってわいせつ画像のデータを記憶・蔵置された、ホスト・コンピュータに内蔵されているハードディスクが、本条にいう「わいせつ物」に該当すると明確に認定されている。

本件において弁護人は、ハードディスク内に記憶・蔵置されたわいせつ画像データは一七五条にいうわいせつ物に該当しない旨を主張して、わいせつ物公然陳列の成否を争っていた。これに対し本判決は、「本件わいせつ画像のデータは、……被告人の所有・管理する特定のハードディスク内に記憶・蔵置されているところ、本件アルファーネット（被告人の開設・運営に係るパソコン通信ネットの名称―引用者注）の利用者が被告人のホストコンピューターにアクセスし、右画像データをダウンロードして再生しさえすれば、容易にわいせつ画像を顕出させることができることも証拠上明らかであるから、本件におけるわいせつ物とは、わいせつ画像のデータが記憶・

蔵置されている特定の右ハードディスクであると考えることができる。この理は、わいせつな映像が記憶されたビデオテープの場合と同じである。ただ、本件ハードディスクの場合には、ビデオテープの場合に比べて、そこに記憶・蔵置されたわいせつ画像を顕出させるために、より複雑な操作・機器等が必要であるに過ぎない[37]」と判示して、本件のようなサイバー・ポルノの事案では、当該画像データを記憶・蔵置された有体物たるハードディスクが公然陳列罪における客体となることを明示している。

本判決以降の、インターネット利用に係る事案についての⑨判決と⑩判決もまた、両者ともに、わいせつ画像のデータを記憶・蔵置されたサーバー・コンピュータのハードディスクがわいせつ図画に該当すると明確に認定しており、⑥判決と同様の解釈を採っている。

その後、⑥判決の控訴審であって、サイバー・ポルノ事案に関する初の高裁判例となった⑫判決（「アルファーネット事件」控訴審判決）においても、そのままではわいせつ画像が閲覧できるわけではないハードディスクは「わいせつ物」には当たらないとする弁護人らの主張に対し、「本件ハードディスクは、絵画や写真等の伝統的な図画の概念からは外れるとしても、象形的な方法でパソコン画面に容易に表示できるわいせつ画像のデータが記憶・蔵置されていることから、規範的な意味において、同条（刑法一七五条―引用者注）にいう『図画』の概念に当てはまるというべきであり、ハードディスクのままでは視覚的にわいせつ画像を見ることができないことが、本件ハードディスクのわいせつ物該当性を否定すべき事由になるとはいえない。すなわち、本件ハードディスク内のわいせつ画像データを閲覧するに当たり、所論が指摘するユーザー側の一連の行為の介在が必要なことは、わいせつな画像や音声が磁気情報として記録されたビデオテープをビデオデッキおよびテレビモニターを使用して、可視的な形ないし音声に変換して再生閲覧する場合に比して、データの抽出方法や使用機器等に差異はあるものの、これと本質的に異なるところはなく、右画像データの抽出は、基礎的な知識を有するパソコンユーザーであれば、誰でも極めて容易になしうるところであり、しかも、ユーザーが、直接閲覧するわいせつ画像は、本件の場合、ユーザー側のパソコンのハードディスクに一旦ダウンロードされ記憶された画像データに基づき、そのパソコン画面に表示されることになるとはいうものの、右ユーザー側パソコンの画像データと本件ハードディスクに記憶・蔵置された画像データとの間には、これらによって表示されるわいせつ画像につき同一性が認められるから、このようなわいせつ画像データが記憶・蔵置された本件ハードディスクが、前記ビデオテープと同様わいせつ物に該当するとした原判決の認定、判断に何ら誤りはない」[38]とされ、高裁レベルにおいても、わいせつ画像データの記憶・蔵置されたハードディスクが客体たるわいせつ物に当たることが明確に認められることとなった。

そして、この⑫判決の上告審であり、最高裁として初めてサイバー・ポルノ事案についての判断を示した⑮決定（「アルファーネット事件」上告審決定）もまた、原判決を支持しつつ、なお書きで、「被告人がわいせつな画像データを記憶、蔵置させたホストコンピュータのハードディスクは、刑法一七五条が定めるわいせつ物に当たるというべきである」[39]として、この点を明確に認めている。

2　データ説（無体物説）

以上のような、ホスト・コンピュータないしサーバー・コンピュータに内蔵されているハードディスクにわいせつ物公然陳列罪の客体性を認める、⑥判決以降の一連の判例の流れのなかで、この⑥判決の直後の⑦判決のみは、このようなコンピュータ内の記録装置ではなく、これに記憶・蔵置されたわいせつ画像のデータそのものが本罪の客体であるとする判断を示している。

インターネット利用の事案に係る⑦判決では、コンピュータに記憶・蔵置されたのは情報たる画像データであり、有体物であるべきわいせつ図画は存在していないとの弁護人の主張に対して、「本件において被告人らがサーバーコンピューターのディスクアレイ内に記憶・蔵置させた物は情報としての画像データであり、有体物ではないが、インターネットにより、これをパソコンの画面で画像として見ることができる。そして、ここにおいて陳列されたわいせつ図画は、サーバーコンピューターではなく、情報としての画像データであると解するべきである。有体物としてのコンピューターはなんらわいせつ性のない物であり、これをわいせつ物であるということはあまりに不自然かつ技巧的である。また、わいせつな映像のビデオテープやわいせつな音声を録音した録音テープがわいせつ物であることは確定した判例であるが、これらの場合も、有体物としてのビデオテープや録音テープがわいせつであるわけではなく、それらに内蔵されている情報としての映像や音声がわいせつであるにすぎない。科学技術が飛躍的に進歩し、刑法制定当時には予想すらできなかった情報通信機器が次々と開発されている今日において、わいせつ図画を含むわいせつ物を有体物に限定する根拠はないばかりでなく、情報としてのデータをもわいせつ物の概念に含ませることは、刑法の解釈としても許されるものと解するべきである[40]」と判示され、一七五条における「わいせつ物（図画）」には、無体物たる情報としてのデータもまた含まれるとする解釈が示されている。

なお、前述のように、この客体の問題につき、この⑦判決の論旨に従うものは現れていない。

3　小　括

サイバー・ポルノに関する諸判例においては、いずれもわいせつ物（図画）公然陳列罪の成立が認められているが、具体的に何が本罪の客体となるのかをすべての判例が明示しているわけではない。そして、⑦判決のごとく、わいせつな画像のデータそのものが本罪の客体に当たるとして、無体物に一七五条の罪の客体性を肯定する判例も存在している。しかしながら、これは現在までのところ唯一の判例であって[41]、⑥判決が、サイバー・ポルノ判例として初めて、ホスト・コンピュータに内蔵されているハードディスクにわいせつ物公然陳列罪の客体性を認めて以降、インターネット利用に係る事案につきサーバー・コンピュータ内のハードディスクにこれを肯定する判例も併せ、客体の問題についての判例の趨勢はほぼ決していた。さらに、その後、⑥判決を是認する高裁および最高裁の判例（⑫判決、⑮決定）が登場したことにより、この点についての判例の見解は定着したといえる。

サイバー・ポルノ事案につき、このように、ホスト・コンピュータないしサーバー・コンピュータに内蔵されているハードディスクにわいせつ物（図画）公然陳列罪の客体性を認めるという判例の見解は、わいせつ性の顕在化の容易性を条件として、その物自体からの直接的なわいせつ性の認識可能性までは要求せず、他方でその物についての有体物性は堅持するという、一七五条の罪の客体性についての従来からの判例解釈上の展開を踏襲するものであるといえる。

二　学　説

１　ハードディスク説（有体物説・多数説）

「文書、図画その他の物」と規定される一七五条の罪の客体について、学説では従来から、これを有体物を意味するものと解し、かつその物自体から直接的にわいせつ性が認識可能であることは必要ではなく、一定の操作や何らかの装置等を用いるなどしてそれに化体されたわいせつな内容が容易に認識可能となるものであれば足るとする見解、すなわち従来からの判例と同様の解釈を採る見解が通説であるということができる。そして、サイバー・ポルノに対する本条の適用可能性を検討するに際しても、学説の多くは、ホスト・コンピュータないしサーバー・コンピュータに内蔵されている、わいせつ画像データの記憶・蔵置されたハードディスクを「わいせつ物（図画）」であると解しており、上記諸判例による解釈についてもこれを肯定的に評価している。(42) この見解からは、判例上従来から未現像フィルムや録音テープ、ビデオテープ、さらにはサイバー・ポルノと同様に通信回線を経由してわいせつ情報が伝達されるダイヤルQ²サービスにおける録音再生機までもがわいせつ物と認定されている以上、サイバー・ポルノに関してもそのデータの記憶・蔵置されたハードディスクにつき同様に解することが可能であるとされる。

この多数説の要点は、一七五条における客体はその文言上有体物に限定されるが、サイバー・ポルノについてはわいせつ画像のデータの記憶・蔵置されたハードディスクをこのような有体物と解することができ、また、その外観・形状はもとよりおよそこの物自体からは直接的には何らのわいせつ性をも感得されえないが、しかし、このハードディスクを内蔵するコンピュータへのアクセスと当該データのダウンロードというユーザーの単純な操作によって、そこに記憶・蔵置されている内容としてのわいせつ画像を容易に閲覧することが可能なのであるから、結局、当該ハードディスクを本条における「わいせつ物（図画）」と評価することができる、ということにある。

2　データ説（無体物説・少数説Ⅰ）

しかし、この多数説による立論に対しては有力な異論も展開されている。その第一は、サイバー・ポルノに対する一七五条の適用を検討するに際しては、判例や多数説のごとく行為客体の有体物性に固執することをやめ、率直にわいせつな情報・データ自体をも客体として認めたうえでその適用を肯定すべきであるとする見解である。

例えば、この見解を採られる堀内捷三教授は、コンピュータないしそのハードディスクをわいせつ物と解することが、わいせつ画像データの交付というサイバー・ポルノの実態とかけ離れていることのほか、「一七五条の保護法益に着目すれば、『文書、図画、その他の物』が有体物であることは重要ではない。性秩序、性風俗という法益が侵害されるのは、『物』によってではない。これらに含まれるわいせつな内容によってである。このことは、とくにわいせつ物公然陳列罪の場合に妥当する。わいせつ物頒布、販売罪の場合とは異なり、公然陳列罪においてはわいせつな内容が社会的に公開されることにより、性秩序、性風俗がはじめて侵害されるのである」として、本条の前提とする法益侵害の本質を指摘され、「このように、一七五条の客体として実質的に把握されるべきは、情報を『化体している物』ではなく、物に『化体されている情報』である。かつて、わいせつな内容は有体物に化体してしか表象されなかったが、今日ではこれを無形的にも表象しうるのである。そして、このような方法により性秩序、性風俗という法益が侵害されるならば、一七五条の客体を有体物に限定する必然性はない。サーバー上に電磁化されて、保存されているわいせつな情報も、一七五条の『図画』に当たるといえる。情報は有体物ではないという理由で、一七五条の客体に含まれないと解することは刑事政策的にも妥当でない」とされている。(43)

また、前田雅英教授も、「刑法上の『物』を有体物に限定して解釈する必然性がないことは従来から認められてきた。……管理可能性説（大判明治三六年五月二一日刑録九巻八七四頁）はもとより、賭博罪の客体である財物に財産上の利益が含まれることも、広く認められてきた」、「『ハードディスクを公然陳列したのか』『わいせつ情報を表示しうるファイルを公然陳列したのか』『わいせつ情報そのものを公然陳列したのか』と考えていくと、岡山地裁（前掲⑦判決のこと―引用者注）のように『情報としての画像データであると解するべきである。有体物としてのコンピュータはなんらわいせつ性のない物であり、これをわいせつ物であるということはあまりに不自然かつ技巧的である』ということになる。そこで、公然陳列概念を軸に解釈すると、データそのものを『物』とすることも十分に考えられる。これまでは、明治にできた現行刑法典が最新のハイテク状況に対応しえていないのは当然なので、妥当な結論と通常の語義からの乖離を最小にとどめようとするために、『情報を化体したハードディスク』をわいせつ図画・物ととらえる処理をしてきた。しかし有体物としてのコンピュータはなんらわいせつ性のない物であり、これをわいせつ物であるということは不自然である。そして、わいせつ物を有体物に限定する必然性はない」(44)と主張されている。

なお、ハードディスクに記憶・蔵置されたわいせつ画像データはごく一般的な操作により再生可能である以上、判例や多数説のごとくこのハードディスクをわいせつ物と解することも不自然ではなく、この解釈に問題はないとされる名取俊也検事や吉田統宏検事も、ともに、かつて大審院明治三六年五月二一日判決[45]が管理可能性説を採って窃盗罪（二三五条）における電気の客体性を認めたことや、賭博罪に関する（一九九五年（平成七年）改正前の）一八五条における「財物」が財産上の利益を含むと解されてきたことを理由とされたうえで、それぞれ「現実的な問題としても、わいせつな画像をホームページ上で閲覧可能な状態におかずに、画像のタイトル、内容のみを示してアクセスした不特定多数の者に購入を働きかけ、特定の顧客との間において、ネットワーク上でわいせつな画像をやり取りするような場合には、図画の有体物性を厳格に要求すると、わいせつ図画公然陳列罪や同頒布罪等によって処罰が困難になるという不合理な結果が生じかねない。……社会状況の変化に伴って新たな形態の犯罪が生じた場合には、その実質をとらえて、わいせつな情報自体が『わいせつな文書、図画その他の物』に含まれると解釈する余地はあると思われる[46]」、「刑法一七五条の『物』としてのわいせつ図画やわいせつ文書に有体物ではないわいせつ画像データも含ませることも解釈上余地のないことではないと思われる。……ビデオテープや録音テープと違い、データが容易に媒体から分離して移転するインターネットなどの場合、わいせつなデータそのものの販売や頒布などを補足《ママ》せざるを得ない犯罪事象が生ずる可能性は否定できないところ、その場合これに対して刑法一七五条を適用し得る余地はあるのではないだろうか[47]」とされている[48]。

　このように、一七五条の罪の客体が情報としてのデータという無体物をも包含しうるとする見解は、本条が前提とする法益侵害の実質、外観・形状をはじめおよその物自体から直接には何らわいせつ性を認識しえない物体を「わいせつ物」と評価することの不自然性、窃盗罪や賭博罪における「財物」が無体物を含むとする解釈も存在している実績、あるいは、その内容の公開・公表を一切伴わない態様でのデータの伝達等に対する処罰の間隙の回避の必要性などを、その根拠としているということができる。

3　否定説（少数説Ⅱ）

これに対し、わいせつ画像データの記憶・蔵置されたハードディスクに一七五条の罪の客体性を認める判例および多数説に反対する第二の見解は、いま紹介した第一の反対説とは異なり、本条の罪の客体の有体物性を当然の前提としたうえで、判例・多数説のごとくハードディスクを「わいせつ物（図画）」と解することはサイバー・ポルノの実態からしてあまりに不自然であり、結局これらの事案においては本条の罪の客体となるべき有体物が存在していない、とする。よってこの見解からは、客体の不存在によりその現行法上の不可罰性が認められることとなる。

この見解を採られる園田寿教授は、判例および多数説の理論では、「大規模ＢＢＳの場合には、ホスト・コンピュータである大型コンピュータが『わいせつ物』となる。大容量のハードディスクにわずか数十キロバイトのわいせつデータが記録されているならば、その全体が『わいせつ物』となるのだろうか。また、インターネットにおいては、わいせつ情報がＨＴＭＬ（インターネット上の文書構造たるハイパーテキストを記述する言語（Hypertext Markup Language）のこと―引用者注）のリンク機能によって各サーバー上を地球的規模で伝播する。わいせつ情報が各サーバー上のホームページにおいて共有されることもありうるから、特定のわいせつ情報にリンクを張ったホームページが開設されている、インターネット上に点在する無数の各サーバーが『わいせつ物』ということになるだろう。……『わいせつ物』という言葉を右のような文脈において使用することは、従来の裁判例からも、一般の常識的な用語例からも大きく外れることになるだろう。極論すれば、地球全体も一つの系と考えることができるから、地球上に『わいせつ』と表現できるものが存在する限り、地球そのものが『わいせつ物』となる。性器を形どった巨大な彫刻のようなものがあったとすれば、それを『わいせつ物』と呼ぶことは構わないが、形状を問題としないならば物理的な（量的な）限界を設定することは不可能である。わいせつなビデオテープとの比較からいえば、せいぜいわいせつ情報が記録されているフロッピィディスクやＭＯ（光磁気ディスク）、ＣＤ

－ＲＯＭなどの携帯型の記憶媒体のみを『わいせつ物』と判断することが、表現としてのギリギリの線だと思われる」とされている。(49)

また、渡邊卓也助手も同様の見地から、「サーバ全体をみた場合、ＣＰＵ（中央演算処理装置－引用者注）が最も重要な部分なのであり、それは当該わいせつ情報の処理以外も当然に行う。わいせつ情報の客体全体に対する重要性は低い」という客体全体に対するわいせつ情報の量的微少性の問題、「情報はＨＤ（ハードディスク－引用者注）上の位置が頻繁に書き換えられて存在しており、実際には一つのわいせつ画像情報がＨＤのある部分にひと繋がりになって記録されているとも限らない。ＨＤ全体の中でわいせつ画像情報が記憶されているセクタ全ての物理的部分を厳密に限定することは困難であるし、それを物理的に直接可視的なものとして特定することはできない。情報の化体部分がはっきりしない以上、わいせつ情報と化体物とは、もはや同視すべき一体性を欠いている」という客体内での位置的不特定性の問題、さらに「ＨＰ（ホームページ－引用者注）を開設する場合、開設者はプロバイダのサーバに画像ファイル等を蔵置することになる。開設者はプロバイダサーバの場所を借りているだけである。したがって、開設者が管理するのは媒体に記憶された画像情報だけである。化体物の管理者とわいせつ情報の管理者は乖離しており、いかにＨＰ開設者が公開の意思を持っていようとも、プロバイダがサーバをネットに接続することがなければ目的は達せられない。このように行為者のコントロールから離れたところに化体物が存在しているにもかかわらず、その化体物を客体とし、蔵置者が陳列した、とすることには疑問を感ずる」という客体管理者（プロバイダ）と情報管理者（記憶・蔵置者たる行為者）との乖離の問題を指摘され、これらの点でビデオテープ等とハードディスクとの間には情報内容と化体物との一体性の程度に重要な差異が存在するため、両者を同一に論じることはできない、とされている。(50)

なお、以上の引用からも明らかなように、ハードディスクの客体性を否定するこれらの見解も、当該物体の外観・形状をはじめおよそこの物自体から直接には何らのわいせつ性をも認識しえないことを、その根拠としているわけではない。

三　検　討

1　有体物性の要否

一七五条の罪の客体につき、判例および通説は従来から、これが有体物であるべきことは前提としつつ、その物自体からの直接的なわいせつ性の認識可能性までは要求せず、何らかの方法によってその内容たるわいせつ性が容易に顕在化され認識可能となるものであれば足るとする解釈を採ってきた。その意味では、サイバー・ポルノに関し、判例がこのわいせつ画像データを記憶・蔵置されたハードディスクを一七五条におけるわいせつ物（図画）と解することで定着しつつあり、学説もまたその多数がこれを肯定的に評価していることも、ともに従来からの理論構成を踏襲しているに過ぎないものということもできる。

一　これに対し、サイバー・ポルノの登場を機に、一七五条の罪についてもわいせつ情報としてのデータという無体物にまで客体性を広げるべきではないかとする見解は、その根拠の一つとして、本条の前提とする法益侵害の態様の本質を挙げる。つまり、本条の罪の法益は、物体そのものによってではなくそれに化体されているわいせつな内容・情報によって侵害されるのであり、技術の進歩によりこのわいせつ情報がこのような化体を要せずそれ自体として物理的に移転しうるようになった以上、この情報としてのデータそのものを客体と評価すべきであるとする。

確かに、このいわゆるデータ説が指摘するように、一七五条の前提とするわいせつ表現の罪の本質は、「文書、図画その他の物」から発せられるわいせつな内容もしくは情報・イメージによる法益の侵害であって（ここでは法益を性秩序や健全な性風俗と解するか、個人の性的感情および青少年の保護と解するかは関係がない）、この保護法益は、物質的な「文書、図画その他の物」それ自体によって侵害されるわけではない。本条の文面上は「わいせつな文書、図画その他の物」と規定されてはいるが、その物自体から直接には何らわいせつ性が認識できない物はもとより、わいせつな写真や形状そのものが卑猥な物体のようにわいせつ性の直接的な認識が可能な物であっても、重要であるのはこれらの物理的物質的な有体物そのものというよりもむしろ、これらの物体に化体されており、ここから発せられる、その時点でわいせつであると評価されうるイメージ・情報である。つまり、たとえそれに化体された内容が直接に認識可能である文書や図画であっても、その物自体は紙やこれに付着された色素などの種々の素材の集合に過ぎず、重要であるのはこれらの素材の有意的な統合によって表現されるそのわいせつな内容・情報である。この意味で、一七五条の罪が規制の対象とする客体の本質をなすのはまさにわいせつな情報であり、データ説によるこの点の指摘は本条の規定するわいせつ表現の罪の本質を的確に捉えている。

二　しかしながら、この見解に対しては、「人間が表現内容を了知する際、機械的再生を経たデジタル画像が認識の対象となった事実を指摘したにとどまり、法文上明記された『物』の概念を、財産罪とは別個のものとする解釈論上の理由づけが示されていない」という、一七五条に規定された文言の言葉としての意義そのものの限界を理由とした、最も基本的な視点からの批判[51]をはじめとして、このデータ説が根拠とする賭博罪に関する(旧)一八五条の「財物」との文言の解釈についても、一七五条では所持罪が規定されている点で事情を異にするとの批判[52]のほか、従来からこの一八五条の文言につき財産上の利益を含まないとする見解もあり、こう解すれば、一九九五年(平成七年)の改正により一八五条からこの文言が削除されて初めて客体についての制限が消滅したとも解釈しえ、よってこれが一七五条についての法改正の必要性を示唆することはあっても、本条の客体範囲を拡張する理由にはならないとの批判がある[53]。

さらに、一七五条の罪の客体につき有体物性を当然の要件とされ(たうえで、サイバー・ポルノ事案におけるその存在を否定され)る園田教授は、情報自体に一七五条の客体性を認める見解の問題点として、サイバー・ポルノの実態は電磁的記録であり、刑法は電磁的記録については特別の扱いをしていることから(七条の二)、情報それ自体を「文書、図画その他の物」に含めることはできないこと、判例では聴覚に訴えることも「陳列」の一手段と解されていることから、わいせつ情報も「わいせつ物」であるとすると、暗記したポルノ小説を公然と声に出すこともわいせつ物の陳列と解される余地が生じること、わいせつ情報も一七五条の規制対象だとすれば、コンピュータ・ネットワークではデータがサーバーから利用者のコンピュータに伝達（コピー）されて、ブラウザ（ファイルの閲覧ソフト）によってディスプレイ上に表示されるのであるから、これはわいせつ物の「頒布・販売」と評価されねばならないが、特に「販売」については、これは物の移転による所有権の移転であり、物権法定主義（民法一七五条）に基づく民法は所有権を物（有体物）に対する権利としてのみ認めていることに照らしても、データの伝達を物の移転を前提とした「頒布・販売」と呼べるのかには疑問があること、さらに、情報を図画とする見解は、写真でいえば粒子の並び方を図画と呼ぶことと同様に、バイナリーコード（0と1の二進法で表記されるデータ）のままで通常の紙にプリントアウトされた画像データ（数字からなる文字列）についても図画と呼ぶこととなり、言葉の一般的日常的用語法から外れること、などを指摘されている。(54)

前述のように、判例および通説では従来から、外観・形状はもとよりおよそその物自体から直接には何らのわいせつ性をも認識しえない未現像フィルムや録音テープ、ビデオテープなどについても、わいせつ情報がこれら有体物に化体されていることとその情報としてのわいせつな内容の顕出の容易性とを要件として、一七五条の客体性が肯定されてきた。このことは、判例・通説においてもまた、本条における犯罪の本質がわいせつな内容・情報による法益の侵害であることを踏まえた解釈が採られてきたことを示していると思われる。そして、これらがなお客体の有体物性を要件としているのは、まさに「文書、図画その他の物」と規定する本条の文言の、その語義の限界のゆえに、わいせつ性・わいせつな情報の規制はこれが有体物に化体されている限度で、この物体の規制を通じて行われなければならないとの認識がその根底に存在しているからであると思われる。その意味で、現在の判例および多くの学説が、一七五条の罪の客体につき有体物性を必須の要件としてきた従来からの解釈を維持すべく、サイバー・ポルノ事案についてもまた、その画像データの記憶・蔵置されたハードディスクを「わいせつ物」と解しているのも、それなりに妥当である。

本条の罪の客体に情報としてのデータをも含める見解はさらに、コンピュータ・ネットワーク上で流布されるわいせつ画像につきそのデータ自体を客体と解さない限り、画像の公開を一切伴わずに行われるそのデータの伝達・送信が規制しえなくなるという、一七五条による処罰の間隙のおそれを指摘されているが、それはまさに本条の文言の語義に基づく処罰範囲の限界の当然の帰結であって、そのような行為の当罰性・要罰性が現実に認められるのであれば、それは立法によって対処されるべき問題である。

2　ハードディスクの客体性

一　一方、客体についての有体物性は当然の前提としながらも、ネットワーク化されたコンピュータのハードディスクを一七五条にいう「わいせつ物」と解するのは妥当ではないとする見解（否定説）は、記憶媒体としてのこのハードディスクの技術的特性をその主張の本質的な根拠としている。すなわちこの見解は、客体とされるハードディスク全体に占めるわいせつ画像データの割合の極端な微少性や、それゆえ重要となるべき当該データのハードディスク内での位置的特定が不可能であることなどに基づく、わいせつ情報と媒体物との一体性の欠如をその理由とする。媒体に対するわいせつ情報の微少性や位置的不特定性といった指摘自体は、現在のコンピュータ関連技術についての争いの余地のない客観的な事実である。

ただ、この見解も、一七五条における客体につき、およそその物自体から直接的にわいせつ性が認識可能であることまでは要求していない。この見解を採られる園田教授も、ビデオテープとの比較により携帯型の記憶媒体には客体性を肯定されており、また渡邊助手も、その指摘されるハードディスクの客体性に関する諸問題を前提として、これとビデオテープ等との差異を化体物全体とわいせつ情報との一体性の程度の相違に求められている。

したがってこの見解には、本条の罪の客体についてはそもそもその物自体から直接にわいせつ性が認識可能でなければならないとする見解がそれを理由にハードディスクの客体性を否定する場合[55]とは異なり、これを肯定する判例および多数説との間に、自ら指摘するハードディスクの技術的性質についての認識ないし法的規範的評価の相違しか存在しないことになる。そして、わいせつ情報と媒体物との一体性の程度という問題については、多数説からは、「ごく一部だけがわいせつ性を帯びる小説や映画であっても、その全体がわいせつ物と認定された経緯からすれば、現行法上の文言を前提とする限り、違法な画像データを収納したディスクアレイがわいせつ物と認定されたのはやむをえない」[56]、あるいは、「これは、物の物理的・機能的一体性の問題として解決できるものであり、分割可能性ないし磁気情報のアップロード場所の特定可能性の問題であって、磁気情報に特有の問題ではない」[57]との認識が示されている。

二　一七五条の罪の客体を示す「わいせつな文書、図画その他の物」との文言は、その物自体からわいせつ性が直接視覚的に認識可能な物を意味するとする理解が、この文言についての最も自然な解釈であると思われる。「わいせつな文書、図画」は、文字あるいは画像によりその物自体から直接視覚的にわいせつ性の認識可能な物であって、これらと並列的に規定された「わいせつな……その他の物」についても、それらと同様の属性を具備する物体として、その外観・形状などから直接的にわいせつ性を認識することのできる物を意味すると解するのが、最も一般的かつ通常な理解だからである[58]。

もっとも、このようにいうことができるとしても、本条の客体につき、およそその物自体から直接的には何らわいせつ性を認識しえないが、これに化体されているそのわいせつな内容は何らかの一定の方法により容易に顕出され認識されうる物体をも含むとする解釈が、この文言に反するとまではいえないように思われる。もとより「文書」、「図画」その他の「物」との文言が無形的な情報としてのデータまでをも含むと解することは、前述のようにその語義の限界からして妥当ではないと思われるが、しかし、本条の文面上は客体につき直接視覚的にわいせつ性の認識可能な物でなければならないことまでは要請されておらず(59)、また、かつて判例上問題となった、常態においては僧侶が鬼面を拝した図柄であるが、折り合わせることで陰茎と陰部の図が現れる手拭(60)、ガラスレンズで被ったわいせつ写真が底部に仕込まれており、液体を注入することで初めてその写真の映像が現れる盃(61)、わいせつ部分に施された黒色インクによる塗りつぶしが、シンナー等により容易に除去されうる写真(62)等についても、その物自体から直接的にはわいせつ性を認識しえないが、その顕在化の容易性を理由としてこれらに客体性を肯定することも、「わいせつな文書、図画その他の物」との文言に反するとまではいえないと解されるからである(63)。そうであるとすれば、わいせつ情報の化体が磁気的方法により行われている録音テープやビデオテープ等の客体性を肯定する諸判例も、これらもまたその物自体から直接的にはわいせつ性を認識しえないが、一定の単純かつ一般的な操作によりこれを容易に顕出させうるのであるから、（一七五条の罪が聴覚によりわいせつ性の認識される物をも客体とするとの解釈を前提として）従来の解釈論を踏襲するものとしてその延長線上に位置づけることができる。そして、一七五条の罪の客体性要件につき、当該物体からの直接的なわいせつ性の認識可能性と当該物体の物理的な存在自体の視認性とを放棄した最初の判例であると解されているのが映画フィルムに関する前述の大審院大正一五年判決であるが(64)、通説のごとくこれとともにそれ以降の上記諸判例を肯定するのであれば、サイバー・ポルノに関しハードディスクの客体性を肯定することが一七五条の文言に違反するとまでは評価しえないと思われる。ハードディスクの客体性につきこれを否定する見解の指摘する、媒体物と情報との一体性の希薄さという問題も確かに存在するが、判例および通説による従来までの客体性の解釈は、この問題をも法的には重要でない事実として消化しうるものと解されるからである(65)。サイバー・ポルノ事案の客体性に関する判例・多数説とこれを否定する見解との間の相違を基礎づけているのも、結局のところ、「コンピュータという汎用性の高い情報機器にあって、その一部にわいせつ情報が保存されたとき、こうした目的物が全体として『わいせつ物』となることについての疑念にすぎない(66)」と思われる。

3　実行行為類型との関係

もっとも、サイバー・ポルノ事案における一七五条の罪の客体に関して、一般的には以上のようにいうことができるとしても、本条前段に規定された実行行為には、頒布または販売という交付型の行為態様と、公然陳列という陳列型の態様との二類型が存在する（本条後段の販売目的所持は販売の予備的行為を独立して規制対象としたものであることから、交付型類型に属すると解してよい）。そして、わいせつ表現を規制するための罪として、本条が、これら二つの異なる類型の行為態様を設定している以上、それぞれの類型のその具体的な実行行為の態様や成立に必要な要件等が異なることは、各類型の存在意義からして当然である。そしてこのことは、このような交付ないし陳列が行われるべき客体としてのわいせつ物の、その客体性要件にも影響すると考えられる。つまり、実行行為についての交付型と陳列型との相違に応じて、それぞれの行為類型において客体となるべきわいせつ物の、その客体性の要件にも相違が生じうるのである。

ところで、すでにみたように、現在のサイバー・ポルノ事案についての判例は、その大半がハードディスクに客体性を認めることとの関係上、サイバー・ポルノにつき交付型ではなく陳列型の、公然陳列罪の成立を認めている。そして、このように公然陳列の成否のみが問われる理由は一七五条の罪の客体性につき有体物性が必須の要件と解されていることにあり、前述のようにこの解釈自体は現行法上維持されるべきである。したがって本来は、ここで検討してきた、サイバー・ポルノ事案におけるわいせつ物としての客体の問題も、公然陳列としての実行行為概念との関連での検討が不可欠である。ただし、そもそも判例によるこの公然陳列の成立の肯定については、学説の多くはこれを支持するものの、陳列概念の具体的な理解との関係でこれを批判する見解もまた有力に主張されている。そこで次に、一七五条における行為類型ごとの客体性要件の相違との問題とあわせて、サイバー・ポルノ事案における実行行為としての公然陳列の成否につき検討する。

第三節　実行行為としての「公然陳列」

一七五条前段は、わいせつ物を「頒布し、販売し、又は公然と陳列した」ことを実行行為として規定している。このうち、「頒布」とは、不特定または多数の人に対する無償の交付を、「販売」とは、不特定または多数の人に対する有償の譲渡を、それぞれ意味すると解するのが従来からの通説である。もっとも近時は、このような解釈では有償の貸与行為（賃貸行為）を捕捉しえないために、「販売」を、不特定または多数の人に対する有償の所有権移転を伴う譲渡行為をいうと解し、「頒布」を、不特定または多数の人に対する販売以外の方法による交付行為を意味するとして、頒布概念を広く捉える見解が有力となりつつある。(67) いずれにせよ、これら頒布・販売罪という交付型類型の罪の成立には、客体の現実の交付ないし引渡しが必要となる。(68)

一方「公然陳列」とは、通説では、不特定または多数の人の観覧することのできる状態におくことをいうと解されている。「陳列」という言葉の通常の語義は「見せるために物品をならべておくこと」(69) であると思われ、したがって通説の解釈による陳列概念においてもこの通常の意味がその中心部にあることは明らかであるが、通説ではさらに、観覧させるためその物品自体を物理的に並べ置くことのみならず、当該物品に化体されているわいせつな内容のみを認識可能にすることもまた陳列に含まれると解されているため、ここでは、映画フィルムの上映なども陳列に該当するとする判例も支持される。(70) また、判例では、録音テープの再生やダイヤルQ²サービスによる録音内容の送信など、視覚による場合のみならず聴覚によってわいせつ性が認識される場合も陳列に当たると解されており、(71) この点も肯定する通説による陳列の理解にいう「観覧」とは、視覚に訴える場合以外の方法をも含む広い概念となっている。そこで近時はより率直に、陳列を内容の認識できる状態におくことと定義づける見解も有力である。(72) なお、本罪は公然と陳列されれば成立し、条文上も実際に観覧されることまでは要求されて

いないことから、いわゆる抽象的危険犯であると解されている。(73)

一　判例

前述のように、従来から判例は、それ自体から直接的にわいせつ性が認識可能ではない物についても、その顕在化の容易性を条件として一七五条の客体性を肯定するとともに、これに情報などの無体物までも含めることはせず、その有体物性を維持してきた。そして、この解釈をサイバー・ポルノ事案に当てはめた場合、本条の客体性を認められうるのが、わいせつな画像データの記憶・蔵置された、ホスト・コンピュータないしサーバー・コンピュータに内蔵されている記憶装置としてのハードディスクである。ただし、サイバー・ポルノの実態としてこのような有体物の物理的な移動・移転は一切行われないため、必然的にわいせつ物頒布・販売罪の成立は問題となりえない。そこから規制当局では、わいせつ画像の公開を伴うサイバー・ポルノに対し常に公然陳列の罪名での検挙・起訴が行われており、その結果判例においても本罪の成否が問題とされているが、すでに紹介したように、判例はその成立自体については、ハードディスクの客体性を認めたうえで（⑦判決は除く）、いずれもこれを肯定している。

1　公然陳列の成立時期

ところで、コンピュータ・ネットワーク上を流通する情報については、そのシステムの技術特性上、ホスト・コンピュータないしサーバー・コンピュータ内のハードディスクに当該情報としてのデータが記憶・蔵置されただけで、この瞬間からユーザーが直接その内容を認識しうるようになるわけではなく、その閲覧には、ユーザー自身による自発的能動的な情報の選択とその後のデータのダウンロード、および当該データの再生という過程を経る必要がある。このような特色のためもあってか、サイバー・ポルノ事案に係る諸判例では、公然陳列の成否自体については一貫して肯定されているものの、その成立時点についての判断は必ずしも一致してはいないようにもみえる。この点は具体的には、本罪の既遂が認められる時点を、ホスト・コンピュータないしサーバー・コンピュータ内のハードディスクにわいせつ画像データが記憶・蔵置された時点と解するか、あるいは、それはユーザーが実際に当該データをダウンロードしてその内容を再生・閲覧した時点であるとするかという相違として現れる。

この点、①、②および④〜⑨の諸判例では、いずれも「罪となるべき事実」において、行為者がハードディスクにわいせつ画像データを記憶・蔵置させたことに加えて、ユーザーが実際にこれを再生しその内容を閲覧していた事実までもが摘示されており（⑭判決も正犯者の行為について同様である）、このようなユーザー側の再生行為、さらには現実の閲覧までも要するかのような認定が行われている。

これに対し、③、⑩〜⑬、⑮の諸判例では、行為者がハードディスクにわいせつ画像データを記憶・蔵置させ、これによりユーザーが当該画像データを再生しその内容を閲覧することが可能な状況を設定したことで公然陳列の成立が認められており、ユーザーによる実際の再生・閲覧はその要件とはされていない。

2　記憶・蔵置時説

もっとも、このような、公然陳列の成立時点という問題に関しては、④判決が、「なお、わいせつ図画公然陳列罪は、わいせつ図画を不特定又は多数の者が閲覧し得る状況におけばそれだけで成立するものであり、その意味においては、被告人がわいせつ画像データをパソコン通信ネットのホストコンピュータのハードディスクに記憶させた時点で既に本件わいせつ図画公然陳列罪は成立していることになるが、単にわいせつ図画を不特定多数の者が閲覧し得る状況においたにとどまらず現実に不特定多数の者に閲覧させた場合にも当然わいせつ図画公然陳列罪は成立し、後者の方が犯情はより悪質ともいうべきところ、本件はまさに後者の事案であるから、判示のとおり、現実に不特定多数の者に閲覧させた事実を『罪となる事実』として摘示した次第である」と述べ、同様に⑭判決も、「なお、判示罪となるべき事実において、現実にインターネット利用者にわいせつ画像情報データを受信させた事実をも適示しているのは、右の時点にまで至らなければわいせつ物公然陳列罪が成立しないという趣旨ではなく、わいせつ物公然陳列罪においては、単に不特定多数人が閲覧可能となる状態を作出した場合よりも、実際に不特定多数人に閲覧させた場合の方が、犯情が重いところから、正犯者の行為態様を犯情にかかわる部分も含めて具体的に示したものである」としており、これらの判決が自ら現実の再生・閲覧の事実までも摘示していた点を、単に犯情を示す意味に過ぎないと説明している。

そして、このようなユーザーによる現実の再生・閲覧の事実までも「罪となるべき事実」に含めていた⑥判決の控訴審たる⑫判決もまた、「本件におけるわいせつ物公然陳列罪が既遂に達した時期は、被告人が、わいせつ画像データを記憶・蔵置させたハードディスクをホストコンピューターの管理機能に取り込み、会員による右データへのアクセスが可能な状態にした時点であると解すべきであり、原判決が、右のアクセス可能な状態に置いたことのみならず、アクセスしてきた不特定多数の者に右データを送信して閲覧させたことも認定、判示しているのは、それが既遂に達するための不可欠な要素であるとして判示したとみるべきではなく、本件において被告人がわいせつ物を公然陳列したという犯行態様を、その犯情にかかわる結果部分を含め、具体的に認定、摘示したに過ぎないとみるのが相当である」[74]としている。

これら三判決による以上のような指摘や、⑩〜⑬、⑮等の近時の諸判例が、ユーザーによるわいせつ画像の再生・閲覧を「罪となるべき事実」に含めず、あるいはそもそもこの事実の認定さえない事案にわいせつ物（図画）公然陳列罪の成立を認めていることからすれば、サイバー・ポルノ事案での本罪の成立時期に関して、判例は、これを行為者による画像データの記憶・蔵置の時点に認めることですでに定着しているとみてよいと思われる。

二　学説

学説においても、サイバー・ポルノ事案につき一七五条の罪の客体の存在を認めない少数の見解を除いては、いずれも公然陳列罪の成立が肯定され、判例によるこの点での結論は基本的に支持されている。しかしながら、本罪の成立時期に関しては見解の相違がある。

1　再生・閲覧時説（少数説Ⅰ）

少数説ではあるが、サイバー・ポルノ事案についての公然陳列の成立時期に関しては、行為者がハードディスクにわいせつ画像データを記憶・蔵置させた時点では足らず、ユーザーがこれを再生しあるいは当該画像を現実に閲覧した時点でなければならないとする見解がある。

この見解を採られる堀内教授は、「わいせつな文書、図画等を配布、交付した場合にわいせつ物頒布、販売罪が成立するように、わいせつ物公然陳列罪はこれを観覧、閲覧させた場合に成立する。この点で、一七五条は一種の結果犯である。わいせつ物公然陳列罪は、映写のためにフィルムやテープをセットしたり、ファックスで送信するために写真をセットしただけでは、あるいは送信した内容が相手の電話のメモリー上に保存されているだけで、いまだ再生されていない場合には成立しないのである。フィルムやビデオテープが映写されることにより、あるいは送信内容が具体的にファックス用紙に転写された場合にはじめて陳列行為に当たる。『観覧できる状態に置く』とは、わいせつな画像を見ようとすれば、見れる状態にあることをいうのである。さらに、サーバー上に保存されているわいせつな画像それ自体は不可視的である。……法益の保護という観点に立脚すれば、わいせつ物頒布、販売罪が成立するためには客体が可視的である必要はないとしても、公然陳列罪の場合には可視的であることが必要である。……のみならず、今日のコンピュータ通信の技術的水準においては通信エラーの起こる頻度を無視できるほどまでには至っていない。画像や文字をダウンロードしようとした場合、それが確実に自己のコンピュータに到達するとはかぎらないし、また、その内容が必ずしも正確に送信されてくるともかぎらない。この点を考慮すれば、設定行為が直ちに法益に対する侵害を意味するとはいえない。むしろ、性秩序あるいは性風俗という法益が侵害されるのは、サーバー上に蓄積、蔵置された画像データが利用者の画面上で再生されたときである。したがって、離隔犯的な構成に従えば、行為者の現実的な行為はサーバー上にわいせつな画像データを送信、蓄積、蔵置して、閲覧が可能なように設定することであるとしても、その行為が陳列行為として刑法上意味を有するのはわいせつな画像が画面上に再生され、閲覧に供された時点である」とされている。[75] この見解では、「わいせつ物公然陳列罪はこれを観覧、閲覧させた場合に成立する。この点で、一七五条は一種の結果犯である」との表現からすれば、利用者による現実の閲覧が必要と解されているようにもみえるが、他方「『観覧できる状態に置く』とは、わいせつな画像を見ようとすれば、見れる状態にあることをいう」、「その行為が陳列行為として刑法上意味を有するのはわいせつな画像が画面上に再生され、閲覧に供された時点である」との論調からは、実際の閲覧までは要請されてはいないとも解され、そのいずれであるのかは判然としない。しかしいずれにせよ、少なくとも堀内教授の見解では、保護法益の観点からは一七五条の罪の成立には相手方にわいせつな内容が到達していることが必要であって、それゆえサイバー・ポルノ事案での公然陳列罪の成立についても、頒布・販売罪同様相手方へのわいせつな内容の到達時点、すなわちわいせつ画像のデータがユーザーのパソコン画面上に再生されることで、その現実の閲覧の危険（具体的危険）が発生するまでは、これを認めるべきではないとされているということができる。

また、南部篤講師も、サイバー・ポルノ事案における公然陳列罪の成立には、ユーザーによる現実の閲覧までは不要であるが、その再生は要するとの見地から、行為者がハードディスクにわいせつ画像データを記憶・蔵置させただけで公然陳列が成立するとすると「利用者自身がサーバーにアクセスして画像を持ってきて、自分のパソコンに画像データを取り込み、ディスプレイ上にデータを再生・表示させて、はじめてこれを観覧できるというインターネットのしくみに照し、『陳列』の構成が抽象的にすぎるように思われる。……ネット利用事案における公然陳列罪成立の時期については、行為者がサーバーコンピュータにわいせつ画像情報をアップロードし蔵置させて、アクセス可能な状態を設定し、不特定または多数のネット利用者がこれをパソコン等に持ってきて再生・表示させた時期と解するべきである。こう解するのは、不特定または多数の者が現実に認識したことを要求するからではなく――『陳列した』の意義は、あくまでも認識可能な状態に置くことである――、画像データが不可視なものであり、すでにみたようなインターネットのしくみを通じてそれが再生・表示されるという特徴を有するからである。それは、たとえば、わいせつ映画の場合に、フィルムを映写機にセットしていつでも上映できる状態を設定したとしても、実際に映写を開始していなければ『陳列した』といえない（しかし映写が始まり銀幕上にわいせつ映像が現れれば、たまたま客が席を立っていたり現実にそれを見ている者が誰もいなかったとしても『公然陳列』というのを妨げないであろう）のと同様である[76]」とされ、ネットワーク化されたコンピュータのデータ受信の技術的プロセスを理由に、公然陳列の成立をユーザーによる画像データの再生の時点に認められている。

さらに山中敬一教授も、南部講師同様に、「陳列は、人の五感に作用する形で、直接観覧しうる状態に置かれなければならないから、ホームページにわいせつ情報をアップロードするだけでは、いまだ、観覧可能な状態とはいえない。現に何者かがアクセスし、自己のディスプレー上に表出する必要がある。ディスプレー上に表出されれば、現にそれを観覧する必要はない」、「『陳列』とは、行為者の行為のみによって尽きるものではなく、場合によっては、観覧可能な者の、予測しうる補助行為の介在があってはじめて、完結しうるものなのである[77]」とされている。

2　記憶・蔵置時説（多数説）

一　これに対して学説の多数は、一七五条はわいせつ物を「公然と陳列」することを規定するのみであり、この文言からも公然陳列罪が抽象的危険犯であることは明らかであって、不特定または多数の者が観覧可能な状態を設定すれば本罪は既遂に達するとの認識のもとに、サイバー・ポルノ事案についても、ホスト・コンピュータないしサーバー・コンピュータ内のハードディスクにわいせつ画像データが記憶・蔵置された時点で本罪は完成すると解している(78)。

この多数説からは、本罪の成立にユーザー側の再生あるいは閲覧行為までも必要とする見解に対しては、例えば佐久間修教授は、「そもそも、抽象的危険犯であるわいせつ物公然陳列罪が予定した行為態様は、不特定多数の人間がアクセスしうる状態になったことで足りるとおもう。相手方に対して実際に到達した結果まで要求する立場は、現実の『閲覧』とは区別された『陳列』の意義を無視しているだけでなく、不特定多数の人間に伝播する過程で、利用者による任意のアクセスやプロバイダーによる接続行為の介在が、犯罪の本質的要素でない点を看過するものである。すなわち、ネットワーク犯罪では、サーバーに保存された状態のまま、第三者が何時でも自由にアクセスして閲覧しうる以上、『見ようとすれば見られる状態』にあったと認められるからである(79)」とされており、また、塩見淳教授も「未遂処罰規定を欠く一七五条において、文言を超えてまで既遂時期を遅らせる狙いは明らかでない。加えて、『閲覧』が罪となるべき事実だとすれば、アクセスに使われたパソコンを特定して、その画面に正常に画像が映し出された、さらには誰かがそれを見たことについて厳格な証明を行う必要が生じるが、それが妥当かも疑わしい。また、少数説によれば、日本国内で閲覧等の『結果』が発生すれば、その余の事実が全て国外で生じている、実質的には国外犯と見られる行為にまで一七五条が適用されるが、国内法の適用範囲を適切に画定するという観点からは問題を孕んでいるように思われる(80)」とされ、閲覧あるいは再生・表示という「陳列の結果」を必要と解することは妥当ではないとされている。

これら多数説たる見解の基礎となっているのは、公然陳列罪がそもそも抽象的危険犯であって、およそ客体（に化体されているわいせつな内容）が観覧（認識）可能な状態におかれれば本罪は成立するという、従来から判例・通説上承認されてきた陳列概念についての理解である。そして、陳列概念のこのような理解をサイバー・ポルノ事案について敷衍し、「陳列」行為の存在を肯定する際の前提とされているのが、そこにおける画像表示の自動性という要素である。例えば山口厚教授は、「『公然陳列』については全く問題がないわけではない。それは、サーバーのハードディスクに記録されたわいせつ情報は、そこにアクセスした者が、そのデータをダウンロードし、自分のパソコンのキャッシュに落とした上で、それを画像ビューアを使ってスクリーン上に表示することによって初めて『認識可能』となるからである。しかし、とくにこの過程が自動化されて直接的である以上、ハードディスク上の情報についても『認識可能』として公然陳列に当たるとしてよいと思われる[81]」とされており、また佐久間教授も、「ネットワーク利用者がデータの内容を見聞するためには、サーバーにアクセスした上、そこに記録されたデータを自分のパソコンにダウンロードしてディスプレイに再生するという手順を踏まなければならない。しかし、……これらの媒体を再生・閲覧するプロセスが自動化されて、ごく簡単な操作で画像を呼び出すことが可能となった現在、実質的な見地からみて、そこに記録された内容を不特定多数人により聴取しうる状態が生じており、公然陳列があったといって差し支えない。けだし、わいせつ物頒布罪のような表現犯罪……では、当該情報を取り扱う技術的手段が変化したとしても、そこに記録されている表現物の内容を、不特定多数の人間が容易に知り得たかどうかに左右されるからである[82]」とされている。

二　そして、この画像表示の自動性という要素を特に厳密に要請される見地から、これを欠く一定の事案については公然陳列の成立自体が認められないことを強調されているのが園田教授である[83]。

園田教授によれば、インターネットの場合には、ユーザーのパソコンにインストールされているブラウザによって画像データを直接に画像として再生・閲覧することが可能であるが、これと同様の機能を有する特別のソフトウェアが用いられている場合を除き、大半のパソコン通信ネットではこのような直接的な画像表示はなされない。そして教授は、このような直接的ではない画像表示過程の実態を、次のように説明されている。「パソコン通信のユーザーは一般には通常の通信ソフトを用いて（パソコン通信において情報を一元的に管理している）ホスト・コンピュータにアクセスすることになる。画像データは、たとえば『001. jpg』や『002. jpg』といったように、画像データであることを示す文字列で表示されている（『jpg』という表示はそのファイルが画像データであることを示す拡張子である）。その段階では、ユーザーはそれが画像データであることは推測できるが、どのような画像であるかはまったく分らない。『見る』ためには次のような手順を踏む必要がある。ファイルの文字列を通信ソフトにキーボードから打ち込む。すると、そのファイルがユーザーのパソコンにダウンロードされる。その画像データを『見る』ためには、別に画像ビューアと呼ばれる画像表示ソフトを起動させ、そのダウンロードしたデータを読み込ませる作業をしなければならない。そのような手順を経て初めてユーザーはわいせつ画像を『見る』ことができる状態にいたる」[84]。園田教授は、直接性を欠く画像表示の過程において、利用者が受信したわいせつ画像データが自らのパソコンのディスプレイにわいせつ画像として再生・表示され、現実の閲覧が可能となるまでに、このような段階的な手順や操作が必要となる以上、その「プロセスは、まさにわいせつ画像データの送信であって、およそ陳列という行為とかけ離れている。テレビ放送の受信と同じともいえない。そのプロセスも自動化されているものではない」とされ、よって、このようなプロセスをも陳列とみることは、実態としてのデータの「頒布・販売」を不当に「陳列」と解するものであって、従来から理解されてきた陳列概念を著しく拡張、弛緩するものであり、頒布・販売概念と陳列概念との境界を曖昧にするものである、とされている[85]。

このような、自動性・直接性を伴わない画像表示過程をも陳列に含ましめる見解に対する園田教授による批判は、わいせつ性を遮蔽されてはいるがユーザーによるその復元が予期されているいわゆるマスク画像の公開の事案が可罰的かという問題の検討の際にも意味をもつが（この論点は次節で扱う）、インターネットによるＷＷＷ上での（マスク処理の施されていない）わいせつ画像の公開のために当該データがサーバー・コンピュータへと記憶・蔵置された事案については、ユーザーのもとでの当該画像の表示の自動性・直接性は肯定されるため、教授の見解によってもデータの記憶・蔵置時点での公然陳列の成立は認められる。(86)したがって、園田教授の見解は、そもそも公然陳列の成立時期をユーザーによる画像表示（再生）の時点に認める少数説に対してはもとより、その成立時期につき記憶・蔵置時説に立ちながらも、自動的直接的な画像表示のなされない大半のパソコン通信ネット（やマスク画像）に係る事案についてまでも一律に陳列行為の存在を認める判例（および、記憶・蔵置時説を採るものの、画像表示の自動性・直接性との要素を重視せず、判例と同様の結論に至る学説）への批判説でもあることになる。(87)

3　否定説（少数説II）

この園田教授の見解を含め、学説の多くは、サイバー・ポルノ事案での公然陳列罪の成立時期について、行為者によるわいせつ画像データのハードディスクへの記憶・蔵置の時点にこれを認めているが、しかし一方では、このような本罪の成立時期の問題以前に、そもそもコンピュータ・ネットワーク上でわいせつ画像を公開する行為には公然「陳列」という本罪の実行行為性そのものを認めがたいとして、判例および学説の大半が陳列罪の成立を肯定していること自体を批判する見解も存在する。

この見解がサイバー・ポルノ事案における陳列行為の存在を否定する論拠は、わいせつ画像の流通プロセスや画像表示技術の特性など、サイバー・ポルノが従来型メディアにおけるとは異なる様々な特殊性を有することにあるのではなく、これにつき陳列行為の存在を認めている判例および学説の前提としている、従来からの陳列概念そのものを疑問とすることにある。この見解からは、サイバー・ポルノ事案につき公然陳列罪の成立を認める判例・学説は、本罪の実行行為たる「陳列」を、「観覧（認識）することのできる状態におく」、つまりはわいせつ性の認識可能性が設定されさえすれば足るとする従来からの判例・通説による解釈を前提としているが、この解釈自体が陳列概念を不当に弛緩、希薄化させるものであって妥当ではないとされる。そして、一七五条にいう「陳列」とはその客体に化体された内容・情報とともに客体の物理的な存在自体も直接的に認識可能でなければならないとの、陳列概念についての極めて厳格な解釈を採ることによって、この見解はその当然の帰結として、サイバー・ポルノ事案における陳列行為の存在自体を否定する。

例えば、この見解を採られる臼木豊助教授は、「物の陳列は単なる内容伝達ではないから、物の内容の認識可能化のみならず、物自体も認識可能であることも必要（換言すれば、フィルムの映写のように、現実には物を見なくとも、見ようとすればできる一定の空間的範囲内に物が存在する場合が限界）と思われる」とされており(88)、また、浅田和茂教授も、陳列罪については客体自体を「観覧（認識）しようとすればその場で直接観覧しうる状態でなければ、公然陳列とはいえないであろう。『認識可能な状態を設定する』という基準だけでは、わいせつ物の所持も公然でないわいせつ行為も、公然陳列ということになりかねない(89)」とされている(90)。

三　検　討

1　陳列型類型の存在意義

一七五条前段においては、頒布・販売という交付型の行為類型とともに、公然陳列という陳列型の類型が規定されているが、受領者となる者にわいせつ物が現実に交付されることを禁止することによって法益を保護しようとする前者の類型に加えて、これとは別個に後者の類型が設けられている理由は、後者は、人に対して実際にわいせつ物そのものが交付されることがなくても、その帯有するわいせつ性が認識されてしまうことによって法益侵害が生じることを防ぐための類型であることにあり、これこそが陳列型の規制類型の存在意義であると解される。

2 「行為者自身によるわいせつ性の発現」の要否

ところで、一七五条については、その前身となる旧刑法二五九条が同法第二編第六章「風俗ヲ害スル罪」中に規定されており、また、現行刑法典において、一七五条を含む第二編第二二章「わいせつ、姦淫《かんいん》及び重婚の罪」がその体系的位置からして明らかに社会的法益に関する罪と位置づけられていることからしても、制定当時の本条についての立法意図が性秩序ないし健全な性風俗などの維持にあったこと自体は確実であって、このような規制利益は、わいせつ表現を欲する者に対してもそれを許さないというパターナリスティックな規制を根拠づける。立法時の本条のこのような性格を前提とするならば、たとえその物自体からは何ら直接的にわいせつ性の認識しえない物であっても、その受け手となる者による簡単な操作等何らかの手段によってこの物から容易にわいせつ性が顕在化するのであれば、受け手によるこのようなわいせつ性の発現行為の存在を前提としてこの物についての客体性を認め、本条の罪の成立を肯定することも許容されるように思われる。

ただし、ここで重要な点は、受け手によるこのようなわいせつ性発現行為の存在が前提とされうるのは、本条における交付型類型の犯罪についてのみであって、これとは別に設けられている陳列型類型の犯罪についてまでも同様に解することは妥当ではないことである。それは、いま述べたように、陳列型の規制類型は、人にその物自体が現実に手渡されなくても、この物が帯有するわいせつ性が知覚認識されることによって法益が侵害されることを防止するために、客体の現実の交付を要件とする交付型類型に加えて設けられた類型であると解されるからである。陳列型類型の犯罪では客体の交付が行われない場合が前提となっているのであって、この類型においては本来、受け手によるわいせつ性顕在化の行為がなされる余地はない（物理的な意味での「受領」者自体存在しないはずである）。これはいい換えると、すでに実行行為者自身によってわいせつ性が発現され、顕在化されている状態なのであって、このような実行行為者自身によるわいせつ性の発現・顕在化こそが公然陳列罪の成立要件である。したがって、「陳列」の解釈ないし陳列概念の理解としての「観覧（認識）することのできる状態におくこと」とは、「人が観覧（認識）することのできるよう、行為者自身がわいせつ性を発現させていること」という意味で理解されなければならない。

陳列型の行為類型において、ある物に化体されているわいせつな内容ないし情報によるそのわいせつ性が人々によって現実に認識されるプロセスを具体的に分析すると、これは、「行為者によるわいせつ物の設置→わいせつ性の発現→観覧者による閲覧（認識）」という経過を辿る。そして、前述のように、「陳列」という文言の通常の語義が「見せるために物品をならべておくこと」であることからも明らかなように、少なくとも現行一七五条の立法当時には、行為者が「物品をならべておくこと」（行為者によるわいせつ物の設置）とその物に化体されている内容を「見せる」こと（物に化体されているわいせつ性の発現）とが一つの行為で完結していたのであり、この行為こそが「陳列」とされていたのである。このように、一七五条における「陳列」行為概念は、先のプロセスにおける「行為者によるわいせつ物の設置」とこれによる「わいせつ性の発現」までを包括する概念である。

ただ、本条の立法当時には、その客体としてその物自体から直接的にわいせつ性が認識可能な物しか問題となりえなかったために、わいせつ物の設置とわいせつ性の発現とが一致しており、両者の相違やその区別が意識されることはなかったが、その後の技術革新などに伴い、その帯有するわいせつ性の直接的認識が不可能な物についても規制の必要性が認められるに及んでその客体性が肯定されるようになったため、わいせつ物の設置とわいせつ性の発現とが必ずしも一致せず、これらの分離が生じることとなったのである。そのため、「行為者によるわいせつ物の設置」が単に「物品をならべておくこと」では足らず、個々の事案の具体的な客体に応じて、これが「映写」や「再生」などと解されるようになっている。したがって、例えばわいせつ映像を録画されたビデオテープについても、これが再生される限りで、つまり行為者によるわいせつ性の発現がなされる限りで、陳列が行われたと認められるのである。いい換えると、一七五条における公然陳列罪は、このように行為者自身によってわいせつ性が発現されていなければならないことから、いまだこれが発現されておらず、わいせつ性の顕在化には観覧者の側でこれを発現させる行為が必要となる場合には、これがたとえいかに容易な行為であっても、陳列が行われているとは認められず、実行行為性を欠き、本罪の成立は否定される。

今日においてもなお一七五条の罪の客体を、およその物自体から直接的にわいせつ性が認識可能な物に限定することがあまりにも実際的でなく、よって本条の罪の客体性についての解釈としても、このようなわいせつ性の直接的な認識可能性を要求しないことも許容されるべきであると思われるが、これが許容されるべきであるからこそ、その必然的な帰結として、陳列という本条の罪の実行行為の解釈においては、行為者自身によるその客体からのわいせつ性の発現が要件とされなければならないのである。(91)

3　「観覧者による閲覧」の要否

これに対し、先のプロセスにおける「観覧者による閲覧（認識）」、すなわち、陳列行為として発現されたわいせつ性を実際に閲覧（認識）するための観覧者側の行為（「閲覧行為」）は、すでに陳列が行われた後の問題であり、この存否は、行為者自身によるわいせつ性の発現によってこれが認識されうる状態が作出されたことで陳列行為が完成する、抽象的危険犯である公然陳列罪の成否には関係がない。

例えば、公園で性器を模したわいせつ物が展示された場合、これが現実に観覧されるためには、人がこの公園まで行かなければならないが、このような「行くこと」自体は単なる閲覧行為であって、この必要性はこの模造物が展示された時点でのわいせつ性の発現、すなわち陳列行為の完成に影響しないことは明らかである。これに対し、この模造物が不透明な箱に収納されたまま置かれている場合には、いまだわいせつ性が発現されておらず、その発現には観覧者がこれを「箱から取り出す行為」を行う必要があるため、この場合には展示者によって陳列がなされたとはいえず、実行行為の不存在により本罪の成立は否定される。つまり、実行行為者自身がこれを箱から出して展示していなければならないのである。

また、わいせつな内容の映像が録画されたビデオテープについても、これがテレビ放送により放映される場合には、人がテレビ受像機の電源を入れチャンネルを選択し、その映像を受信する行為は単なる閲覧行為であって、放送局において当該テープの録画内容を放送に供するための再生行為が開始された時点で、わいせつ性の発現が認められ、（「客体の物理的存在自体の直接的認識可能性の設定」を「陳列」の要件と解するのでない限り（この点は、次の本節三4にて検討する）当該テープについての陳列行為が完成するが、このテープそのものを道端で展示する場合にはいまだ何らわいせつ性が発現されておらず、このテープにつき陳列が行われたとは認められない。

これらと同様に、インターネットにおいてサーバー・コンピュータ内のハードディスクにわいせつ画像のデータが記憶・蔵置され、当該画像がホームページ等で公開される場合、ユーザーが自己のパソコンの電源を入れてブラウザを立ちあげ、この画像を公開しているＷＷＷ上のサイトにアクセスして当該画像を選択し、そのデータを自己のパソコンにダウンロードすること、つまりこのようなある程度積極的な画像再生・表示行為が行われることも、この後さらにユーザーによってわいせつ性を発現させる行為（大部分のパソコン通信にみられるような画像再生操作、あるいは画像に施されたマスク処理を解除する操作など）が必要となることがなく、そのアクセスとダウンロードとによりわいせつ画像が直接自動的に表示される限り、それをテレビ放送の受信と同様単なる閲覧行為と解することが可能であって、行為者による当該画像データのサーバーへの記憶・蔵置の終了時点でわいせつ性は発現しており、陳列行為は完成していると認められる。

なお、このように、サイバー・ポルノ事案においてユーザー側の画像再生・表示行為が単なる閲覧行為と認められるためには、放送メディアとの比較の意味でも、その画像再生プロセスの自動性・直接性が必須の要件である。したがって、この自動性を欠くサイバー・ポルノについては、行為者によるハードディスクへの画像データの記憶・蔵置の段階ではいまだわいせつ性が発現しておらず、これはユーザー自身が発現させたものと評価されるべきであり、よってこの場合には陳列行為が認められず、本罪は成立しないというべきである(92)（この場合には、わいせつ画像データの交付としてしか評価されえない）。

4　「客体の物理的存在自体の直接的な認識可能性の設定」の要否

以上は、公然陳列罪の実行行為たる「陳列」における、「行為者自身によるわいせつ性の発現」の必要性に関する論証であるが、この陳列行為概念についてはさらに、「客体の物理的存在自体の直接的な認識可能性の設定」の要否もまた問題となる。これは、陳列行為が行われたと認められるためには、客体の帯有するわいせつ性の認識可能な状態を作出することに加えて、さらに、物理的に存在している当該客体自体を観覧者にとって直接に認識可能な範囲内におくこともまた必要となるか、との問題である。これが必要とされる場合には、原則として、当該客体に化体されたわいせつ性を認識しうる領域内に当該客体自体が直接的に認識可能なように設置されていることが要件となり、例えばわいせつ映像の放送の場合など、わいせつ内容の認識可能領域と当該わいせつ物の存在場所とが乖離する場合には、陳列行為性が欠けることとなる。

陳列概念につき、客体の物理的存在自体に対する直接的な認識可能性を要件とする理解は、公然陳列罪を規定する一七五条による「陳列」との文言の解釈を、可能な限りその通常かつ日常用語的な意味に沿うものとすることを意図したものであると解される。つまり、前述のように、「陳列」の日常用語的意味は「見せるために物品をならべておくこと」であると解されるが、この理解に素直に従うとすれば、客体の帯有するわいせつ性を認識可能にする（「見せる」）だけではなく、そのために当該客体自体を人の直接的に認識可能な領域内に置く（「ならべておく」）ことも必要であると解されるからである。その意味で、陳列行為の成立要件として客体の物理的存在自体に対する直接的認識可能性をも必要とする理解は、一七五条の文言に極めて忠実であり、法文による犯罪類型の告知の公正性や恣意的な法適用の防止などの罪刑法定主義的要請にもかなう解釈として評価される。事実、この解釈は次のような実際的意義をもつ。つまり、今日の判例および通説による、「陳列」についての単なる

「観覧（認識）することのできる状態におくこと」との理解では、公然の陳列と評価されるに値すべきわいせつ性の認識可能性の具体的な程度が軽視され、陳列行為の認定および本罪の成立範囲が不当に拡大されうる危険性があり、この拡大に対する一定の絞りの役割を果たしうるのである。

確かにこのような解釈は、その時代背景上、客体性を問われるのがその物自体から直接にわいせつ性が認識される物体のみであり、そのわいせつ性の伝達方法も当該物体を物理的に移転することしかなく、わいせつな内容ないし情報のみを化体物から独立して伝達する手段が存在しないなどのために、ある物体に化体されているわいせつ性を認識することが、その物自体が物理的に存在している場所でしか、すなわちその物自体を直接視認することによってしか行われえなかった、本条の立法当時におけるような時代には、わいせつ性が認識されることによる法益侵害を防ぐために十分であると考えられる。

しかしながら、その後の時代の経過とともに、技術革新などによりその物自体からのわいせつ性の直接的認識が不可能な物品が増加し、これを直接視認しうることがそれに化体されたわいせつ性を認識しうることを必ずしも意味しなくなり、しかも今日では、わいせつ表現規制の対象の本質をなすわいせつな内容ないし情報が伝達され流通されるに際し、その有体物への化体を一切必要とせず、かつその化体物よりいかに遠隔な場所へもその伝達を瞬時に行う放送や通信をはじめとする様々なメディアが著しく普及しており、その扱う情報量の面でもアクセスの容易性に基づく波及性の面でも、文書や図画に代表される従来型の古典的メディアをすでに凌駕しつつある。このような状況下では、客体の交付を前提としない公然陳列という態様でのわいせつ表現の規制において、その化体物自体の物理的存在についての直接的な認識可能性の設定を「陳列」行為の要件と解する意義は著しく減じていると考えられるのみならず、むしろこう解することで、化体物と情報伝達とが分離している今日の主流たるメディアを全く規制しえなくなり、法益侵害状態が放置されるという問題が生じる。この問題性は、いうまでもなく、一七五条の罪の法益が性的感情の保護ないし青少年の保護と理解される場合にも妥当する。今日の判例・通説による陳列概念の把握の緩慢性に基づく可罰範囲の拡大の危険性については、私見のごとく、行為者自身によるわいせつ性の発現を厳格に要請することで回避されうると思われる。

以上の観点から、行為者自身によるわいせつ性の発現を「陳列」行為の必須の要件と解する限りで、公然陳列罪の実行行為としての「陳列」は、客体の物理的存在自体に対する直接的な認識可能性の設定までも要件とするものではないと理解することもまた是認されうると思われる。

5　諸説の検討

以上の私見を前提として、サイバー・ポルノ事案についての、公然陳列罪の実行行為の存否およびその完成時期に関する諸説を検討する。

①　再生・閲覧時説

まず、公然陳列の成立時期をユーザーによるわいせつ画像の再生・表示ないし閲覧の時点に認める少数説の見解は、本来は行為者による画像データのハードディスクへの記憶・蔵置によって終了しているべき陳列行為ののちの、ユーザーによる単なる閲覧行為をも陳列概念に含めるものである点で妥当ではない。この見解では、その現実の閲覧につきユーザー自身によるアクセスや画像データのダウンロードなどの積極的かつ段階的な一定の再生・表示行為が必要となるというサイバー・ポルノの技術的な特性が重視されて、陳列行為の完成時点でわいせつ性が発現していなければならないとの認識のもとに、行為者による画像データの送信とそのハードディスクへの記憶・蔵置の段階ではいまだこれが発現していないと評価されているようである。しかしながら、すでに述べたように、陳列行為の完成時点でわいせつ性が発現していなければならないことは当然であり、行為者の行為、すなわち画像データの記憶・蔵置によってもわいせつ性が発現していないと考えられるのであれば、その時点で陳列行為の存在は直ちに否定されなければならないのである。この見解は、行為者自身の行為によって完成されるべき陳列行為のなかにユーザー側のわいせつ性発現行為をも取り込むことによって、行為者の行為が実際には陳列の要件を満たしていないと考えられる場合にも陳列行為の存在を認め、公然陳列罪の成立を肯定しようとするものであると評価されざるをえない。

前述のように、私見では、インターネットに代表される、画像表示の自動化が達成されているコンピュータ・ネットワーク上で公開される通常の（マスク処理を施されていない）わいせつ画像については、当該画像のデータがサーバー・コンピュータ等のハードディスクに記憶・蔵置された時点でわいせつ性の発現を肯定しうると考えているが（本節三**3**参照）、再生・閲覧時説が陳列概念につき上述のような構成をとるのは、行為者による画像データの記憶・蔵置の時点ではいまだわいせつ性の発現が認められないことが明らかな、いわゆるマスク画像の公開の場合についても陳列罪の成立を肯定するために、ユーザーによるマスクの解除というわいせつ性発現行為をも陳列概念に取り込むことを意図していることによるとも解される。しかしながら、行為者により記憶・蔵置された画像データがわいせつ性を欠くこと（マスク画像など）が理由であれ、ユーザー側の画像表示過程の自動性の欠如（大半のパソコン通信など）が理由であれ、行為者による画像データの記憶・蔵置の時点でわいせつ性の発現が認められない場合にはそもそも陳列行為自体が存在しておらず、本罪の成立の余地はない。行為者による、本来は陳列行為に該当しない画像データの記憶・蔵置行為と、ユーザーによるわいせつ性発現行為とを結合させることによって、全体として「陳列」の存在を認めるようなこの見解の概念操作は、行為者自身によるわいせつ性の発現が本質的要素であると解されるべき陳列行為概念に反することは明らかである。[93]

②　記憶・蔵置時説

私見のように、ユーザーのもとでの画像表示過程の自動性を必須の要件とすることで、行為者によりハードディスクへのわいせつ画像データの記憶・蔵置が行われた時点でわいせつ性が発現されたと評価しうると解するとすれば、この記憶・蔵置の時点で陳列行為が完成し、この時点で既遂に達する公然陳列の成立が認められるのであり、本罪の成立時期に関する記憶・蔵置時説はその限りで正当である。したがって、この説を採っている、とりわけ判例が、ユーザーのもとでの画像表示過程の自動性・直接性の認められない大多数のパソコン通信の事案（また、その除去自体はユーザー自身により手動で行われるため、画像そのものの表示は自動化されている場合であっても、当該画像データの記憶・蔵置がわいせつ性の発現と一致しているとは認めがたいマスク画像に係る事案についても同様）までも含め、サイバー・ポルノの公開に対し一律に公然陳列罪の成立を認めている点は妥当ではない。

私見のように、行為者自身によるわいせつ性の発現との要件の充足を担保するために、サイバー・ポルノ事案ではユーザーのもとでの画像表示の自動性の有無を陳列行為の存否の判断基準とする場合には、この自動性が達成されているとみられるWWW上での公開が行われた事案では、サーバー・コンピュータ内のハードディスクへの当該画像データの記憶・蔵置の時点で、一律的に公然陳列の成立を認めることができると思われるが、このような自動性を伴わないことの多いパソコン通信に係る事案については、本罪の成否（成立時期ではない）は、個々の事案ごとの、問題となる画像データの記憶・蔵置が行われた（その画像の公表が意図された）ネットワークでの（ユーザーが使用する）画像表示システムの自動性の有無に左右されることとなる。

判例における個々の事案では、インターネット関連（であり、かつマスク画像に係る事案ではないもの）である③および⑧〜⑪の諸判決の事案（⑩、⑪の各判決の事案では、マスク画像以外の画像についてのみ）では、一応、行為者による画像データの記憶・蔵置の時点での公然陳列の成立が認められうると解される。(94)

これ以外の、（マスク画像に関する⑤、⑦、⑬の諸判決の事案、および⑩、⑪の各判決の事案における一部のマスク画像に係る分はもとより）いずれもパソコン通信に関する①、②、④の諸判決、およびいわゆる「アルファーネット事件」に係る⑥、⑫、⑮の諸判例の事案は、そこでの具体的な画像表示過程の如何は判決文からのみでは判然としないが、いずれも画像表示の自動性・直接性を伴わない通常の通信ソフトを用いている一般的なパソコン通信ネットに係る事案であったようであり、そうであるとすれば、これらの判例が公然陳列の成立を認めている点は、わいせつ性を発現させているとは認めがたい行為者による画像データの記憶・蔵置行為に、ユーザーによる当該データの再生行為というわいせつ性発現行為を取り込んだ上で陳列行為の存在を肯定していることとなり、妥当ではないと解されざるをえない。

この点に関し、「アルファーネット事件」の上告審である⑮決定は、特に、「同条（刑法一七五条―引用者注）が定めるわいせつ物を『公然と陳列した』とは、その物のわいせつな内容を不特定又は多数の者が認識できる状態に置くことをいい、その物のわいせつな内容を特段の行為を要することなく直ちに認識できる状態にするまでのことは必ずしも要しないものと解される。被告人が開設し、運営していたパソコンネットにおいて、そのホストコンピュータのハードディスクに記憶、蔵置させたわいせつな画像データを再生して現実に閲覧するためには、会員が、自己のパソコンを使用して、ホストコンピュータのハードディスクから画像データをダウンロードした上、画像表示ソフトを使用して、画像を再生閲覧する操作が必要であるが、そのような操作は、ホストコンピュータのハードディスクに記憶、蔵置された画像データを再生閲覧するために通常必要とされる簡単な操作にすぎず、会員は、比較的容易にわいせつな画像を再生閲覧することが可能であった。そうすると、被告人の行為は、ホストコンピュータのハードディスクに記憶、蔵置された画像データを不特定多数の者が認識できる状態に置いたものというべきであり、わいせつ物を『公然と陳列した』ことに当たると解される」(95)としており、陳列行為概念につき、その物の帯有するわいせつな内容を観覧者となる者が特段の行為を要することなく直ちに認識できる状態にするまでのことは必要ではないと明確に述べて、「行為者自身によるわいせつ性の発現」との要素を不要であると解している。しかしながら、一七五条における「陳列」行為をこのように解し、観覧者となる者の手によるわいせつ性発現行為をもそれに取り込むことを認めるのでは、客体の受領者の存在を前提とする、本条における頒布・販売という交付型の犯罪類型とは別に陳列型の類型が設けられている意義が失われ、「陳列」と「頒布・販売」との区別が曖昧とならざるをえない（この点は、マスク画像の公開の可罰性を検討する次節三においても考察する)[96]。

③　否定説

なお、およそサイバー・ポルノに対する公然陳列罪の適用そのものに批判的な見解のなかには、コンピュータ・ネットワーク上では情報としてのデータが媒体を離れて流通することを重視して、これを従来までのメディアにおけるとは完全に異なる情報伝達プロセスであると評価する傾向が見られる[97]。しかしながら、すでにみたように、客体性につきその物自体からの直接的なわいせつ性の認識可能性を必要とせず、実行行為たる陳列につきその物自体の物理的存在の認識可能性の設定を要件としない今日の判例および通説の見地からは、例えば、わいせつな映像を録画されたビデオテープにつき、その録画内容をテレビ放送する場合にも当該テープについての陳列行為の存在が認められ、公然陳列罪が成立すると評価されるはずであって、この場合、媒体を離れた情報伝達という点では、放送メディアとコンピュータ・ネットワークとは同等である（オリジナルの情報は永続的に存続し、実際に受信されるデータはコピー・データであると評価しうる点でも、両者は同様である）。

そして、この放送メディアの例の場合にも、ビデオテープというわいせつ物自体は放送局内の放送機器で再生されているのみであるが（当然このビデオテープ自体の物理的場所的な移転はなく、またこの物理的存在自体を視聴者が直接に認識することもできない）、当該テープに録画されているわいせつ映像の情報は、このテープという媒体を離れて、地上波によって受信者（視聴者）にまで到達している。情報が受信者に到達する最終的な場面では、放送メディアとコンピュータ・ネットワークとの間には、その伝達を引き起こした者が放送局かユーザーかの相違はあるが、後者の場合については、ネットワーク化されたホスト・コンピュータないしサーバー・コンピュータのハードディスクにわいせつ画像データを記憶・蔵置させるという行為者の行為自体が放送と同視されうるのであり、ユーザーによるダウンロード行為は、前述のように、単なる閲覧行為に過ぎない。この後の受信者の側での具体的な画像表示のプロセスについても、確かにテレビ受像機とネットワーク化されたコンピュータ（ユーザーのパソコン）との間には相違はある。後者では、ユーザー自身によってダウンロードされた画像データがユーザーのパソコン内のハードディスクに記憶され、こうして自己のパソコン内に記録された情報がブラウザによって再生された画像をユーザーは閲覧している。これに対し、テレビの映像表示はこのようなシステムではなく、電波として受信された電気信号がテレビ受像機内部で画像として再生され、直接画面上に表示されるのであって、受信した情報がテレビ受像機自体に記憶されることもない。しかしながら、このような情報受信から画像表示に至る瞬時の過程の具体的相違は、単に当該メディアにおいて用いられる情報機器の技術特性に基づく差異に過ぎず、法的に重要な事実とはなりえないと思われる。

このようなネットワーク化されたコンピュータとテレビ受像機とにおける画像表示の類似性については、この点についての言及がなされている⑪判決においても、インターネットにおける画像の閲覧の「過程において、サーバーコンピューターにアクセスする点などその一部にインターネット利用者の行為が介在することはあるものの、その余の部分はコンピューターとインターネットのルールに従って完全にシステム化されており、利用者がいったんサーバーコンピューターにアクセスすれば、その後は利用者の格別の行為を必要とせず、短時間のうちに、かつ、自動的にサーバーコンピューターのディスクアレイ上の画像情報が利用者のパソコンにおいて再構築されてそのディスプレイ上に画像として表示されるものであることが認められる。この点は、インターネットにおいてはその仕組みが一層複雑である点を除けば、テレビ放送において、視聴者が受像機のスイッチを入れてチャンネルを合わせせば映像が表示されるのと、その本質において何ら変わりはないというべきである」として、認められている。

こうして、コンピュータ・ネットワーク上を流通する画像の閲覧は、基本的にテレビ放送の受信と同一と評価しうると考えられる。この点で、陳列概念につき客体に化体されたわいせつ内容についてのみならず、その客体自体の物理的存在についてもまたその直接的な認識可能性を設定することを要件とする最も厳格な見解は、画像表示が自動化されている通常のサイバー・ポルノについても陳列罪の成立を認めないのみならず、テレビによる放送についても公然陳列を否定することとなる。すでに検討したように、この見解は「陳列」という文言の通常の語義に極めて忠実であり、これについての最も自然な解釈を採るものとして評価されるべきであるが、情報伝達に際しての表現媒体と情報との分離を特色とする今日の主要メディアの実情、これに対する規制の不可能性による法益保護の不十分さなどの観点からすれば、やはり実際的でない解釈といわざるをえない。陳列概念につき、この見解のように客体の物理的な存在自体の認識可能性の設定を要件とすることがなくても、私見のごとく、本概念における「行為者自身によるわいせつ性の発現」との要件を堅持することによって、本概念を最も厳格に理解する見解の懸念する「『認識可能な状態を設定する』という基準だけでは、わいせつ物の所持も公然でないわいせつ行為も、公然陳列ということになりかねない(98)」という本概念の弛緩は回避されうると思われる。

第四節　マスク画像

わいせつ表現規制としての実際の法執行の場面において、近時では、一七五条におけるわいせつ概念に該当すると判断される性描写の程度や範囲も徐々に限定される傾向にあるように思われるが、それでも、性器や性交場面などを露骨かつ好色的に描写する写真や映像については、わいせつ性を具備すると判断されることはほぼ確実である。そして、ある性描写の具備するわいせつ性そのものについての判断は、その伝達が写真誌やビデオテープ、テレビ放送、さらにはコンピュータ・ネットワーク等といった異なるメディアによって行われる場合にも、このような表現媒体の相違自体とは無関係である。したがって、コンピュータ・ネットワーク上で公開されるある画像が性器や性交等を露骨かつ好色的に描写するものであって、わいせつ性を具備していると判断されるものである場合には、この画像が写真誌等の従来型メディアで公開される場合にもわいせつ性を有すると判断されることは当然であって、当該写真誌等は一七五条による規制の対象となる。そうであるがゆえに、一般に流通している雑誌やビデオ等では、性器等の画像が含まれる場合、当該部分を遮蔽するための修正や処理が施されることが通常となっており、コンピュータ・ネットワーク上で公開されているポルノ画像にもこのような修正がなされた画像、いわゆる「マスク画像」が多い。

サイバー・ポルノについては、その修正は画像処理のためのソフトウェアを用いて行われる。そのため、オリジナルのデータレベルで処理されたものではなく、これらのソフトウェアによって修正された可逆画像自体がアップロードされている場合には、これをダウンロードする者の側で同一ソフトを用いてその修正を復元することが可能な場合があり、そのため、これらのマスク画像もまた、その他の無修正画像についてと同様に、その公開が問題視されるに至っている。このような画像処理ソフトとして今日最も一般的に用いられているのは、ＦＬマスク（エフエルマスク（FLMASK））と呼ばれるソフトウェアであって、画像の修正部分の階調をネガ・ポジ反転させ、モザイクをかけた各ブロックを一定の規則で入れ替えるという処理方式が採られている。これによる画像処理が「マスクをかける（付ける）」ことであるが、その復元も、このような状態の画像を同一ソフトでさらに処理することであって、これらのソフトには、本来、「マスクを外す」といった概念は存在しない。また、少なくとも現時点では、画像データの受信者（ユーザー）がこのようなマスクを復元するための処理を行うには、当該画像データをダウンロードして自己のパソコンに記憶させたのち、これとは別に入手しインストールされたマスクソフトを立ち上げ、画像データのファイルをマスクソフトに読み込んだうえでこのソフトを用い、マスク処理された部分をマウスポイントで囲い、必要部分をクリックするなどの一連の操作が必要であって、マスク画像のダウンロードと同時にこれが瞬時に復元されるなどの自動性は一切存在しない。なお、これらのソフトウェアはあくまで単なる画像処理のためのソフトであり、この開発者に一定の使用料金を支払えば誰でも使用することのできるシェアウェアとして、インターネット上のサイト等で合法的に入手可能なものである。[99]

このようなマスク画像については、少なくとも当該画像にマスクが施されている状態では、同じく修正済みの写真誌やビデオ等がわいせつ性を具備しない合法的な性表現として一般に市販もされているのと同様に、わいせつ性を有しないと考えられる。したがって、当該画像の閲覧者の側でマスク処理を解除することも可能であるマスク画像については、この可能性を理由として、それ自体としてはわいせつ性を具備しないというべきマスク画像そのもののデータの記憶・蔵置行為を可罰的であると評価しうるか、つまり、サイバー・ポルノ事案としてわいせつ物（図画）公然陳列罪の成否が問われるマスク画像データの記憶・蔵置行為につき、本罪の客体性や実行行為性との要件の充足を肯定することができるかが問題となる。

一 判例

1 裁判例

一 マスク処理の施された画像をコンピュータ・ネットワーク上で公開する行為の可罰性が判例上初めて問題となったのは、前掲⑤判決である。本件で被告人は、自己の開設したホームページ上で、マスク画像とこのマスク処理に用いたソフトを入手可能なサイトへのリンクとを提供してはいたが、わいせつ性を具備すると判断されることが明らかな、性器部分等についての修正の施されていない画像（無修正画像）は掲載していなかった。しかし本件では、被告人がわいせつ図画公然陳列の起訴事実を争わなかったこともあり、判決自体は事実認定において、被告人がマスク画像とともに「右マスク付け外しのソフトの入手及び同ソフトを使用すれば右画像に付されたマスクが容易に外せる旨の情報データを、……ディスクアレイ内に記憶、蔵置し、インターネットの接続設備を有する不特定多数のインターネット利用者が、電話回線を利用し、右各データを受信して右わいせつ画像からマスクを外して復元し、元の画像を閲覧することが可能な状況を設定し」たと摘示するのみであって、有体物に化体された情報としてのマスク画像データのわいせつ性や当該データの記憶・蔵置行為の法的意義に関しては、何ら積極的な論証を行っていない。

二　マスク画像データのわいせつ性の問題についての実質的な判断が初めて示されたのは、次にマスク画像の公開の事案を扱った⑦判決においてである。本件では、被告人はマスク画像を公開するのみであって、その自己のサイトからマスクソフトを提供しているサイトへのリンク等は設けていなかった。本判決は、その付け外しというマスク処理の容易性と、当該ソフトの普及の程度とを分析したうえで、「インターネットでアダルトページにアクセスする者は、ほとんどがエフ・エル・マスクのソフトを持っており、このソフトを利用すれば、マスクの付け外しは、その場で、直ちに、容易にできるものであり、被告人らはそのことを知っていたし、被告人らのホームページにアクセスしてくる者はマスクを外して画像を閲覧することを予想していたものである。そして、画像にマスク処理が施されていても、マスクを外すことが、誰にでも、その場で、直ちに、容易にできる場合には、その画像はマスクがかけられていないものと同視することができると言うべきであり、この場合の基準となる人的範囲はインターネットでアダルトページにアクセスする者とすべきである。よって、被告人らがサーバーコンピューターのディスクアレイ内に記憶・蔵置させた画像にはマスク処理が施されてはいるが、被告人らのホームページにアクセスしてくる者のほとんどにとっては、その場で、直ちに、容易にマスクを外すことができるのであるから、マスク処理が施された画像自体がわいせつであると認めることができる」(100)としている。

このように本判決は、画像に施されたマスク処理を除去することが技術的に困難ではないことと、この用途としても用いられるマスクソフトの普及性とから、マスク解除（これは、わいせつ性の発現を意味する）の容易性を認めるとともに、マスク画像データの記憶・蔵置者たる被告人が、ユーザーによるこのマスク解除行為を予想していたことを摘示し、この「マスク除去の容易性」と「記憶・蔵置者の予期」との二要素を理由として、マスク画像（データ）それ自体について、わいせつ性が認められるとしている。

三　その後、⑤判決と同様の事案についての⑩判決では、マスクソフトの「各操作は、その内容に照らし、一般的なパソコン利用者やインターネット利用者を基準とすれば、圧縮、解凍、新しいソフトのインストールの方法といった基礎的な知識があればこれを行うことができ、いずれも格別の知識や技術が要求されるものとはいえず」、「本件ホームページのサンプル画像にはマスク処理が施されてはいたものの、公開された本件ホームページにわざわざアクセスしてわいせつ画像を求めようとする不特定多数のインターネット利用者との関係では、容易に右マスクを除去し得たものといえるから、結局、本件ホームページに掲げられたマスク処理が施されたサンプル画像については、容易にわいせつ性を顕現できるものであったと認めることができる」、よって、「わいせつな画像の一部にマスク処理が施されていても、それが容易に除去できて、わいせつ性が顕現するものであれば、マスク処理をした画像自体のわいせつ性は、何ら否定されない[101]」とされている。

ここでは、被告人がユーザーによるマスク解除行為を予期していることは当然の事実と解されていることもあってか、このことは特に指摘されてはいない。しかし本判決は、被告人の開設に係るマスク画像を公開するホームページからマスクソフト提供サイトへのリンクが設定されていたことで、ユーザーにとってその入手が容易であることとともに、このソフトの操作も困難ではないことを理由として、画像に施されたマスク解除の容易性を認め、この容易性を根拠として、⑦判決同様マスク画像自体のわいせつ性を肯定している。

四　この⑩判決に続いてマスク画像の公開の事案を扱う⑪判決は、「閲覧者が容易に除去することができる覆いがかけられたわいせつ絵画が展示された場合には、その絵画が展示された時点で『陳列』されたものとして差し支えないように、閲覧者の行為が介在して初めて閲覧が可能となる場合であっても、その行為が、陳列者の想定したものであり、かつ、閲覧者がその場で直ちに容易に実行できる性質のものである場合には、そのような絵画を展示した段階でその閲覧可能な状況を設定したということができる。これを本件にあてはめてみれば、被告人らは、インターネット利用者が画像処理ソフトを用いて本件画像のマスクを外して閲覧することを想定しており、使用された画像処理ソフトであるエフエルマスクが、通常のインターネット利用者にとってはこれを入手することも操作することも比較的容易で、現に広く流通しており、マスク画像をダウンロードするのと接着した時点でエフエルマスクを用いてマスクを外すことが可能であることなどを証拠上認めることができる。インターネットにおいてはある程度の受信者の行為が介在することは先にみたとおりであるが、これに画像処理ソフトによる容易かつ軽微な作業が加わったとしても、結論に影響を及ぼすものではない」として、マスク画像データの記憶・蔵置行為の可罰性を根拠づけているが、ここでは、マスク画像自体のわいせつ性についての判断は明示されていない。しかし、その援用する覆いの掛かったわいせつ絵画の例につき、覆いの除去が容易であればその掛かった状態での展示が「陳列」であるとする以上、本判決は、⑦、⑩判決同様マスク画像自体のわいせつ性を肯定しているものと解される。また、そのようなわいせつ性の肯定の論拠は、本判決においてもまた、ユーザーによるマスク解除行為を被告人が想定していること、および、この解除行為が容易であることに求められている。

五　最後に、⑬判決では、「右のネガポジ反転処理は、本件画像の性器部分等に反対色の色を付けただけの外見上から反転部分の形状等が分かるマスク処理のうちで比較的簡単な処理方法であって、ＦＬマスクを使用すれば勿論のこと、ウインドウズ９５のアクセサリーソフトであるペイントなどのソフトでさえ、その使い方次第では容易にマスクを外せること、また、およそパソコン通信を介し、アダルトもののパソコンネットワークにアクセスし、わいせつ画像データを購入してダウンロードする者の間にこれらの画像処理ソフトが広く普及していることは、現にフロンティア（被告人の開設・運営に係るパソコン通信ネットの名称—引用者注）の会員が例外なくといって良いほどジーマスクなどの画像処理ソフトを使用し、反転画像をわいせつ画像に反転して閲覧していたことが認められることからも容易に窺い知ることができる。したがって、このように本件画像データにマスク処理が施されていても容易にそのマスクを外すことができる場合はその画像はマスクがかけられていないものと同視でき、……以上によれば、本件のネガポジ反転画像はわいせつ図画であると認めることが相当である」とされ、本判決においても、マスク処理技術の容易性とマスクソフトの普及性とによってマスク解除の容易性が肯定され、これを理由として、マスク画像自体のわいせつ性が明確に認められている。

2　公然陳列の成立時期とわいせつ性の発現時期の関係性

以上のように、判例は、そのわいせつ性を遮蔽するためのマスク処理が施された画像の公開に関する事案につき、その点への積極的な言及を欠く⑤判決以外はすべて一貫して、このマスク画像（データ）自体にわいせつ性が認められると判断している。また、その肯定する公然陳列罪の成立の、その成立時期については、容易に取り去ることのできる覆いを掛けられた絵画を例に出す⑪判決が明確に認めるように、そのデータの記憶・蔵置の時点に求められている。(102)

マスク画像のわいせつ性については、これを肯定する⑩判決自身が、「『エフ・エル・マスク』ソフトを用いて右マスクを外せば、男女の性器や性交の場面が露骨に撮影されたわいせつな画像となる」、つまり「被告人が送信して記憶、蔵置させた各サンプル画像データは、画像処理ソフトにより、一部にマスク処理が施されており、これをそのままパソコンの画面に再生してもわいせつ画像ということはできない」(103)とし、同様に⑬判決もまた、被告人が「顧客に送信した本件画像データにはネガポジ反転処理が施されていて、わいせつ画像データそのものではない」と認めてしまっているとおり、マスク画像それ自体をその状態で事実的に評価する限り、わいせつ性は遮蔽されており、これを欠いているといわざるをえない。その意味で、マスク画像は、発現されることの比較的容易な、潜在的なわいせつ性を帯有しているに過ぎない。したがって、マスク画像自体のわいせつ性を肯定し、この画像データの記憶・蔵置の時点で公然陳列罪の成立を認めている上記の諸判例は、それぞれについて分析したように、マスク処理に用いられるソフトの普及性ないし入手の容易性、当該ソフトの操作の簡易性により、当該画像からのマスクの除去が容易であると認められること（「マスク除去（わいせつ性発現）の容易性」）、および、マスク画像データの記憶・蔵置者自身がユーザーによるマスクの解除行為を予期し、これを想定していたこと

（「行為者の予期」）、との二要素を要件として、将来の、ユーザーによる画像の再生・閲覧の段階でわいせつ性が確実に発現することをいわば見越して、いまだそのデータの記憶・蔵置の段階でのマスク画像自体についても顕在的なわいせつ性が認められるという規範的な評価をなしているものといえる。

このような規範的評価は、一七五条の罪の客体性の問題、そのわいせつ性の有無の問題との側面のみからみれば、前述のように（本章第二節）、判例は従来から、その物自体からの直接的なわいせつ性の認識が不可能な物についても、その発現・顕在化の容易性を要件として客体性を認めるという一種の規範的な判断を行っているのであって、マスク画像（正確には、マスク画像データの記憶・蔵置されたハードディスク）についても、このような従来からの立論を踏襲したものに過ぎないということができる。ただし、（⑦判決を除く）判例が現にそうしているように、一七五条の罪の客体性要件として有体物性を堅持する以上、サイバー・ポルノ事案については公然陳列罪の成否しか問題となしえず、そしてマスク画像に関する諸判例が、その画像データの記憶・蔵置の時点で本罪の実行行為たる陳列行為が完成し既遂に達するとする一方で、マスク画像自体にわいせつ性を認めるために「マスク除去（わいせつ性発現）の容易性」を要件としていることは、実質的には、この陳列行為の概念に、その後行われることが想定されるユーザーのわいせつ性発現（マスク除去）行為を取り込んでいるということになる。

二　学　説

1　可罰説Ｉ（多数説）

一方、学説においても、従来からの判例と同様に、わいせつ性の顕在化の容易性を理由にこれを直接認識しえない物についても一七五条の罪の客体性を認める通説的見解からは、マスク画像に関する事案につき公然陳列罪の成立が肯定され、その理由として、マスク処理のためのソフトが容易に入手可能であったり、その除去が技術的にも簡単であることなどが指摘されている[104]。したがって、これらの通説的見解は、マスク画像の公開に関する上記の諸判例の結論を支持するものといえる。

ただし、この見解においても、マスク画像からのわいせつ性の発現の容易性が強調されるのみであって、その論証が、それ自体から直接にわいせつ性を認識しえない物についての一七五条の罪の客体性の議論の枠組み内に終始しており、マスク画像データのハードディスクへの記憶・蔵置に対する公然陳列罪の成否という観点からの具体的な検討、すなわち、マスク画像それ自体を事実的に評価すれば、これにはいまだわいせつ性は発現しておらず、それが現実に発現するのはユーザーによる再生・閲覧時のマスク除去行為がなされる時点であって、ここでは、通常のわいせつ画像の場合（であって、かつ、WWWにおけるように、ユーザーのもとでの画像表示が自動化されている場合）と異なり、行為者の行為とわいせつ性の発現との間に時間的な乖離が生じていることを、陳列罪の成否の観点から具体的にいかに評価するのかとの検討は、ほとんど行われていない。

2　可罰説Ⅱ（少数説Ⅰ）

一　これに対して、マスク画像に係る事案についても陳列行為とわいせつ性発現との同時存在の論証を積極的に試みる見解がある。すでに検討した、陳列概念に、ユーザーによる画像の再生・表示行為を含ませる見解（前節二**1**）がそれである。

この見解を採られる南部講師は、前述のように本罪の既遂時期をユーザーによる再生・表示の時点に認めるべきであるとされたうえで、「とくに、マスク処理がされたわいせつ画像公開の事案では画像データを持ってきた後にネット利用者自身がマスクを外してはじめて『わいせつな内容』を認識できるのに、それ以前のサーバーに蔵置してアクセス可能な状態を設定した段階で『公然陳列』を認めてしまうのは不都合ではないだろうか。未現像フィルムは公然陳列の客体たりえないのである。……『わいせつ性の顕在化』は『陳列』の中核をなす要素であるはずである。とすれば、『マスクを外す＝わいせつ性を顕在化させる』という陳列の重要部分を、陳列罪成否の判断要素として取り込む必要がある」[105]とされている。

また、山中教授も、同様の見地から、「マスクをかけた状態でホームページに掲載した場合には、それだけでは、いまだ『陳列』したとはいえない。マスクを外して直接観覧しうる状態に置くことが必要である」とされている。[106]

二　また、これらの見解のごとく、陳列罪の成立にユーザーの再生・表示行為までも必要とすることはせず、その既遂時期は行為者によるハードディスクへの画像データの記憶・蔵置の時点に認めるが、その後ユーザーによって現実に再生・閲覧されたこともなお公然陳列として犯罪事実を構成するとしたうえで、マスク画像の事案についても、わいせつ性の発現（ユーザーによるマスクの解除）がなお陳列段階で生じているとして、そのデータの記憶・蔵置の時点での公然陳列罪の成立を肯定する見解も主張されている。

この見解を採られる山口教授は、まず、サイバー・ポルノ事案一般についての公然陳列の成立時期につき、行為者がハードディスクにわいせつ画像データを記憶・蔵置させることで、ユーザーがこれにアクセスしその内容を認識することが可能な状態が設定される段階で本罪が成立するとされつつ、「再生閲覧可能状態の設定で公然陳列といいうるが、さらに進み再生閲覧された場合にも、なお公然陳列として犯罪事実を構成すると解することが妥当である……。危険犯においては、法益侵害の発生は犯罪成立要件として不要とされているだけで、法益侵害の惹起を処罰範囲から排除する趣旨ではないと考えられる」からである、ともされており、次いで、公然陳列罪については陳列段階でわいせつ性の発現が必要であるとの見地から、マスク画像につき、「再生閲覧の可能性の設定で公然陳列となるが、再生閲覧自体も公然陳列に含まれると解する場合には、再生閲覧の段階でわいせつ性の発現が認められることが必要となる。画像データをダウンロードして、直ちにソフトを用いてマスクを外す場合には、辛うじて公然陳列の段階でわいせつ性が発現したといえ、それを想定してマスク処理されたデータを蔵置する行為についてわいせつ図画公然陳列罪の成立を肯定することは不可能ではないと思われる」[107]とされている。

3　不可罰説（少数説Ⅱ）

以上のように、その具体的な理論構成には相違もあるが、マスク画像の公開に係る事案についても学説は多くが公然陳列罪の成立を肯定しているのに対して、これを疑問とする立場からの異論もある。

このような批判的立場を採られる園田教授は、まず、判例および多数説によって前提とされているマスク処理の復元の容易性について、その技術的、実際的な側面から疑問を提起されている。教授によれば、例えばＦＬマスクを使用する場合、まずこれをインターネットのホームページやパソコン通信のデータライブラリーからダウンロードして入手する必要があるが、それ自体容量節約のために「圧縮」がなされており、これをダウンロードしたのち、別のソフトを用いて「解凍」しなければならない。その後、これをウィンドウズに組み込んで初めて使用可能となる。さらに、マスク画像の復元処理には、当該画像データをあらかじめ自己のパソコンにダウンロードした上で、ＦＬマスクを立ち上げこれに読み込ませなければならず、しかもＦＬマスク自体にはモザイクの修復方法などは表示されていないことから、ユーザーは試行錯誤を繰り返すこととなる。一般人を対象とする限り、以上のような一連の操作は必ずしも容易であるとはいえない、とされる。次いで、教授は、公然陳列の成立には不要としつつユーザーによる再生・閲覧行為をも陳列概念に含ませる山口教授の見解に対し、山口説においても本罪の成立要件はわいせつ性の認識可能状態の設定に過ぎないはずであるが、通常はこれに該当すべき行為者による画像データの記憶・蔵置の段階ではマスク画像についてはわいせつ性が発現しておらず、この場合そもそも「陳列」行為自体が存在していないのであり、にもかかわらず本罪の成立を認める山口説は、結局「データの頒布・販売」を「陳列」と解するものである、として批判されている(108)。

また、渡邊助手も、マスク画像データの記憶・蔵置と公然陳列との関係につき、仮にマスク復元の技術的な容易性が認められるとしても、サイバー・ポルノについては公然陳列罪の成否を問題とせざるをえないことから、「公然陳列罪は『認識しうる状態』それ自体を社会的法益に対する危険とする抽象的危険犯であるから、結果の発生の認定を特に考慮する必要はない。蔵置行為と同時に危険が生じ、既遂に達すると考えるべきである。逆に言えば、蔵置行為の段階でわいせつ性が顕在化していない場合（マスク処理画像等）は、陳列罪におけるわいせつ物と呼ぶことはできないのである」として、マスク画像データの記憶・蔵置につき、客体（および実行行為）の不存在を理由に本罪の成立を否定されている。(109)

三　検　討

1　わいせつ性発現（マスク解除）の容易性

コンピュータ・ネットワーク上でのマスク画像の公開の可罰性については、判例・多数説ともに、その最大の争点をわいせつ性発現の容易性の有無に認めている点で共通している。そして、判例ではいずれもマスクソフトの普及性とその操作の容易性とが理由となってわいせつ性の顕在化の容易性が肯定され、学説の多数もまた同様の理解からこれを支持している。

このマスクの解除ないし修復という技術的操作については、判例や多数説のいうように容易なものではないとの、不可罰説による批判がある。そしてこの批判は、とりわけ多数説が、マスク解除のための実際の技術的な画像処理操作などを一切検証することもなく、漫然と判例に追随して、容易であると結論づけているのとは対照的に、そのために必要となる知識・技能や現実の処理操作の実態などの技術的専門的側面をも詳細に分析したうえでのものである点でも説得力が認められる。

ただし、わいせつ性発現の容易性の判断という問題については、従来の判例において、男女のわいせつな行為の場面等の映像を焼付けた未現像フィルムに関し、映画フィルムの現像に要する施設の規模やその性質上現像所への依頼も容易でないことなどを理由にそのわいせつ物性を否定した地裁判決が、そのような困難性は認められないとして高裁段階で破棄されているなど、判例による容易性の判断は本来相当に緩やかであって、これとの比較では、わいせつ性が「マスクを外すことが、誰にでも、その場で、直ちに、容易にできる場合」に認められるとする判例（⑦判決）などはむしろ厳格に過ぎる、との指摘もなされている。[110] もっとも、この指摘に対しては、従来からの判例の傾向上はその通りであるとしても、その場合問題とされるべきはむしろその容易性判断の緩慢さではないのかとの疑問が生じる。いずれにせよ、マスク画像に施されている画像処理を解除しその本来の状態を復元するために必要となる技術的経験的能力を前提とすれば、これを一概に容易であるとは判断しえないように思われる。

2　わいせつ性発現の時期（「行為者自身によるわいせつ性の発現」の必要性）

一　仮にマスク画像についてわいせつ性発現の容易性が肯定されるとしても、サイバー・ポルノ事案につきその成否が争われる公然陳列罪との関係では、本来問題とされるべきはわいせつ性発現の容易性如何ではなく、むしろその発現の時期である。すでに検討したように、本罪の実行行為としての「陳列」が認められるためには、「行為者自身によるわいせつ性の発現」との要件が充足されなければならないからである（前節三**2**参照）。行為者によって記憶・蔵置された画像データが、マスク処理を施されわいせつ性を完全に遮蔽された画像のものである場合にも、公然陳列の成立を認めている判例や多くの学説においては、その論証の大半がマスク解除の容易性にのみ終始しており、陳列概念の本質論からの分析視角が欠落しているといわざるをえない。[111]

これらの判例や学説においては、一七五条の罪の「客体性」の問題、すなわち「わいせつ性の発現の容易性を要件として、その物自体からわいせつ性が直接認識しえない物についても客体性を肯定すること」と、「実行行為たる陳列の概念」の問題、すなわち「これを観覧（認識）可能な状態におくことと解すること」との間に混同がみられるように思われる。本条の罪の客体性については、録音テープやビデオテープなど、その外観・形状はもとよりおよその物自体からは何らのわいせつ性をも感得されえない物であっても、一定の操作や器具の使用等何らかの方法で当該物体から容易にわいせつ性が顕在化するのであれば、これを肯定することができる。しかしながら、マスク画像の公開にも陳列罪の成立を認めるこれらの判例や学説においては、客体性についてのこの「一定の操作等何らかの方法でそれ自体から容易にわいせつ性が顕在化する物」との要件が、陳列概念についての「観覧（認識）可能な状態におくこと」との定義づけと混同され、後者の意義が「一定の操作等何らかの方法でそれ自体から容易にわいせつ性が観覧（認識）可能な物をおくこと」と解されてしまうことによって、マスク画像データを記憶・蔵置する場合のように、観覧者側の行為によって初めてわいせつ性が発現する場合までもが陳列に該当すると解されるに至っているのである（画像表示の自動性のゆえにそのデータの記憶・蔵置の時点でわいせつ性の発現が肯定されうるわいせつ画像の場合とは異なり、マスク画像の場合のマスクの除去や復元は、自動的には行われないのである）。

このような観覧者側の行為をも陳列概念に取り込むことが認められるとすれば、例えば、行為者がわいせつな内容の映像を録画された多数のビデオテープを道端に並べ置き、通行人が自由に持ち帰ることを認めている場合には、これを持ち帰った通行人が自宅でビデオデッキを用いてその内容を再生・閲覧しうる以上、公然陳列罪が成立しうることとなる。もちろんこの場合、実際には、規定条項も法定刑も同一のわいせつ物頒布罪の成否が問われるに過ぎないが、しかしこのような頒布（あるいは販売）罪と陳列罪との相違ないし区別の不明確化は重大な結果を生じる。それがまさにコンピュータ・ネットワーク上のマスク画像の問題である。(112) ビデオテープ等の有体物については、いま例示したような状況では頒布罪の成立を認めれば足りるが、サイバー・ポルノについては実際上このような有体物の物理的移転が全く存在しないことから、（一七五条の罪の客体が有体物に限定されるという従来からの客体性要件を維持するとすれば）頒布（あるいは販売）罪の成立の余地がない。そのため、これについては公然陳列罪の成否が問われうるのみであるが、その物自体から直接にはわいせつ性を感得しえないビデオテープと同様に何らわいせつ性の発現していないマスク画像（のデータ）を記憶・蔵置する行為に本罪の成立を認めることは、このビデオテープを道端に並べ置く先の例示の場合に公然陳列罪の成立を肯定することと等しいのである。こうして、マスク画像データの記憶・蔵置に本罪の成立を認める判例および学説の多くは、実質的にはビデオテープの頒布（あるいは販売）に該当する行為に公然陳列を認めることとなるのと同様に、マスク画像データの記憶・蔵置も実質的にはわいせつ性の発現していない画像データの頒布（あるいは販売）であるにもかかわらず、（従来からの客体性要件を維持するとすれば一七五条の罪がデータを客体としえないことからこれを処罰できないがゆえに）これを無理に公然陳列によって捕捉していることになるのである。

このような不当な結論は、陳列概念に観覧者側のわいせつ性発現行為を取り込んだ結果である。(113) このような概念操作は、本来、行為者自身の行為によってわいせつ性の発現までが実現されているべき陳列行為概念の本質に反する。閲覧者自身によるわいせつ性発現行為を前提とすることが許されるのは、一七五条における交付型の犯罪類型についての客体性の判断の場合のみであって、マスク画像データの記憶・蔵置に陳列罪の成立を認める判例および多くの学説はいずれも、本条における交付型の犯罪類型の客体性の問題と陳列型の犯罪類型の実行行為性（陳列概念）の問題とを混同しているというべきである。両者は厳格に区別されなければならない。

つまり、およその物自体から直接にはわいせつ性が感得されえないものについての、一七五条の罪の客体性の一般的評価の段階では、「一定の操作等何らかの方法で当該物体から容易にわいせつ性が顕在化すること」を要件とすることで足り、またここで客体性を肯定される物はそのまま交付型類型の罪（交付を前提とする販売目的所持を含む）の客体となる。しかし、本条における陳列型類型の犯罪に関しては、このように直接的にわいせつ性を認識しえない物については、行為者自身によってわいせつ性が発現される状態におかれなければならないのであり、たとえ交付型類型の罪の客体性を肯定されるわいせつな内容を録画されたビデオテープであっても、これを道端に並べ置き、持ち帰らせるだけでは陳列罪は成立しえないのである。ビデオテープについての陳列罪の成立には、そのわいせつ性を発現させるべく行為者自身によって再生や放送などが行われることが必要である。

この点、判例上従来から一七五条の罪の客体性を肯定されてきた未現像の映画フィルムについて、名古屋高裁昭和四一年三月一〇日判決が、「既に潜在的にわいせつ性を帯びており、現像も比較的容易になされ得るし、また、現像しないままでも頒布、販売が可能である以上、このような未現像の映画フィルムも、刑法一七五条の意図する目的に照らし、同条所定の頒布罪、販売罪、販売目的所持罪における、わいせつ図画に当るものと解するを相当とする。（未現像のフィルムをもってしては公然陳列罪は成立する場合が考えられないことは、いうまでもない。）」[114]として、本条における交付型類型の犯罪と陳列型類型のそれとの間の客体の属性の相違を明示しているほか、わいせつ性の直接的認識が不可能な物につき、これを閲覧しようとする者の一定の行為を前提としてその発現の容易性を理由に本条の客体性を肯定した他の諸判例（本章第二節三**2**二参照）も、いずれも交付型である頒布・販売ないし販売目的所持に関する事案についての判断であることが重視されるべきである。[115]その意味で、サイバー・ポルノ事案に関する判例が、無修正の（マスク処理を施されていない）画像の場合に加えて、マスク画像データの記憶・蔵置につきユーザー側のわいせつ性発現行為（マスクの除去）を前提に公然陳列を認めているのは、従来からの陳列概念を逸脱するものと評価されざるをえない。

同様に、マスク画像の公開の可罰性について、陳列罪の既遂時期をユーザーによる再生時点に認めることによってこれを基礎づける南部講師や山中教授の見解、および、既遂時期は当該画像データの記憶・蔵置時であるとしつつも、ユーザーによる再生行為も陳列概念に含まれるとする山口教授の見解は、いずれも閲覧者側のわいせつ性発現行為を陳列概念に取り込むことによって、本来は「陳列」と認めるには不十分な、わいせつ性を発現しえていない行為を陳列であると評価するものであって、支持することはできない。[116]

二　陳列概念について、行為者自身によるわいせつ性の発現を厳格に要請する以上のような私見に対しては、性秩序や健全な性風俗の維持という一七五条の保護法益はわいせつ表現を欲する者に対してもこれを与えないというパターナリスティックな法益なのであるから、閲覧者自身にとって簡単に行うことのできるわいせつ性発現行為により容易にこれが顕在化するのであれば、そのような行為の存在を前提として陳列を認めてもよいとの批判がありうる。[117]

この批判の指摘するように、立法者が現行法制定当時一七五条について意図していた法益が性秩序や健全な性風俗の維持であったことは事実であると思われる。そしてこのような法益が、受け手の意思にかかわらないわいせつ表現の一律的な規制を正当化することも確実である。しかしながら、それにもかかわらずなお現行法がわいせつ物の交付や陳列を処罰するのみであって、その受領や閲覧を不問としており、さらにこの単純所持をも不可罰としていることに照らせば、そのパターナリスティックな法益（これが一七五条の今日的意義の理解としてなお妥当性を有するかは別とする）の性質を強調することが、陳列罪の成立を認めるために、少なくともそれを欲する成人たるユーザーによる自発的なわいせつ性発現行為を陳列概念に取り込むことを、どれほど正当化しうるのかには疑問がある。そして、むしろ、本条の罪を性的感情に対する罪と構成する近年有力な見解に従えば、そもそもコンピュータ・ネットワークというメディアにおいては意図しない性表現に直面すること自体が極めて稀であるが、マスク画像は、これに加えなお一層わいせつ表現を欲しない者を保護する効果をもつものであるとして、積極的に評価されさえすることになると思われる。[118]

第五節　リンク行為

リンク（正式には「ハイパーリンク（hyperlink）」）とは、インターネットでのＷＷＷにおいて、あるホームページ上でその閲覧中に新たに他のホームページへ直接的に移動することを可能にするために、ここに他のホームページの所在を表すＵＲＬ（インターネット上のサイト、ディレクトリ、ファイル等のアドレスおよびアクセスを一義的に表現する記述形式（uniform resource locator））を表示しておき、閲覧者がこのリンク表示部分をクリックするだけで現在のホームページとの接続が切断され、新たにリンク先サイトの情報が読み込まれ表示されるようにした状態のことをいう。単にあるホームページのＵＲＬを表示することに過ぎないリンクの設定自体は、リンク先サイトの承認や同意はもとより、これに認識されることさえないまま設定することが誰にでも可能である。実際には、ある一定の話題について作成されたホームページが同様の内容に関する他の複数のホームページに対してこれを設定していることが多く、同時にこのリンク先サイトからリンク元サイトへ逆方向に向けても設定されている場合には、このような状態は相互リンクと呼ばれる。ＷＷＷ上のホームページ数はもはやその特定が不可能であるほど莫大であり、ユーザーがそれぞれのＵＲＬを記憶しこれを入力しない限りこれらを検索できないとすれば、その求める情報に達することは困難である。[119]そのためＨＴＭＬによるこのリンク機能は、サーチエンジンと呼ばれるホームページ検索システムとともに、実用的かつ効率的なメディアとしてのＷＷＷの基礎となる重要な機能となっている。

ところで、マスク画像に関する前掲⑤、⑦、⑩、⑪、⑬の諸判例のうち、⑤と⑩の事案では、行為者は自己のホームページ上でこの画像を公開するとともに、この画像に施された修正を復元することが可能なマスクソフトを提供しているサイトへのリンクをも設定していた。そして⑩判決は、量刑理由の説明において、このようなリンクの設定につき、「マスクソフトを安易に入手しうる方法を講じておき、結局、マスク処理を全く意味のないものとし[120]」たとして、リンクの機能を用い、マスク解除のためのソフトを提供するサイトへのルートをユーザーに提供していたことによる犯情の重さを指摘している。もっとも、このようなリンク設定の行われていない⑦、⑪および⑬の事案でも、マスクソフトの一般的な普及性などに基づくマスク解除の容易性という理由で公然陳列罪の成立は認められており、その限りでは、マスクソフト提供サイトへのリンク設定はマスク画像のわいせつ性顕在化に必須の要素であるなどの評価はなされていない（前節一参照）。

ただし、例えば、自己のホームページを、自らそのデータを記憶・蔵置したわいせつ画像等を公開する場とするのではなく、もっぱら、これらの画像を公開している他のサイトへ向けて設定した多数のリンクのみを集めて、いわゆるリンク集的なサイトとすることなどの場合[121]には、リンクがその対象としているサイトの情報を直接的かつ瞬時に呼び出す機能を有する点で、この設定行為自体を理由としてその可罰性を問うことが可能であるかも問題となりうる（このリンク集的なサイトの例は、これが実際上数多く存在していることによるに過ぎず、リンク行為の可罰性という問題自体は、理論上当然に、リンク元サイトの性格やリンク設定数の規模等にかかわらず、一件の画像へ向けた一つのリンク設定についても問題となる）。

これが、一般にリンク行為の可罰性として扱われる論点である。

一　判　例

リンクの設定それ自体の可罰性が問題とされた判例は、現在までのところ⑭判決の一件が存在するのみである。また本件は、マスクソフト開発者の開設に係る同ソフト販売サイトからのマスク画像公開者のサイトへのリンク設定の可罰性が争われた事案であって、これにつきわいせつ図画公然陳列幇助の成立が認められているが、この事案ではマスク画像とそれを解除しうるソフトという特殊な関係が存在したのに対して、通常の（無修正の）わいせつ画像を公開しているサイトへの、（マスクソフトの提供などは行っていないという意味で）通常のサイトからのリンクの設定という、最も一般的に想定される事案についての判例は、現在までのところ存在していない。

しかしながら、この⑭判決においても、リンク行為一般の可罰性についての裁判所による評価を推知させる重要な判断が示されている。本件の事実の概要と判旨は以下のとおりである。

画像処理ソフトであるＦＬマスクを開発した被告人は、これを自己のホームページ上で販売していたが、アダルトサイト運営者たるＡ（⑤判決の事案における被告人）に対して自己のサイトからのリンク設定の許可を求め、Ａがこれに応じるとともに自発的にＡのサイトから被告人のサイトへのリンクを設定したため（よって、結果として相互リンクとなった）、被告人はＡに対し謝礼としてＦＬマスクの自由使用を認める登録コードを無料で付与した。このやりとりとほぼ同一の経過によって、被告人は同時期に、同じくアダルトサイト運営者たるＢ（⑩判決の事案における被告人）との間でも相互リンクの設定とＢへのＦＬマスク登録コードの付与を行った。これによりＡ、Ｂ双方のサイトでＦＬマスクにより修正された画像が公開されることとなったが、被告人の以上の行為が、Ａ、Ｂによる（マスク画像の公開に基づく）わいせつ図画公然陳列に対する幇助に該当するかが争われることとなった。

大阪地裁は、被告人によるＡ、Ｂへのリンク設定許可の請求自体はＡ、Ｂからの被告人サイトへのリンク（つまり相互リンク）までも要求するものではなかったとして、被告人とＡまたはＢとの関係に犯罪意思の共同を認めることはしていないが、まず、このやりとりやその後のＦＬマスク登録コードの付与が、ＡがＦＬマスクを用いたマスク画像の掲載を開始するきっかけとなったこと（ＢはＦＬマスク自体は以前から使用していた）、Ａ、Ｂが自己のサイトから被告人のそれへリンクを設定する契機となったこと、Ａ、ＢがＦＬマスクを継続使用しこれを用いたマスク画像の継続的掲載を助長促進することになったこと、を認め、以上の被告人の行為はＡ、Ｂによる（マスク画像の公開に基づく）わいせつ図画公然陳列に対する幇助となるとした。

次いで判決は、被告人自身のサイトからのＡ、Ｂのサイトへのリンク行為につき、「［Ａ］及び［Ｂ］によるわいせつ物公然陳列行為は、［Ａ］においては平成八年九月一七日ころから同年一一月七日ころまでの間、［Ｂ］においては同年一一月二四日ころから翌平成九年二月六日ころまでの間、それぞれ継続的に実行されていたものであり、いずれも、右各期間中の継続的な公然陳列行為をもって正犯の実行行為と捉えるべき」としたうえで、「被告人が『エフエルマスクサポート』（ＦＬマスクの販売・情報提供等を行う被告人開設によるホームページ―引用者

注）からのリンクを設定した時点では、既に、正犯者らがサーバーコンピュータのディスクアレイにマスク付き画像データ等を記憶蔵置させており、わいせつ物陳列の公然性は既に発生しているから、右リンク設定行為によって正犯者らの陳列行為の公然性が新たに創出されるわけではないが、前記認定の事実に照らせば、本件の『エフエルマスクサポート』からのリンクの設定は、その性質上、正犯者らのアダルトサイトに繋がる道筋を新たに設けて不特定多数人が同アダルトサイトにアクセスしうるルートを増やすとともに、卑猥な画像を閲覧しようと欲するアクセス者らをより多く正犯者らのアダルトサイトに誘う機能を果たすものであることは明らかであるから、右リンクの設定により、正犯者らのアダルトサイトのわいせつ画像がより多くのアクセス者らの目に触れる可能性を増大させたものと認められる。すなわち、被告人の右リンク設定が、正犯者らの陳列行為が継続する間にこれと並行して行われたことにより、正犯の犯罪実現の要素である公然性が拡大し、より広く性道徳・性風俗を侵害する危険性が増大し、よって、犯罪の結果を増大させるものということができるのであるから、右リンク設定は、正犯の犯罪を助長促進する行為であるというべきである」として、このリンク設定行為もまた、A、Bによる（マスク画像の公開に基づく）わいせつ図画公然陳列に対する幇助となるとしている。

こうして本判決では、A、Bによるマスク画像の公開とその継続を促進したとされる、被告人によるA、Bへの当初の申し出等の行為に加えて、その後両者のサイトに向けて被告人がリンクを設定した行為自体が、A、Bによる公然陳列に対する幇助となると認められている。そして、リンクの幇助行為性については、A、Bに成立するとされる公然陳列罪が継続犯であることを前提として、このリンクが両者のサイトへの道筋を増大させ、多くのユーザーを同サイトへと誘致し、その閲覧可能性を高めることで、すでに発生しているわいせつ物陳列の公然性を拡大し犯罪の結果を促進したと認められるとして、これをその肯定の根拠としている。

本件事案では、マスクソフト販売サイトからマスク画像公開サイトへのリンク設定という特殊な事情が存在しているが、この可罰性の理由づけにおける、リンクの設定が、画像公開サイトへのアクセス経路を増大させユーザーによる閲覧可能性を高めたという本判決による認定自体は、右の特殊事情とは関係がなく、およそリンク設定行為一般についても妥当する判断である。[122] したがってまた、このように認定されることが、リンク行為の、リンク先で成立するとされる公然陳列に対する幇助犯性の肯定の論拠とされている点も、これが右の特殊事情に基づく根拠づけではないがゆえに、リンク行為一般に妥当する。したがって、本判決によるリンク行為の可罰性についての論証は、画像公開サイトへのリンク設定行為一般に妥当する判例としての判断を示しているものとみることもできるように思われる。

二　学　説

1　可罰説（多数説）

学説においては、無修正画像を公開するサイトへのリンクの設定という通常の事案について、この可罰性を肯定する見解の方が多数を占めている。肯定説では基本的に、リンクが設定されることによる実際の現象面、すなわち、これによってクリックするだけで直接自動的にわいせつ画像の閲覧が可能になるという側面が強調され、これがその可罰性を認められる実質的根拠とされている。

例えば、山口教授は、「リンクを張る行為は、サーバーに蔵置されたわいせつ情報にアクセス可能な状態にすることがわいせつ図画公然陳列罪になるとする以上、わいせつ図画公然陳列罪を構成しうるように思われる。それは、『公然陳列』というために自らわいせつ情報を蔵置することが不可欠の要件だとはいいがたく、たとえ自らわいせつ情報を蔵置したのでなくとも、リンクを張ることによって『わいせつ情報への認識可能性』を設定した以上『公然陳列』に当たると十分いいうるからである[123]」として、リンク行為も直接わいせつ画像データを記憶・蔵置する場合と同様「わいせつ情報への認識可能性」を設定する行為であるとの認識を前提に、「わいせつ画像を掲載したホームページへリンクを張る場合であっても、マウスのクリック一つでわいせつ画像を再生閲覧しうる場合には、わいせつ図画公然陳列罪が成立しうる。このことは、リンクの技術的仕組みがどうであるかには関わりがなく、専ら『現象面』が問題となるにすぎない[124]」とされている。また、このようなリンク行為は、すでに終了した正犯行為によって惹起されている結果としての認識可能状態に、正犯行為から独立して直接に因果性を有する行為であるので、リンクの設定行為自体が公然陳列罪の正犯となるとされる[125]。

同様に、佐久間教授も、リンクの設定という行為の現実的技術的な実質がホームページ上に一定のコマンドを組み込むことで他のページに接続する手がかりを与えるだけであり、その機械的プロセスが現在の通信回線を切断した上で新たなページを呼び出すという手順を経るものであっても、ユーザーがクリックするだけで自動的にわいせつ内容が見聞可能な状態となるのであれば、むしろリンクの設定行為自体に公然陳列罪の本拠が存在する場合もあるとして、これに本罪の正犯が成立しうることを認められている[126]。

さらに、山中教授も、「リンクを張る行為は、相手の同意を得ずに行いうるのであるから、この行為は、原則として実行行為者との意思の連絡を要する共犯行為ではなく、その行為自体が、単独で公然陳列罪を構成する正犯行為である可能性をもつものとして考察される。リンクが、そのわいせつ画像に直接つながる場合と、その後、何回かの行為の介入がなければ観覧可能な状態にならない場合とがあるが、前者の場合のみが、公然陳列罪の正犯というべきであろう。……ホームページのＵＲＬを紹介した文書は、自動的直接的にわいせつ画像を顕在させるものではないので、公然陳列行為に当たらないことはいうまでもない[127]」とされ、リンクによる直接的自動的なわいせつ画像表示の可能性を、その可罰性の肯定の理由とされている。

稲垣隆一弁護士もまた、山中教授と同様に、「リンク先がわいせつ画像ファイルそのものであるときなど、リンクが、自己のホームページにわいせつ画像を記憶・蔵置したことと同視できるときは、わいせつ物公然陳列罪の正犯の成否が論じられることになろう。しかし、リンク先がただちにわいせつ画像を表示しないときは、……自分のホームページにその画像を張り付けたものとは評価しえない。したがって、同罪の成立を認めるべきではないであろう」[128]とされ、リンクが直接にわいせつ画像自体に対して設定されていることをその可罰性の要件とされている。

2　不可罰説（少数説）

これらの見解に対し、リンク行為の可罰性に否定的な見解も存在する。

例えば園田教授は、リンクを張るとは、あるホームページ上のHTML文書に他のホームページのURLを参照するコマンドを埋め込むことに過ぎず、単にわいせつ情報に接しうる道筋を示すことに過ぎないとの認識を前提として、この程度の認識可能性の設定を理由にリンク行為に公然陳列の正犯性が肯定されるとすれば、例えば雑誌などでわいせつ画像を公開しているサイトを紹介する記事や、サーチエンジンなどもわいせつ画像についての認識可能性を設定するのであるから、これらまでも犯罪性を帯びることとなるとされている[129]。この見解では、リンク行為に公然陳列罪の正犯性を認める可罰説にはその前提とする「認識可能性の設定」という陳列概念の把握自体に問題がある、との認識が前提となっているようである。

また、これとは別に、可罰説のいう、リンク機能による直接的な認識可能性の設定という点に関して、塩見教授は、「ホームページに他のわいせつホームページのアドレスを記載しただけの場合と比べて、リンクの設定が『クリック一つ』の故に誘惑的である以上の差異があるとは解されない。わいせつ情報の情報の陳列とわいせつ情報自体のそれとは質的に異なるのであり、アクセス可能性の設定がただちに正犯性を導くとする理論には飛躍があると思われる」[130]とされている。

なお、この不可罰説からは、仮に（⑭判決のごとく）リンク行為が公然陳列罪の幇助と認められるかを検討するとしても、すでに正犯者によってわいせつな画像のデータが記憶・蔵置された時点でこれに対する公然陳列罪は成立しているのであるから、その後そのサイトへ向けてリンクを設定する行為が正犯の陳列行為を助長促進し

たとは認めがたいとされている。(131)

三　検　討

1　リンク設定者の正犯性

わいせつな画像が公開されているサイトに対してリンクを張る行為が可罰性を帯びるか否かを検討するに際しては、まず、リンク先サイトでの当該画像データの記憶・蔵置者に公然陳列罪の成立が肯定されることとの関係で、リンク設定者には陳列罪の幇助が認められるのか、あるいは別に本罪の正犯が成立するのかが問題となりうる。

まず、幇助犯としての可罰性についてであるが、この点、あるホームページに向けてリンクを設定することは、このリンク先サイトを構成するデータをサーバー・コンピュータのハードディスクに記憶・蔵置すること（このサイトの運営者による「陳列」行為）を容易にし促進することではなく、むしろ、すでに記憶・蔵置されたデータに不特定多数人がアクセスし、これをダウンロードすること（ユーザーによる「再生・閲覧」行為）を容易にすることである。そうであるとすれば、そもそもリンク先サイトではその運営者によるわいせつ画像データの記憶・蔵置行為自体はすでに終了しているのであるから、この運営者につき成立が認められる公然陳列罪を⑭判決のごとく）継続犯と理解したところで、その後このサイトへリンクを設定する行為が、正犯者の「陳列」行為を容易にしあるいは助長促進したとは認められない。したがって、リンク行為につき、リンク先サイトで成立している公然陳列罪に対する幇助犯は成立しえないと解される。

また仮に、ユーザーによる「再生・閲覧」行為も陳列概念に含まれると解する見解（本章第三節二1）を前提としたうえで、リンクの設定がこの「再生・閲覧」を促進すると認められるかを考えるとしても、自動的にＷＷＷサーバー上のＵＲＬを登録し検索するいわゆるロボット型サーチエンジンが存在することなどにより、このリンク設定が当該リンク先サイトの閲覧可能性をより一層高めたとまでは評価しがたい[132]。したがって、仮に陳列概念がユーザーによる閲覧行為をも含むとする見解を採る場合にも、リンクの設定がこれ自体に対する幇助犯の成立を根拠づけるほどユーザーの再生・閲覧を助長促進するとは認めがたいように思われる。よって以上より、リンク行為に、リンク先サイトの正犯者に対する関係での公然陳列幇助の成立は認められないと解される。

2　リンク行為の可罰性

以上より、リンク行為については、リンク先サイトでの画像公開者につき成立する公然陳列罪に対する関係での幇助犯は成立せず、その可罰性が認められるとすれば、本罪の独立した正犯としてであると解される。そして、この可罰性の問題については、前述のように、陳列概念を単に「認識可能性の設定」とのみ解することでリンク行為にも本罪の正犯の成立を認める場合には、書籍によるわいせつ画像サイトのアドレスの紹介やこのアドレスを検索しうるサーチエンジンの運営等、およそそのような認識可能性を設定するあらゆる行為が公然陳列罪の正犯となり妥当ではないとする、不可罰説からの批判がある。

しかしながら、可罰説においてはいずれも、「行為とわいせつ情報との密接性」あるいは「マウスのクリック一つでわいせつ画像を再生閲覧しうる」こと（山口教授）、「クリックするだけで自動的に見聞可能な状態になる」こと（佐久間教授）、「自らわいせつ画像を蔵置したと同視し得るだけの行為といえる」こと（前田教授・川崎友巳助教授）、「自動的直接的にわいせつ画像を顕在させる」こと（山中教授・稲垣弁護士）など、直接的自動的なわいせつ性の発現が要件とされており、書籍での紹介やサーチエンジンでの検索等はこれらの要件を欠いている点で可罰的ではないことが前提とされていることから、不可罰説によるこの点の批判は当たらないように思われる[133]。可罰説のなかでも山中教授や稲垣弁護士は、リンクの設定が直接にわいせつ画像（掲載ページ）自体に対して行われていなければならず、直接のリンク先からさらにリンクを辿るなど一定の行為の介入がなければわいせつ画像を観覧しえない場合には、このようなリンクの設定行為は可罰的ではないことを明示されているが、他の可罰説もおおむねこのような直接性を要件としているものと解される。(134)

公然陳列罪における陳列概念は、「行為者自身がわいせつ性を発現させること」を要件とすると解すべきであるが、ある者がコンピュータ・ネットワーク上で無修正のわいせつ画像を公開している場合には、（当該ネットワークで画像表示の自動化が達成されている限り）この者によるわいせつ性発現の行為自体は完結している（本章第三節三**3**参照）。ただ、他の者が、こうして公開されているわいせつ画像（掲載ページ）自体を直接のリンク先としてこれを設定した場合には、この者は、リンク先でわいせつ性が発現している状態を、リンク設定行為によりリンク元においても作出した、つまり、リンク元で直接その画像を公開した（わいせつ性を発現させた）とも評価されうるように思われる。

自らわいせつ画像データを記憶・蔵置することによって当該画像を公開しているわけではないリンク行為については、このリンクの設定が、リンク先の画像のデータを自ら記憶・蔵置しそのわいせつ性を発現させているのと同様であると評価されうる場合でなければ、その可罰性は認められえない。そして、リンク先におけるわいせつ性発現と同様の状態を、リンクの設定によってまさにリンク元で作出したと評価されうるためには、リンク行為の可罰性を肯定する見解がいずれも要件としているように、リンク元と、リンク先に存在すべきわいせつ画像との間の直接性ないし密接性が必要となると思われる。そして、あるわいせつ画像（掲載ページ）自体を直接にリンク先としている場合には、この要件は充足されていると認められる。よって、リンク設定行為の可罰性は、わいせつ画像（掲載ページ）自体を直接にリンク先としている場合に限って、肯定されうると思われる。(135)したがって例えば、直接のリンク先がわいせつ画像を公開するサイトのトップページ等であり、そこではいまだわいせつ画像は掲載されておらず、そこからさらに数次の（一般的にはそのサイト内の）リンクを辿らなければわいせつ画像には到達しえないような場合や、あるいは、直接に画像（掲載ページ）に対してリンクが張られている場合であっても、それがマスク処理の施された画像である場合などには、このリンク設定行為はリンク先で発現しているわいせつ性をリンク元でも発現させるものとは認められないため、これには公然陳列の正犯としての可罰性は認められるべきではない。

3　⑭判決の検討

なお、以上の点を踏まえつつ、⑭判決を簡潔に考察する。

一　本判決では、リンク設定行為が、画像公開サイトへのアクセス経路を増大させ、多くのユーザーを同サイトへと誘致することで、その閲覧可能性を高めたと認定されている。ただし、本判決がこの点を根拠としてリンク行為に幇助犯の可罰性を認めていることに関しては、いくつかの問題がある（リンク先で公開されている画像がマスク画像であることは、ひとまずおく）。

まず、本判決が、リンク行為の可罰性の根拠としているリンク先サイトの閲覧可能性の増大、つまり、リンクによるわいせつ性の認識可能性の設定という事実を抽象的にのみ認定し、当該リンクによる直接的自動的な画像表示の有無、すなわち、当該リンク設定行為とそれにより呼び出されるわいせつ情報との密接性の程度などを具体的に分析していない点については、同様にわいせつ性の認識可能性を設定する行為である、ホームページ上でリンク設定処理は行わないままわいせつ画像サイトのアドレスを掲載する場合などにまで可罰性が拡大されうるとの問題が生じる(136)。

また、本判決が、リンクがリンク先サイトの閲覧可能性を増大させたとして、「被告人の右リンク設定が、正犯者らの陳列行為が継続する間にこれと並行して行われたことにより、正犯の犯罪実現の要素である公然性が拡大し、より広く性道徳・性風俗を侵害する危険性が増大し、よって、犯罪の結果を増大させるものということができる」と述べ、この点を、リンク行為が、画像公開者（正犯者）につき成立の認められる公然陳列に対する幇助に当たるとする根拠としていることについては、公然陳列の既遂時期を画像データの記憶・蔵置の時点に認める（ることによって、ユーザーによる画像の再生・閲覧という陳列の結果を陳列概念に含めないことを前提としているようにみえ）る判例一般およびその旨を明示する本判決自身の立場（本章第三節一**2**参照）とも矛盾して、陳列結果を陳列行為概念に取り込んでいるのではないかとの疑問が生じる。[137]

二　そもそも本件では、リンク先がマスク画像を公開するサイトであって、その公開はわいせつ性の発現を欠いており、このリンク先サイト自体について公然陳列罪の成立が認められないと解される（前節三**2 一**参照）。したがって、問題とされているリンクが、たとえ当該サイト内で公開されているマスク画像自体に直接設定されているとしても（直接のリンク先の状態が、画像公開者のアダルトサイトのトップページなどであったのか、あるいは当該サイトで公開されている画像それ自体であったのかは、判決文からは判然としない）、リンク先でわいせつ性が発現していない以上、それをリンク元でも発現させたとはそもそも認められない。なお、本件では、リンク元が、リンク先で公開されている画像に施されたマスク処理を解除しうるソフトの提供サイトであるという特殊な関連性が存在するが、このリンクを辿って再生・表示させたマスク画像からわいせつ性を発現させるのはそのソフトを用いるユーザー自身であって、上記の関連性はリンク自体におけるわいせつ性の発現の欠如を何ら補うものではない。結局、本件でのリンク設定行為については、公然陳列の正犯は成立しえないと解される（リンク行為につき、リンク先サイトに対する関係での幇助は問題となりえないことは前述した）。

なお、リンク行為自体の可罰性の問題とは関係しないが、本判決では、被告人によるリンク設定の申し出やマスクソフトの無料使用許諾などが、Ａ（⑤判決の事案における被告人）によるマスク画像の公開の開始を促し、Ｂ（⑩判決の事案における被告人）とＡの双方のマスク画像の継続的な公開を促進させたと認定されている。公開の開始自体を促した場合はもとより、その継続を促進させた場合であっても、その継続中の内容の追加や更新などにより新たな画像の公開も行われていたのであれば、被告人による申し出等は、Ａ、Ｂによる画像データの記憶・蔵置行為自体を助長促進したと認めることができる。しかし、マスク画像の公開にはわいせつ物（図画）公然陳列が成立しないと解される以上、被告人による申し出等についても、それに対する幇助の罪責はそもそも問題となりえない。

少なくとも、リンク先がマスク画像を公開するサイトであった本件の被告人には、何らの罪責も認められないと解される。

第六節　国外サーバーへの記憶・蔵置

わが国刑法典の場所的な適用範囲に関して、同法一条一項は、「この法律は、日本国内において罪を犯したすべての者に適用する。」と規定する。刑法の適用はこのように、領土主権に基づく属地主義が原則とされている。これに対しては、保護主義（同二条）、属人主義（三条）および世界主義（四条の二）の観点に基づいて、一定の犯罪類型についての国外犯への適用という例外が設けられているが、このような場合を除いて、わが国刑法は犯罪地が日本国内である場合、すなわち国内犯である場合にしか適用されることがない。

ところで、現在判例によりサイバー・ポルノについて成立の認められているわいせつ物（図画）公然陳列罪（一七五条）は、国外犯の例外に含まれておらず、よってその適用も国内犯である場合に限定される。したがってこの一七五条は、例えば、外国において外国人が当該国に滞在する日本国民に対し、日本国内ではわいせつ性を有すると判断され違法と評価される物を交付した場合はもとより、外国において日本国民が当該国に滞在する外国人あるいは日本国民に対し、日本国内ではわいせつと判断される違法な物を交付した場合であっても、この行為に対して適用されることはない。

ところが、インターネット上で公開されるサイバー・ポルノに関しては、ある場所に存在するサーバー・コンピュータへのデータの記憶・蔵置（アップロード）によりこれが世界的規模で受信可能となるＷＷＷの特性により、国外のサーバーに記憶・蔵置されている画像データの内容が日本国内では違法と評価されるわいせつ画像である場合にも、これをわが国でダウンロードして再生・表示し、閲覧することは物理的にも当然に可能である。そのため、この点を理由として、国外サーバーへのわいせつ画像データの記憶・蔵置行為に対してもわが国刑法を適用することが可能であるかが問題となりうるが、わが国にも流入する国外サーバーに記憶・蔵置されたわいせつ画像データの中には、日本国内で再生・閲覧されることを予定しつつ、外国のプロバイダとの間で契約を行ったうえで、日本国内からこの国外サーバーに向けて送信され、記憶・蔵置されたものも含まれており、このような事案については、本章第一節で紹介したとおり、一七五条の適用を認めた裁判例もすでに登場している。

そこで本節では、国外のサーバーに記憶・蔵置され、日本国内でも再生・閲覧が可能なわいせつ画像データにつき、これがそもそも日本国内から送信されたものである場合と、その送信自体も国外で行われた、いわば完全に国外に由来するものである場合のそれぞれにつき、わが国刑法の適用の可能性を検討する。

一　判　例

日本ではわいせつと評価される違法な性表現画像のデータが国外のサーバーに記憶・蔵置され、わが国においてもその閲覧が可能となった場合についての日本刑法の適用可能性に関しては、現在までのところ前掲⑧〜⑪の四判例が存在している。ただし、これらはいずれも、この画像を日本国内で閲覧させることを意図して、そのデータが日本国内から送信された事案に関するものであって、データの送信（発信）自体も国外で行われている場合についての裁判例ではない（現実には、インターネット上で、それゆえ日本国内でも閲覧可能なわいせつ画像の大半は、このように完全に国外に由来するものであると思われる）。

わいせつ画像データを国外サーバーに記憶・蔵置させるための送信行為が日本国内で行われたケースについて

の初めての判例が⑧判決である。被告人は、アメリカ所在のプロバイダによって同国内に設置されているサーバー・コンピュータへ向けて、日本国内からわいせつ画像データを送信し、これを記憶・蔵置させていた。ただし本件では、被告人がわいせつ図画公然陳列の公訴事実を一切争わなかったこともあり、その判決内容は、以上のような事実を摘示するのみとなっている。

日本国内で送信行為が行われている事案についての二番目の判例である⑨判決では、弁護人は、国外サーバーへ向けたデータの送信行為は実行行為としての陳列行為の一部とはいえず、これを国内犯として処罰することはできないなどと主張して、一七五条の適用の可否を争ったが、判決は「刑法一条一項にいう『日本国内において罪を犯した』場合とは、犯罪構成事実の全部が日本国内で実現した場合に限られず、その一部が日本国内で実現した場合も含むと解される。本件においては、日本国内において、わいせつな画像のデータのアップロード行為、すなわち、わいせつ図画の設置行為について実行の着手があり、また、右画像を不特定多数人に閲覧させるための会員制度の設営行為も日本国内からなされ、現実に日本国内において不特定多数人が右データを再生閲覧しているのであるから、犯罪構成事実の重要部分が日本国内で実現しており、刑法一条一項に規定する国内犯に該当するということができる」として、これを退けている。

続く⑩判決においても、弁護人は、わいせつ画像データを記憶・蔵置されたサーバー・コンピュータの所在場所が日本国外であることから、本件には国外犯処罰規定のない一七五条を適用しえないと主張していた。これに対し本判決は、「一般に、我が国の刑法の場所的適用範囲については、犯罪構成要件の実行行為の一部が日本国内で行われ、あるいは犯罪構成要件の一部である結果が日本国内で発生した場合には、我が国の刑法典を適用しうると解すべきところ、インターネット通信においては、誰でもダウンロードすることを可能とするデータを伴うホームページの開設者が自己のパソコンからそのダウンロード用のデータをプロバイダーにあてて送信すれば、たとえそれが海外のプロバイダーに対して向けられたものであっても、瞬時にそのプロバイダーのサーバーコンピューターに記憶、蔵置され、その時点からは、日本国内からでも、右データに容易にアクセスしてダウンロードすることが可能となる」、それゆえに「本件において、被告人が、海外プロバイダー……のサーバーコンピューターに会員用のわいせつ画像データを送信し、同コンピューターのディスクアレイに記憶、蔵置させた行為は、たとえ同コンピューターのディスクアレイの所在場所が日本国外であったとしても、それ自体として刑法一七五条が保護法益とする我が国の健全な性秩序ないし性風俗等を侵害する現実的、具体的危険性を有する行為であって、わいせつ図画公然陳列罪の実行行為の重要部分に他ならないといえる。したがって、被告人が右のような行為を日本国内において行ったものである以上、本件については刑法一七五条を適用することができる」としている。(138)

その後の⑪判決では、本件事案に対するわが国刑法の適用の可否自体については特に争われておらず、よって判決でもこの点の論証は行われていない。

二　学　説

日本国内でも閲覧の可能なわいせつ画像のデータが国外のサーバー・コンピュータに記憶・蔵置されたものである場合についての、わが国刑法の一七五条の適用可能性に関しては、それが同法一条一項に規定された属地主義に服することから、犯罪地の決定が重要となる。属地主義の前提となる犯罪地の理解については、判例および通説は従来から、犯罪構成事実の一部が日本国内に存在すれば足るとする遍在説を採っており、したがって、構成要件的行為が行われた場所、構成要件的結果が発生した場所、(139)およびその間の因果関係の経過する中間影響地のいずれかが日本国内であれば国内犯と認められることとなる。

1　データ送信行為が国内で行われた場合

国外のサーバー・コンピュータに由来するサイバー・ポルノ事案に関しても、学説は基本的に遍在説を前提としてわが国刑法の適用可能性を検討しているが、まず、国外サーバーにわいせつ画像データを記憶・蔵置させるためのデータ送信行為が日本国内で行われた場合についての同法一七五条の適用可能性については、その具体的な適用時期に関する見解の相違はあるものの、学説の多くがこれを肯定しているが、その一方で、この適用に批判的な見解も主張されている。

①　肯定説Ⅰ（多数説）

まず、肯定説のなかの大半の見解は、サイバー・ポルノ事案につき公然陳列罪の成立を認める際の判例や多数説（記憶・蔵置時説）の理解どおりに、サーバー・コンピュータに対するわいせつ画像データの記憶・蔵置を実行行為たる陳列と解したうえで、そのためのデータ送信行為もまた実行行為の一部を構成すると認め、これが国内で行われているということを理由とする。

例えば、前田教授は、「日本国内から海外プロバイダーのサーバーコンピュータにアクセスし、そこにわいせつ画像を記憶・蔵置させた行為には、刑法一七五条が適用され得る。『サーバーコンピュータにわいせつ画像の情報を記憶・蔵置すること』という実行行為の重要部分が日本国内で行われたからである。インターネットの場合、ホームページ開設者が自己のパソコンから情報を送信すれば、それは確実かつ瞬時にプロバイダーのサーバーコンピュータに記憶・蔵置されるので、日本において行われる送信行為が、一七五条の結果発生に向けた実行行為の一部であるということは明らかであろう(140)」とされており、また、佐久間教授も、「サーバーにアップロードする行為が、まさに不特定多数人に対して任意に再生・閲覧する機会を提供したという意味で、実質的な公然陳列行為にあたると考えるならば、送信先は外国のプロバイダーであったとしても、日本国内で実行行為が行われた場合にほかならない」とされている(141)。

② 肯定説Ⅱ（少数説Ⅰ）

このように、肯定説の多くは、データの送信行為を実行行為の一部と解した上で、これが国内で行われていることをその根拠としているが、これに対し、陳列の既遂時期をユーザーによる現実の再生ないし閲覧の時点に認める見解（再生・閲覧時説）では、結論としては同じく肯定説に立つものの、公然陳列罪の実行行為についての理解が異なることから、国外サーバーへの記憶・蔵置の事案についても、わが国の刑法が適用される時点につき他の肯定説との相違が生じる。

まず、陳列の既遂時期に関し、ユーザーによるわいせつ画像の現実の閲覧までは必要ではないが、ユーザーのディスプレイ上にこれが表出（再生）されることが必要であるとされる山中教授は、サイバー・ポルノの公表の場合には、行為者による画像データの送信からユーザーによるディスプレイ上への画像の表出までの一連の行為が公然陳列の実行行為に当たるとされ、よって国外サーバーへの記憶・蔵置の事案でも、これに向けた送信行為のゆえに国内での実行の着手の存在は認められている。しかし教授によれば、日本国内のユーザーによるディスプレイへの表出という陳列結果が発生していない限り日本の性秩序・性風俗が害される危険は生じておらず、このように「後に日本国内で陳列結果が発生しなかった場合には、いまだ『陳列』ではなく、事前の潜在的実行行為は、事後的に実行行為の評価を受けない」と解されることにより、結局送信行為のみが独立して実行行為（の一部）と評価されることはない。そのためこの事案での日本刑法の適用も、国内ユーザーによるディスプレイへのわいせつ画像の表出という陳列結果の発生により、国内で実行行為が完成した時点で初めて肯定されることとなる。(142)

また、サイバー・ポルノについての公然陳列罪の成否の検討に際して、実行行為たる陳列の存在が認められるにはユーザーによる現実の再生（・閲覧）が必要であるとされる堀内教授は、わいせつ画像データの送信行為につき、これはそもそも画像を閲覧に供するための準備行為に過ぎず、実行行為の一部でもないと解されており、それゆえに、送信行為が日本国内で行われたからといって、これに陳列罪の実行の着手が認められることはない。そこから教授の見解では、再生（・閲覧）が日本国内で行われた時点（陳列行為の存在が肯定される時点）で初めて（国内での）実行行為の存在が認められることになり、この時点で日本刑法の適用が認められることとなる。以上の点を教授は、次のように説明されている。「発信行為は、映写のためにフィルムあるいはカセットテープを装着する行為と同様に、閲覧に供するための準備行為に過ぎない。したがって、構成要件の一部が国内で行われたとはいえない。のみならず、遍在説が構成要件の一部でも国内で行われたことで足ると解するのは、そのことによって国内の法益が侵害されるか、あるいは侵害の危険が生ずるからである。……今日の通信技術においてはアップロードのために送信した画像や文書が確実にかつ正確にプロバイダーのサーバーに到達するとはかぎらない。この点で、発信行為が直ちに法益に対する侵害の危険を意味するともいえない」。よって送信行為は実行行為と認められず、かつ判例や多数説のように、画像データの再生・閲覧可能状態の「設定行為が陳列行為であると解するかぎり、国内では実行行為がないのであり、わいせつ図画公然陳列罪を認めることはできない。これを肯定するためには、私見のように離隔犯的構成をとり、日本で再生され、閲覧に供された時点に陳列としての実行行為を認めざるをえない」(143)と。

③　否定説（少数説Ⅱ）

以上の諸学説に対して、日本国内から国外サーバーへ向けてわいせつ画像データが送信される事案についてのわが国刑法の適用に批判的な見解も存在する。この否定説はいずれも、サイバー・ポルノ事案での陳列行為の成否に関して、ユーザーによる画像の再生ないし閲覧までも陳列概念に含めることはせず、画像データの記憶・蔵置の時点で陳列は完成するとの立場を前提としつつ、肯定説の多くが、国外で生じているサーバーへのデータの記憶・蔵置とは区別された、国内におけるその送信という行為自体に陳列罪の実行行為性を認めている点を疑問とする。

例えば、指宿信教授は、「国外にあるサーバーへのファイル転送などの画像陳列の事前的作業をもって国内犯と位置づけるには、同罪（公然陳列罪―引用者注）の予備行為としては格別、実行行為と解するには無理があるのではなかろうか」[144]とされており、また、園田教授も、「一般にアップロード自体は『陳列』のための準備的行為ではないかという疑問もある」とされている。[145]

2　データ送信行為が国外で行われた場合

国外のサーバー・コンピュータに記憶・蔵置されている画像のデータが国内から送信（発信）されたものである場合と同じく、日本国内でもそれを再生・閲覧することが可能であるが、そのデータの送信（発信）自体も国外で行われていた場合についても、日本刑法の適用可能性は問題となりうる。この場合は、データ送信行為は国内で行われた事案とは異なって、行為者の行為は完全に国外で完結しており、また、WWWの特性上、ここにおけるサイトの内容の閲覧可能性は全世界にまで及んでいることから、自国内での閲覧可能性を理由にその規制法の適用が主張されるとすれば、とりわけサーバー所在地国の刑事裁判権との衝突の可能性など、深刻な問題を生ずるおそれがある。この場合のわが国刑法の適用可能性についても、これを肯定する見解と否定するものとがある。

①　肯　定　説

山口教授は、この場合にもわが国刑法の適用は理論的に可能であるとされている。教授は、遍在説を前提とされた上で、「わいせつ画像を見る者が『被害者』であり、この意味で結果が日本で発生しているとすれば、外国において外国のサーバーにわいせつ情報を蔵置する行為も『国内犯として』可罰的となる。この点については、積極に解する余地があるように思われる。確かに、ここで犯罪地を決定する基準となる『結果』は構成要件的結果であり、構成要件的結果である『公然陳列』とは、『わいせつ情報の認識可能状態の設定』で足りると解される。しかし、『認識可能状態』は空間的に広がりを持つ概念であり、それが認められうる場所の全体について肯定しうると解することは可能なように思われるから、アクセス可能な場所の全体について『公然陳列』の結果が認めうることになるからである。ここでは、ネットワークによるアクセス可能性により、『公然陳列』という結果自体がいわば拡張・拡散したことになる[146]」、「日本国内でわいせつ画像が再生閲覧されたこと、それが可能であったことは、わが国の法益に対する侵害ないしその危険が惹起されたことを意味するのであって、国内犯として犯罪の成立を肯定することに（現実の訴追可能性は別として）何の理論的困難も存在しないと思われる。インターネットの普及により、国境を超えた情報流通が容易になった現在、国による情報規制の差異が現実に問題とならざるをえないというだけのことであって、国内犯としての評価が可能な行為について、可罰性を否定する理由にはならないと思われる[147]」とされている。

また、岩間康夫教授も、遍在説の妥当性を論証された上で、「インターネットを通じて瞬時にわが国をはじめ全世界に、わが国の刑法の構成要件に規定された結果をもたらす行為には、行為地がどこであろうと我が刑法を適用できると解するほかなく、……刑事司法機関への過剰な負担を容認することになってしまうのであるが、理論的にはやむを得ない事態と観念するしかない」と認められており、重要であるのはむしろ、このようななかで規制対象の優先順位を法益侵害の程度の強いものにおいていくことであるとされている[148]。

② 否 定 説

国外サーバーへ向けた送信行為自体も国外で行われた場合については、日本刑法の適用は認められないとする見解は多い。

まず、国内で送信行為が行われた場合にも日本刑法の適用を認めない見解を採られる園田教授は、送信行為自体も国外で行われた場合につき、「日本で公然陳列の結果が生じているからといって、日本刑法の適用を無限定に主張していくことは『あまりに当該行為地国の法制度を無視すること』になるのではないだろうか。とくに、わいせつ罪については国によって規制規準が異なり、当該行為が外国で必ずしも犯罪とされているとは限らず、かりにそれが犯罪であっても他国の領域内ですべて完結した行為をなお国内犯として原則的に日本刑法の適用を主張することは、相手国の刑事管轄権を不当に侵害するおそれがある」[149]とされ、国内での再生・閲覧の可能性を構成要件的結果として遍在説により国内犯性を認めることを拒否されている。

また、国内からのデータ送信の事案については日本刑法の適用を認める見解にあっても、送信行為自体も国外で行われた場合にはこれに消極的な立場を採る論者も多い。

画像データの送信行為が国内で行われた場合につき、それが実行行為の一部と認められるがゆえにわが国刑法の適用は肯定されるとされている塩見教授は、送信行為自体も国外で行われた場合にも日本刑法の適用を認める論者が日本国内での結果発生をその理論的根拠としていることに対し、「わが国の法益の侵害・危殆化を理由に処罰を承認するのは保護主義の思想であって、そこから属地主義に基づく国内犯処罰を導くことは『理論的困難』を伴うように思われる。論者らは、閲覧ないし閲覧可能状態の発生は構成要件要素であるから属地主義による処罰だと反論するであろうが、少なくとも『閲覧』の要件は条文にはない。また、『陳列』とは、閲覧可能状態ではなく、その『設定』であり、これは国外のサーバーにおいて生じているから、この限度では国内犯とはいえないと解される。むろん、先に挙げたフランスのケース（同国内のサーバーに同国内からわが国ではわいせつと評価される画像のデータを記憶・蔵置させるという教授の設例―引用者注）をわが国の刑法で処罰するとの政策判断は排除されない。けれども、それは疑わしい解釈を通してではなく、刑法二条への一七五条の組入という立法によりもたらされるべきものと解される」とされている。[150]

また、国内からのデータ送信の事案については、国内ユーザーによる画像の再生・表出による国内での実行行為の完成を日本刑法適用の根拠とされている山中教授は、データ送信自体も国外で行われる事案につき、アメリカ国内のサーバーに同国内からわいせつ画像データが記憶・蔵置される場合を例に挙げ、「この公然陳列により、日本の社会の『健全な性的道徳感情』が危険にさらされるのであるから、『危険結果』が国内で生じる行為であり、これ（わが国の国内犯とすること―引用者注）を肯定することもできるように思われる。しかし、ここでは、行為者の行為自体は、アメリカでサーバーに掲載することで事実上終わっており、後に日本のユーザーからのアクセス行為があってはじめて陳列されたわいせつ画像が『到達』するという特殊性がある。理論上、このような外国（例えば、アメリカから見て）における他人の積極的行為が介入することを前提として到達する『陳列結果』については、規範の保護範囲外にあるものとみなすこともできないわけではないように思われる」[151]とされている。

三　検討

ＷＷＷ上でポルノ画像を公開する場合の事実的なプロセスを具体的に分析すると、これは、「(i) 行為者によるポルノ画像データの送信→(ii) サーバー・コンピュータのハードディスクへの当該画像データの記憶・蔵置→(iii) ユーザーによる当該画像データのダウンロードおよび再生・閲覧」という経過を辿る。

1　データ送信行為が国内で行われた場合

このプロセスを前提として、まず、国外のサーバーにわいせつ画像データを記憶・蔵置させるために、日本国内からこのデータの送信が行われる事案について、わが国の刑法の適用が可能であるかを検討する。

この場合、日本国内においては、上記のプロセスの (i)、および、場合によっては (iii) の事実が認められるが、これに対し (ii) 自体は、完全に国外で発生する事象である。そして、この場合にわが国の刑法の適用を否定する見解では、(ii) とは区別されたものとしての、国内で行われる (i) につき、このようなデータの送信行為それ自体は陳列に向けられた予備行為であり、これのみを捉えて実行行為の一部と評価することは困難であるとされている。この点については、日本刑法の適用を認められる堀内教授（肯定説II）もまた、(iii) を陳列概念に取り込む理由としてではあるが、データ通信の技術水準を理由に、(i) によって確実に (ii) の状態を創出しうるともいえず、（i）それ自体の有する法益侵害の危険性も低いとして、その実行行為性を否定されている。

しかし、サーバーへの画像データの記憶・蔵置という状態（(ii)）は、日本国内からのデータの送信行為（(i)）が行われない限り生じえないのであり、また、日々進歩している情報通信関連技術とそれに基づく今日のコンピュータ・ネットワークの急激な普及とを前提とすれば、少なくとも現在では堀内教授の指摘されるような送信行為の不確実性は著しく減少しており、これによりほぼ確実にサーバーへのデータの記憶・蔵置は実現されると解されるとともに、一旦この記憶・蔵置状態が生じれば直ちにユーザーによるわいせつ画像の再生・閲覧が可能になるのであるから、送信行為自体の法益侵害の危険性も低いとはいえないと思われる。したがって、データの送信行為は、その実質からして、陳列罪の実行行為性を具備すると思われる。[152]

こうして、国内でのデータ送信行為自体に実行行為性が肯定されるとすれば、構成要件的行為の一部が国内で行われたと認められるので、属地主義に関し遍在説を前提とする以上国内犯と評価され、これに対するわが国刑法の適用は肯定されることとなる。[153] したがって、国外サーバーへ向けて国内からデータが送信された事案については、日本法適用の肯定説の内部でも多数の見解が妥当である（肯定説のなかで、国内ユーザーによる現実の再生ないし閲覧の時点で初めて完成する国内での実行行為の存在をその根拠とする見解については、その陳列概念の把握における根本的な問題性（本章第三節三参照）のゆえに、採ることができない）。

この見解からは、データ送信が国内から行われた事案につき、わいせつ画像データのアップロード行為についての実行の着手が日本国内で行われているとし（⑨判決）、あるいは、わいせつ画像データが記憶・蔵置されたサーバーが国外に存在していても、これに向けての日本国内での送信行為自体が一七五条の保護法益を侵害する現実的具体的危険性を有する行為であって、これはわいせつ図画公然陳列罪の実行行為の重要部分に当たるとして（⑩判決）、データ送信行為の実行行為性を肯定し、遍在説に基づき日本刑法の適用を認めている判例の立場は妥

当であると評価される。(154)

２　データ送信行為が国外で行われた場合

一　続いて、わが国ではわいせつと評価される違法なポルノ画像のデータが国外サーバーに記憶・蔵置されており、このためのデータ送信行為も国外で行われている場合についての、わが国刑法の適用可能性を検討する。

この場合には、前述のサイバー・ポルノの公開の具体的なプロセスのうち、（ｉ）も（ii）も国外で行われており、陳列概念につきユーザーによる再生ないし閲覧行為を必要としない多くの見解を前提とすれば、陳列行為は完全に国外で完結しているのであって、日本国内において認められうる事実は、陳列の結果としての（iii）のみである。そこで、このような、わが国の法益の侵害ないし危殆化という陳列結果をいかに評価するかが問題となる。

この点、塩見教授は前述のように、わが国の法益の侵害ないし危殆化を理由に処罰を承認するのは保護主義の思想であって、そこから属地主義に基づく国内犯処罰を導くことは理論的に困難であるとされている。しかしながら、実行行為が国外で着手されこの地で完結し、かつ（中間影響や）その結果も国外で発生した場合にもなお、わが国に関係する法益の侵害ないし危殆化を理由としてこれに対し日本刑法の適用を認めていくことは、保護主義の思想に基づく処罰であるといいうるが、国外サーバーに記憶・蔵置されたわいせつ画像データについては、日本国内で直接にこれが再生・閲覧されあるいはされうるのであるから、結果自体が直接国内で生じていると解されるのであって、犯罪地に関し遍在説を前提とする場合には、属地主義に基づく国内犯の処罰であると認められると思われる。また、「閲覧」要件が条文（構成要件）にはなく、閲覧可能状態の設定たる「陳列」も国外のサーバーで生じているとの教授の指摘も、前者に関しては、抽象的危険犯である公然陳列罪については作出された閲覧可能状態が構成要件要素（構成要件的結果）であると解され、また、後者も、本罪の実行行為地の問題に過ぎないと思われる。

以上のように、否定説の論拠は、日本法適用の不可能性の論証に十分なものとはいいがたく、結局のところ、この見解においては、他国の刑事管轄権への謙譲の要請や自国の規制当局の事案処理能力の限界などの実際的政策的考慮がその本質的な理由とされているように思われる。[155]もとよりそのような考慮自体は正当であり、また必要でもあると思われるが、そのデータの送信およびサーバーへの記憶・蔵置が完全に国外で行われたサイバー・ポルノに関しても、当該データがわが国で違法なわいせつ画像のものである場合には、その再生・閲覧可能性という結果の日本国内での発生を理由に、遍在説を前提とする属地主義に基づく国内犯として、これに対しわが国刑法を適用することは、その理論的可能性としては承認されざるをえないように思われる。

なお、この点に関しては、国外サーバーへのデータ送信が国内から行われた事案についての⑨判決が、その国内犯性を肯定するに当たり、国内での画像データ送信行為の実行行為性のほか、国内における当該画像の現実の閲覧（ないしその可能性）の事実までも犯罪構成事実の一部として摘示している点が注目される。

二　送信行為自体も国外で行われた、いわば完全に国外に由来する画像データであり、その内容も日本国内では明らかに違法と評価されるわいせつ画像のものであっても、インターネット上では、これらのデータは国境などの地理的物理的制約とは無関係に流通するのであり、当然にわが国においても、無制限無制約的にこれを閲覧することが実際上可能である。いま検討したように、これに対してわが国刑法の適用を行うことも理論的には可能であると解されるが、その際には、これに否定的な見解の指摘する、国家間の刑事裁判権の衝突などの問題が生じると思われる。しかし、そもそもそれ以前に、一国の捜査機関の事案処理能力の物理的限界などのゆえに、このような事案につき効果的かつ公正に対処することは実際上不可能である。完全に国外に由来するサイバー・ポルノは、その大半がマスク処理なども施されておらず、国内サーバーや、国内からの送信行為によってデータの記憶・蔵置が行われた国外サーバーを経由して提供される画像よりもはるかに露骨にわいせつ性が表現されているようであり、わが国刑法一七五条の法益がその性秩序や健全な性風俗の維持等と解される場合には、それだけ一層本条の適用による規制も正当化されるはずであるにもかかわらず、現在までのところ、これらの事案に関する判例はもとより、その摘発の事例さえも報告されていない。このことは、まさにそのような法適用が現実には不可能であることを示している。

理論的に可能な刑法の適用を凌駕した存在であるサイバー・ポルノの（つまりは、特にインターネットというニュー・メディアの）技術特性を踏まえ、一国の規制当局が自国の性秩序の維持などを根拠にこれを法的に規制しようとすることの意義と効果を再検討し、国際的な対応や、あるいは受信者自身による規制のためのその情報選別手段を確立させる技術の開発などに委ねることによる解決を模索することの必要性を、完全に国外に由来するわいせつ画像の問題性が如実に表しているように思われる。(156)

(1)　電波法は、わが国における無線通信制度に関する基本法的性格を有する法律であるが、その一〇八条は、「無線設備又は……通信設備によつてわいせつな通信を発した者は、二年以下の懲役又は百万円以下の罰金に処する。」として、直罰を規定している。これに対し、本法の特別法に該当する放送法は、三条の二第一項で、「放送事業者は、国内放送の放送番組の編集に当たつては、次の各号の定めるところによらなければならない。一　公安及び善良な風俗を害しないこと。……」として、放送番組編集準則を定めており、これについては有線テレビジョン放送法一七条もまた「放送法……第三条の二第一項……の規定は、有線テレビジョン放送……について準用する。……」として、放送法と同様の規制を設けている。このような番組準則の違反に対する罰則は、放送法上は設けられていないものの、有線テレビジョン放送法については、番組準則違反に対し総務大臣による三月までの業務停止命令が下され（二五条二項）、この命令の違反者に対しては六月以下の懲役または五〇万円以下の罰金が科されるものとされている（三四条）。したがって、有線テレビ放送については、この準則は単なる倫理的な規定ではない（堀部政男「情報通信法」石村善治・堀部政男編『情報法入門』（一九九九年）六九頁以下参照）。

（2）　前田雅英『刑法各論講義』（第三版）（一九九九年）四〇九頁、梶木壽「第一七四条（公然わいせつ）」大塚仁他編『大コンメンタール刑法第二版第九巻』（二〇〇〇年）一二頁。反対、団藤重光「（公然わいせつ罪）第一七四条」同編『註釈刑法第四巻』（一九六五年）二八一頁、中山研一『刑法各論』（一九八四年）四六二頁。

（3）　中山研一『わいせつ罪の可罰性』（一九九四年）一頁以下、三六頁、五六頁以下参照。

（4）　大審院の判例（大判大正七年六月一〇日新聞一四四三号二二頁）によって示され、戦後のいわゆるサンデー娯楽事件判決（最判昭和二六年五月一〇日刑集五巻六号一〇二六頁）やチャタレー事件判決（最大判昭和三二年三月一三日刑集一一巻三号九九七頁）によって承認・確立されている法的な意味でのわいせつ概念、すなわち「徒に性欲を興奮又は刺激せしめ、且つ普通人の正常な性的羞恥心を害し、善良な性的道義観念に反するもの」との定義づけ自体は、その後の判例により概念内容の具体化や判断基準の明確化などが試みられつつも、今日においてもなお通用している。

ただ、近時の判例は、このわいせつ概念を表面上は踏襲しながらも、実質的には現在の社会通念等の価値基準の変化に対応してきているともいえ（新庄一郎・河原俊也「第一七五条（わいせつ物頒布等）」大塚仁他編『大コンメンタール刑法第二版第九巻』（二〇〇〇年）二九頁）、また、このような価値基準の変容に対しては、特に裁判以前の取締段階において、柔軟に対応されているものと思われる。

（5）　最大判昭和三二年三月一三日刑集一一巻三号一〇〇四頁以下。

（6）　判例として、最判昭和三四年三月五日刑集一三巻三号二七五頁等。通説として、団藤重光『刑法綱要各論』（第三版）（一九九〇年）三一〇頁等。

（7）　平野龍一『刑法概説』（一九七七年）二六八頁、曽根威彦『表現の自由と刑事規制』（一九八五年）一八四頁以下、萩原滋『実体的デュー・プロセス理論の研究』（一九九一年）二六五頁、林美月子「性的自由・性表現に関する罪」芝原邦爾他編『刑法理論の現代的展開・各論』（一九九六年）六〇頁等。岩間康夫「インターネット上のわいせつ画像に対する刑事規制について」大阪学院大学通信二九巻二号（一九九八年）六頁以下も同旨。

なお、武田誠『わいせつ規制の限界』（一九九五年）九二頁以下は、未成年者との関係においても、基本的にその性的感情の自由の保護を規制根拠とすべきであるとされる。
(8) このいわゆる「ブランデンバーグ法理」を前提とすることが、わいせつ表現の規制に関しても必要とされるべきであると思われる。松井茂記『マス・メディア法入門』(第二版)(一九九八年)一四九頁、同『日本国憲法』(一九九九年)四六〇頁以下参照。
(9) 萩原・前掲注(7)二六五頁以下参照。
(10) なお、本条の罪の保護法益がそのようには解されていない判例においては、そもそも「刑法一七五条が、所論のように他人の見たくない権利を侵害した場合や未成年者に対する配慮を欠いた販売等の行為のみに適用されるとの限定解釈をしなければ違憲となるものではない」(最判昭和五八年一〇月二七日刑集三七巻八号一二九五頁)とされている。
(11) 曽根・前掲注(7)一八八頁以下、松井・前掲注(8)『マス・メディア法入門』一四九頁参照。
(12) 今日、社会的に問題となっているコンピュータ・ネットワーク上での違法・有害な性表現画像の流布ないし公開は、このような態様により行われる場合が最も一般的であって、現在までに下されている裁判例もこの行為態様に関するものが大半を占めている。そのため、本文における以下での判例分析においても、刑法一七五条におけるわいせつ物公然陳列罪の成否が問題とされているこれら典型的な事案に関する諸判例を中心に採り上げる。
ただし、いわゆるサイバー・ポルノに関する事案として問題となる具体的な行為態様については、これ以外にも、画像の修正に用いられるいわゆるマスクソフトを開発し、これに関するホームページを開設していた者が、このソフトにより修正され、このソフトを用いればその修正が復元可能なわいせつ画像を掲載するホームページの開設者と意思を通じて、これと自己のホームページとの間に相互リンクを設定するなどして画像掲載者のわいせつ画像の公開を支援した事案(大阪地判平成一二年三月三〇日公刊物未登載。わいせつ図画公然陳列幇助で確定。評釈として、園田寿「FLMASK(エフエルマスク)リンク事件」捜査研究五八三号(二〇〇〇年)一〇頁以下、小池健治「自らが作成した画像処理ソフトの使用を誘引し、自らのホームページにわいせつ画像等を内容とするホームページへのリンクを設定するなどした行為につき、わいせつ物公然陳列罪の幇助犯が成立するとした事例」警察公論五六巻二号（二〇〇一年）五一頁以下）、わいせつな姿態をとる出演女性をカメラ撮影しつつ、この映像データをインターネットのホームページ上で即時配信すること（要するに、ライブ映像の送信）によって、これを会員に観覧させていた事案（岡山地判平成一二年六月三〇日公刊物未登載。本位的訴因であるわいせつ図画公然陳列罪ではなく、予備的訴因たる公然わいせつ罪で確定）、ホームページ上でわいせつ画像を販売する旨の告知をし、申込みをなした顧客に対し電子メールの添付ファイルとしてわいせつ画像を送信した事案（横浜地裁川崎支判平成一二年七月六日公刊物未登載（判決文の主要部分は、山川景逸「インターネット上のわいせつ画像データを刑法一七五条のわいせつ図画と認定した事例」研修六二八号（二〇〇〇年）一一九頁以下で紹介されている）、および横浜地裁川崎支判平成一二年一一月二四日公刊物未登載。ともにわいせつ図画販売罪で確定。前者の評釈として、園田寿「わいせつ画像データを有料で送信した行為にわいせつ図画販売罪が認められた事例」判例セレクト'00（法学教室二四六号別冊）（二〇〇一年）三七頁（『判例セレクト'86〜'00』（二〇〇二年）五三八頁所収）、松本裕「電子メールに添付されたわいせつ画像自体が刑法第一七五条の『わいせつ図画』に該当するとした事例」研修六三五号（二〇〇一年）三頁以下）などがある（なお、前述のように本書では、わが国における公刊物未登載のサイバー・ポルノ関連の諸判例はすべて、序章注（9）に引用した園田寿教授のホームページに依拠している）。

これら諸判例のうち、大阪地裁判決はいわゆる「リンク行為の可罰性」との論点（後述本章第五節）に関する判例であり、本判決は本文での判例分析において検討している（後掲⑭判決）。他の判例もまた典型的なサイバー・ポルノ事案におけるとは態様を異にすることから、本文における分析では採り上げていないが、このうち、電子メールの添付ファイルとしてわいせつ画像を送信した事案に関する横浜地裁川崎支部による二つの裁判例については、ここで若干の検討を加えておく。

まず、平成一二年七月六日の判決は、本件が、わいせつ画像の公開の目的で、プロバイダの管理するサーバー・コンピュータあるいはパソコン通信におけるホスト・コンピュータに当該画像のデータが記憶・蔵置されるという、典型的なサイバー・ポルノ事案におけるとは異なり、行為者自身が個々の顧客に直接画像データを送信した事案であって、不特定多数の者が当該画像に直接アクセスしうるものではないことから、予備的訴因であったわいせつ図画公然陳列罪の成立を否定する一方で、「被告人方のパソコンに記録、保存されたわいせつな画像のデータは、インターネットの電子メール・システムにより、同じ形で送信先の受信用メールサーバーに送られ、その受信メール・アドレスを有する者のパソコンのディスプレー上に同一の画像として再生可能な状態となるものである。このようなシステムが社会一般に普及してきた状況のもとでは、いわば電子メール・システム全体がビデオテープのように情報の媒体としての機能を果たし、わいせつな画像データが有体物に化体されたのと同程度の固定性・伝播性を有するに至っているといえる。もちろん、電子メール・システムという媒体がなければ本件画像データは同一性を維持したまま伝播しうる固定性を保つことができないから、このシステムから離れて、本件画像データそれ自体が『わいせつ図画』に該当すると解することはできないが、本件画像データがインターネットにおける電子メール・システムという媒体の上に載っていることにより、有体物に化体されたのと同視して『図画』に該当すると解することは可能であり、合理的な拡張解釈として許されると解する」として、本位的訴因であるわいせつ図画販売罪の成立を認めている。

本判決によるこの判示での立論は、電子メール・システム全体を媒体であると解して、これと、ここに存在する（ここで伝達される）画像データとを一体として捉え、これがわいせつ物（図画）に該当するとの構成を採ることによって、刑法一七五条における客体の有体物性要件（本条の客体が有体物性を前提としていると解されるべき点については、後述本章第二節三**1**参照）の充足を図ろうとするものであると解される（山川・前掲一二四頁は、本判決がわいせつ画像データ自体をわいせつ物と認定して本条を適用したものであると解されているが、そうではないと思われる。松本・前掲一一頁も、本判決は、率直に画像データ自体をわいせつ図画に当たるものとはしておらず、それは、刑法の文理解釈の要請などが考慮されたためであろうとされている）。しかしながら、このような立論は、実質的には、電子メール・システム、つまりは地球的規模のコンピュータ・ネットワークたるインターネットそのものを一つの（わいせつ）物であると解することである点で、あまりにも実態とかけ離れていること（園田・前掲「わいせつ画像データを有料で送信した行為にわいせつ図画販売罪が認められた事例」三七頁も、「インターネットとはコンピュータが相互に接続された『状態』だから、判決は『状態』が『物』だと述べているに等しい」

とされる）、このようなコンピュータ・ネットワーク上でのデータの流通を当該データのネットワークへの化体と解している点で不自然であること、これらの立論によって本件事案につきわいせつ物（図画）販売罪の成立を認めることは、わいせつ物たる客体としての「わいせつ画像データの通過する電子メール・システムないしインターネットそのもの」を販売したとすることと等しく、あまりに不合理であることなどから、もはや一七五条の解釈論としては破綻している不当な理論構成であるといわざるをえない。

次に、本判決と同様の事案についての、もう一つの裁判例である平成一二年一一月二四日の判決では、「ファイルは一定の内容を保ったまま送付されるのであって、固定性を有し、販売概念を曖昧にするものではない。しかも、その画像ファイルは、購入者のパソコンのハードディスク等に保存し、或いはこれをプリントアウトして文書化したり、或いは更に転送したり、CD－Rに焼き付けたりして、他に広めることも可能であって、同法（刑法―引用者注）一七四条の場合とは趣を異にしていて、一七五条の適用が相当な場面である。また、今日ではインターネットを通じてさまざまなファイルの売買が日常的に行われており、本件を『わいせつな文書、図画その他の物』の範囲を従来の解釈より拡張してわいせつ画像販売として刑法一七五条に当たるとしても、予想不可能で不意打ちに当たるとは到底思われない。公然陳列についてではあるが、情報に着目して本条を適用した判例もある（岡山地方裁判所平成九・一二・一五）し、本件と同種の事案についてわいせつ図画販売に当たるとした判例もある（横浜地方裁判所川崎支部平成一二・七・六）。本件について刑法一七五条を適用しても、罪刑法定主義に反するものではない」として、わいせつ図画販売罪の成立が認められている。

この判決は、明示的ではないものの、先の平成一二年七月判決とは異なり、画像データ自体を一七五条の客体と捉えることによってわいせつ図画販売罪の成立を肯定しているようにみえる。そうであるとすれば、本判決は、その引用する岡山地裁判決（典型的なサイバー・ポルノ事案の一判例として、本文での判例分析において採り上げている（後掲⑦判決））と同様に、有体物性を前提としていると解すべき現行刑法一七五条の客体に、情報（データ）という無体物をも包含させる類推解釈を採るものということになる。

結局、これら二判例における事案のような、当該データの内容（わいせつ性）の公開を伴わない、個々の受信者へのデータの個別的な（反復の意思のある）送信に対して、現行刑法一七五条を適用しようとすれば、平成一二年七月判決におけるような実態とかけ離れた不合理な理論構成となるか、あるいは同年一一月判決のような類推解釈を採るのほかないこととなる。罪刑法定主義の要請の作用する刑罰法規の解釈としてはいずれも許されないというべきであり、このような事案の当罰性が現実に認められるのであれば（このような態様による画像データの送受信の、今後のさらなる増加は予想される）、その処罰のためには、少なくとも、無体物たる情報（データ）をも客体と明示する法改正の手続きを経る必要がある（ただし、このような法改正が実現されたとしても、インターネットのグローバル性のゆえにわが国にも物理的に自由に流入する国外から発信されたデータの規制は、実際上極めて困難であることこそが問題となる。終章二1参照）。

(13)　本章注（12）でも述べたように、ここで検討対象として採り上げる諸判例は、ユーザーによる画像の再生・閲覧を予想しつつ、ホスト・コンピュータないしサーバー・コンピュータ内のハードディスクにわいせつ画像のデータを記憶・蔵置させるという最も典型的なサイバー・ポルノ事案に関するものであり（ただし、そのなかで、わいせつ性の遮蔽を意図して付与される、当該画像に対するマスクの有無という相違はある）、例外は、リンク行為の可罰性が問題となる大阪地判平成一二年三月三〇日判決（後掲⑭判決）のみである（なお、以下での検討に際し、単に「サイバー・ポルノ（事案）」と称する場合には、基本的にこの典型的な事案によるものを前提としている）。

(14)　公刊物未登載（確定）。

(15)　公刊物未登載（確定）。

(16)　判時一五九七号一五一頁、判タ九二九号二六六頁（確定）。評釈として、浦田啓一「インターネットを利用したわいせつ画像の提供につき、わいせつ図画公然陳列罪の成立を認めた事例」警察公論五一巻一一号（一九九六年）一一六頁以下、長谷部恭男「インターネットによるわいせつ画像の発信」法律時報六九巻一号（一九九七年）一二三頁以下、前田雅英「インターネットとわいせつ図画公然陳列罪」都立大法学会雑誌三八巻一号（一九九七年）六〇七頁以下、塩見淳「わいせつ画像を掲載したホームページの開設とわいせつ図画公然陳列罪の成否」判例セレクト'97（法学教室二一〇号別冊）（一九九八年）三七頁（『判例セレクト'86～'00』（二〇〇二年）五〇一頁所収)、園田寿「サイバーポルノとわいせつ図画公然陳列罪の成否」『平成九年度重要判例解説』(ジュリスト一一三五号)(一九九八年)一六五頁以下。

(17) 公刊物未登載(確定)。

(18) 公刊物未登載(確定)。

(19) 判時一六三八号一六〇頁(控訴)。評釈として、園田寿・川口直也「わいせつ画像のデータが記憶・蔵置されたパソコン通信のホストコンピュータのハードディスクが、刑法一七五条の『わいせつ物』であると認定された事例」関西大学法学論集四八巻二号(一九九八年)一六八頁以下、斉藤信宰「パソコンネットの開設運営者が自己の管理するホストコンピュータのハードディスク内にわいせつ画像データを記憶・蔵置した事案において、右ハードディスク自体が、わいせつ物公然陳列罪の『わいせつ物』に該当するとした事例」判例評論四八六号(一九九九年)四三頁(判例時報一六七六号二〇五頁)以下。

(20) 判時一六四一号一五八頁、判タ九七二号二八〇頁(確定)。評釈として、名取俊也「わいせつ画像データを刑法一七五条の『わいせつ図画』と認定した事例」研修五九六号(一九九八年)二一頁以下、吉田統宏「わいせつ画像データを刑法一七五条の『わいせつ図画』と認定した事例」警察学論集五一巻四号(一九九八年)一六九頁以下、松本裕「わいせつ画像データを刑法一七五条の『わいせつ図画』と認定するなどして公然陳列罪の成立を肯定した事例」警察公論五三巻六号(一九九八年)一〇七頁以下、臼木豊「マスク処理されたわいせつ画像データの記憶・蔵置とわいせつ図画公然陳列罪」判例セレクト'98(法学教室二二二号別冊)(一九九九年)三三頁(『判例セレクト'86～'00』(二〇〇二年)五一二頁所収)、山本光英「一　わいせつ画像の性器部分に画像処理ソフトでマスク処理をしたものをプロバイダーのサーバーコンピュータに送信してその記憶装置内に記憶・蔵置させ、不特定多数のインターネット利用者において受信した画像データを同じソフトを利用することによりマスクを取り外した状態のわいせつ画像を復元閲覧することが可能な状況を設定し、アクセスしてきた不特定多数の者にわいせつ画像を再生閲覧させたことが、わいせつ図画公然陳列罪に当たるとされた事例　二　わいせつ物公然陳列罪の対象となるわいせつ物には有体物のみならず情報としてのデータも含まれるとすることも刑法の解釈として許されると判示した事例」

判例評論四八七号（一九九九年）五九頁（判例時報一六七九号二三七頁）以下、渡邊卓也「インターネット接続業者のサーバーコンピュータ内に記憶・蔵置されたわいせつ画像について」早稲田法学七六巻一号（二〇〇〇年）一七七頁以下。

(21) 公刊物未登載（確定）。評釈として、園田寿「山形わいせつ情報海外送信事件」法学セミナー五二三号（一九九八年）一二七頁（サイバーロー研究会・指宿信編『サイバースペース法』（二〇〇〇年）一三一頁以下所収）。

(22) 公刊物未登載（確定）。

(23) 判タ一〇三四号二八三頁（確定）。評釈として、横溝大「海外へのわいせつ画像データの送信に対する刑法一七五条の適用」ジュリスト一二二〇号（二〇〇二年）一四三頁以下。

(24) 公刊物未登載（確定）。

(25) 高刑集五二巻四二頁、判時一六九二号一四八頁、判タ一〇六四号二三九頁（上告）。評釈として、園田寿「陳列概念の弛緩―『アルファーネット事件』控訴審判決―」現代刑事法二巻三号（二〇〇〇年）一〇頁以下、橋本正博「いわゆるパソコンネットの開設・運営者がホストコンピュータのハードディスク内にわいせつ画像データを記憶・蔵置し、電話回線を使用してこれをダウンロードさせるようにした場合にわいせつ物公然陳列罪の成立を認めた事例」現代刑事法二巻九号（二〇〇〇年）七九頁以下、浅田和茂「パソコンネットの開設運営者が自己の管理するホストコンピューターのハードディスク内にわいせつ画像データを記憶・蔵置するなどした事案において、わいせつ物公然陳列罪の成立を認めた事例」判例評論五〇八号（二〇〇一年）五四頁（判例時報一七四三号二一六頁）以下。

(26) 公刊物未登載（確定）。

(27) 公刊物未登載（確定）。評釈として、園田・前掲注（12）「ＦＬＭＡＳＫ（エフエルマスク）リンク事件」、小池・前掲注（12）。

(28) 刑集五五巻五号三一七頁、判時一七六二号一五〇頁、判タ一〇七一号一五七頁。評釈として、塩見淳「コンピュータ・ネットワークを通したわいせつ画像データの配信とわいせつ物公然陳列罪の成否」法学教室二五七号（二〇〇二年）一三七頁、只木誠「わいせつ物公然陳列罪の成否」判例セレクト'01（法学教室二五八号別冊）（二〇〇二年）三五頁、同「パソコンネットのホストコンピュータのハードディスクにわいせつな画像データを記憶、蔵置させる行為と刑法一七五条にいうわいせつ物公然陳列罪の成否」現代刑事法四巻八号（二〇〇二年）七九頁以下、瀧波宏文「わいせつ画像データを記憶、蔵置させたコンピュータのハードディスクを、刑法一七五条の『わいせつ物』に当たると認定し、当該コンピュータを自己の運営するパソコンネットのホストコンピュータとして会員にわいせつな画像データが閲覧可能な状態を設定したことについて、わいせつ物公然陳列罪の成立を認めた事例」警察公論五七巻六号（二〇〇二年）五〇頁以下、山口厚「サイバーポルノとわいせつ物公然陳列罪」『平成一三年度重要判例解説』（ジュリスト一二二四号）（二〇〇二年）一六六頁以下、山口雅高「一　わいせつな画像データを記憶、蔵置させたいわゆるパソコンネットのホストコンピュータのハードディスクと刑法一七五条のわいせつ物　二　刑法一七五条にいうわいせつ物を『公然と陳列した』の意義　三　いわゆるパソコンネットのホストコンピュータのハードディスクにわいせつな画像データを記憶、蔵置させる行為と刑法一七五条にいうわいせつ物の公然陳列」ジュリスト一二二八号（二〇〇二年）二六〇頁以下。

(29)　山口厚教授は、コンピュータ・ネットワーク上でわいせつ画像データを流布させる行為に関して、この可罰性についての刑法上の論点を次のように指摘されている。「①わいせつ情報を、パソコン通信のホスト・コンピュータやインターネットのサービス・プロバイダーのサーバー・コンピュータのハードディスクに蔵置し、利用者にアクセス可能な状態を設定することは、刑法一七五条にいうわいせつ図画の公然陳列に当たるか。(a)サーバーが日本国内にある場合と、(b)外国にあるサーバーに日本国内からアクセスしてわいせつ情報を蔵置する場合とで判断は異なるか。②わいせつ情報を公開しているサイトへリンクを張る行為は、わいせつ図画公然陳列となるか。③画像修正ソフトで修正を加えた（それがなければわいせつ性が肯定される）画像をネットワーク上で公開する行為は、わいせつ図画公然陳列か、④画像の修正部分を回復する画像修正ソフトを配布する行為は、わいせつ図画公然陳列ないしその共犯となるか。⑤わいせつ情報が蔵置されたホスト・コンピュータやサーバーを管理するパソコン通信の運営主体やインターネットのサービス・プロバイダーは、わいせつ情報等を削除しない場合に何らかの刑事責任を負うか」（同「コンピュータ・ネットワークと犯罪」ジュリスト一一一七号（一九九七年）七三頁以下）。

このうち、⑤のプロバイダの責任に関する論点については、青少年に有害な性表現についての営業規制に関する風適法の、一九九八年（平成一〇年）の改正により、プロバイダに一定の努力義務が課されることとなったことから、本書ではこれを扱う第四章において検討する。
(30) 大判大正一五年六月一九日刑集五巻七号二六七頁。本判決は、「映畫ヲ映寫スルトキハソノ寫出セラレタルモノニ依リ映畫自體ノ如何ナルモノナルヤヲ認識シ得ヘキ状態ニ置クモノナルカ故ニ映畫ヲ陳列シタルモノト謂ヒ得ヘク原判決モ亦此ノ理由ニ因リ被告人ノ本件行爲ニ對シ刑法第百七十五條ヲ適用セシモノニシテ映寫ニ因リ顯レタル幻影ヲ以テ同條ニ所謂圖畫其ノ他ノ物ニ該當ストセルモノニ非サル」（二六九頁以下）として、映写された画像ではなく映画フィルム自体にわいせつ図画性を認めている（もっとも、映画フィルムについては、それに撮影された静止画像を肉眼で認識することが可能ではある）。
(31) 名古屋高判昭和四一年三月一〇日高刑集一九巻二号一〇四頁、判時四四三号五八頁、大阪高判昭和四四年三月八日判時五五三号八八頁等。
(32) 東京地判昭和三〇年一〇月三一日判時六九号二七頁、東京高判昭和四八年八月二九日東高刑時報二四巻八号一三七頁等。
(33) 最決昭和五四年一一月一九日刑集三三巻七号七五四頁、富山地判平成二年四月一三日判時一三四三号一六〇頁等。
(34) 大阪地判平成三年一二月二日判時一四一一号一二八頁。
(35) 大阪地裁堺支判昭和五四年六月二二日刑月一一巻六号五八四頁。
(36) 塩見淳「猥褻物と猥褻情報」判例タイムズ八七四号（一九九五年）六二頁参照。
(37) 判時一六三八号一六一頁。
(38) 高刑集五二巻四四頁以下、判時一六九二号一五〇頁、判タ一〇六四号二四一頁。
(39) 刑集五五巻五号三一八頁、判時一七六二号一五二頁、判タ一〇七一号一五九頁。

(40)　判時一六四一号一六一頁以下、判タ九七二号二八三頁。
(41)　ここで検討の対象としている事案、すなわち、わいせつな画像のデータをホスト・コンピュータないしサーバー・コンピュータ内のハードディスクに記憶・蔵置させることで、当該画像をホームページ等を通じて不特定多数の者に閲覧されうる状態におくという、サイバーポルノ事案として最も典型的なケースにつき、わいせつ物（図画）公然陳列罪の成立を認める諸判例（画像に対するマスクの有無という相違はあるものの、前節一で列挙したもののうち、リンク行為に係るものである点で事案を異にする⑭判決を除く全判例）のなかでは、画像データ自体に本罪の客体性を肯定しているのはこの⑦判決のみである。ただし、このような事案とは異なり、当該画像の公開を伴わず、電子メールの添付ファイルとして特定のユーザーにわいせつ画像を送信する事案については、この⑦判決をも引用してわいせつ図画販売罪の成立を認めている、前述の横浜地裁川崎支部平成一二年一一月二四日判決もまた、画像データ自体について一七五条の罪の客体性を肯定していると解される判示を行っている（本章注（12）参照）。
(42)　浦田・前掲注（16）一一九頁以下、山口・前掲注（29）七四頁以下、転法輪慎治「ネットワーク犯罪におけるインターネットにおけるわいせつ情報（一）」JCCD七九号（一九九七年）一八頁以下、佐久間修「ネットワーク犯罪におけるわいせつ物の公然陳列」『西原春夫先生古稀祝賀論文集第三巻』（一九九八年）二二〇頁以下、松本・前掲注（20）一一一頁以下、後藤啓二「コンピュータ・ネットワークにおけるポルノ問題（上）」ジュリスト一一四四号（一九九八年）一一〇頁、斉藤・前掲注（19）四五頁以下、川端博「インターネット画像とわいせつ物陳列罪の客体」研修六一六号（一九九九年）一〇頁、塩見淳「インターネットとわいせつ犯罪」現代刑事法一巻八号（一九九九年）三六頁、同「インターネットを利用したわいせつ犯罪」刑法雑誌四一巻一号（二〇〇一年）六七頁以下、川崎友巳「サイバーポルノの刑事規制（二・完）―イギリス刑事法との比較法的考察―」同志社法学五二巻一号（二〇〇〇年）七頁、山中敬一「インターネットとわいせつ罪」高橋和之・松井茂記編『インターネットと法』（第二版）（二〇〇一年）八六頁以下等。
(43)　堀内捷三「インターネットとポルノグラフィー」研修五八八号（一九九七年）五頁。同旨、南部篤「電子メディアとわいせつ表現物の刑事規制―わいせつ画像情報の『わいせつ図画』性を中心に―」日大法学部法学研究所法学紀要四〇巻別巻（一九九九年）八五頁以下（大容量ハードディスク全体をわいせつ物と解することの不自然さとともに、性秩序の保護という法益論の観点から、一七五条の罪の客体を有体物に限定する必要は減じており、わいせつ画像データ自体を客体と認めるべきであるとされる）。

(44)　前田雅英「ハイテク犯罪の実体法上の諸問題」自由と正義五一巻一〇号（二〇〇〇年）四六頁以下。また、同「ハイテク犯罪の現状と課題」ジュリスト一一四〇号（一九九八年）九七頁以下も参照。

(45)　刑録九巻八七四頁。

(46)　名取・前掲注（20）二六頁。ここで名取検事が具体的に指摘されている、ホームページ上での公開等による閲覧可能状態を伴わないわいせつ画像データの送受信という事案に対する捕捉の困難性の問題は、まさに前述の、電子メールの添付ファイルとしてわいせつ画像の送信が行われた事案についての、横浜地裁川崎支部による平成一二年の二判例において顕在化している。そして実際に、このうち同年一一月の判例は、画像データ自体に客体性を認めるかのような解釈を採っている（本章注（12）を参照）。

(47)　吉田・前掲注（20）一七三頁以下。

(48)　同旨、新庄・河原・前掲注（4）四九頁。

なお、顧客の依頼を受けて作成するダビングテープ（コピーテープ）のみを販売する目的で、わいせつ映像の録画されたビデオテープ（マスターテープ）を所持していた場合にも、わいせつ物販売目的所持罪が成立するとする富山地裁平成二年四月一三日判決（判時一三四三号一六〇頁）や東京地裁平成四年五月一二日判決（判タ八〇〇号二七二頁）が登場していた時点ですでに、渡辺惇「ダビングテープのみを販売する目的でマスターテープを所持した場合において、わいせつ図画販売目的所持罪が成立するとされた事例」警察学論集四五巻八号（一九九二年）二二四頁は、当時普及しつつあったパソコン通信を念頭におかれて、このようなコンピュータ・ネットワーク上ではわいせつ情報がその物理的移転につき有体物への化体を全く必要としない点を考慮され、「例えば、刑法一八五条の賭博罪における『財物』が、有体物に限定されず、財物その他財産上の利益を含むと解されているように、本条（一七五条―引用者注）の対象物を勘案するに当たって、電磁的記録に係るわいせつ物については、……『わいせつの情報』という電磁的記録とこれを固定するメディアとの一体性を議論する意味が社会的にもまったくなくなっていることを率直に受け入れ、『わいせつの情報』そのものの販売等について、本罪（わいせつ物販売罪―引用者注）の成立を考えることが必要ではなかろうか」との指摘をなされており、また、野口元朗「ダビングテープのみを販売する目的でマスターテープを所持した場合のわいせつ図画販売目的所持罪の成否（積極）」研修五八一号（一九九六年）六二頁も、「本条（一七五条―引用者注）の立法趣旨が、健全な性秩序等の保護という点にあることからすれば、財物が有体物に限られるのと異なり、本条のわいせつ図画等の場合にはこれを有体物に限る必要性はなく、例えばインターネット上に表示されたわいせつ図画等、管理可能な無体情報も含ましめるのが素直であり、むしろ社会的実態にも合致すると思われる。そのような場合に、ハードディスクやフロッピーディスクという有体物の内容を陳列したものであるということももちろん可能ではあるが、ハードディスクやフロッピーディスクそのものがわいせつなのではなく、その内容たる情報がわいせつなのであるから、直截に情報そのものを対象としてとらえるのが理論的であろう」とされていた。

(49)　園田寿「メディアの変貌―わいせつ罪の新たな極面―」『中山研一先生古稀祝賀論文集第四巻・刑法の諸相』（一九九七年）一七九頁以下（同「サイバーポルノと刑法―『物』を規制する刑法一七五条の限界」法学セミナー五〇一号（一九九六年）六頁も参照）。同旨、原禎嗣「インターネットにおけるわいせつ図画陳列行為処罰の可能性と限界」北陸法学七巻一号（一九九九年）七〇頁以下、浅田・前掲注（25）五六頁。

(50)　渡邊卓也「電脳空間におけるわいせつ画像情報と刑事規制の客体性」早大社会科学研究科紀要別冊五号（二〇〇〇年）二二二頁以下（同・前掲注（20）一八〇頁も参照）。同旨、岩間康夫「インターネット上のわいせつ情報」西田典之・山口厚編『刑法の争点』（第三版）（二〇〇〇年）二三九頁。園田教授もまた、客体内でのデータの位置的不特定性の問題について、物理的な記録場所が原則として相対的である電磁的記録につき「ハードディスクのこのセクタに記録されているデータ」というようなディスク上の物理アドレスを特定することの不可能性を指摘されている（同「わいせつの電子的存在について―サイバーポルノに関する刑法解釈論―」関西大学法学論集四七巻四号（一九九七年）一五頁注（11））。

なお、南部・前掲注（43）八〇頁注（21）は、情報としてのデータに一七五条の罪の客体性を肯定するための論拠としてではあるが、ハードディスク全体に対するわいせつ情報の量的微少性の問題を指摘されており、それによれば、「たとえば、一件が一〇〇キロバイトの大きさ（データ量）のわいせつ画像データを考えてみると、市販のパソコンのハードディスク―現在では数ギガバイトの記憶容量を持つのが普通である―にこれを保存した場合、記憶容量の数万分の一を占めるに過ぎない。プロバイダなどのサーバーコンピュータの場合は、その記憶容量のキャパシティは『ギガ』の約一〇〇〇倍の単位の『テラ』であらわす規模になるので、一件のわいせつ画像が占める領域は、おそらく全体の数億分の一から数十億分の一という割合になろう」とのことである。

(51)　佐久間・前掲注（42）二二三頁。同旨、渡邊・前掲注（50）二二〇頁以下、西田典之『刑法各論』（一九九九年）三七一頁以下、山中・前掲注（42）八三頁。

(52)　園田・前掲注（50）一六頁注（17）。

(53)　渡邊・前掲注（50）二二一頁。

(54)　園田・前掲注（16）一六六頁。

(55)　一七五条における客体性につき、その物自体からのわいせつ性の直接的視覚的な認識可能性を要件とされる近時の見解としては、ダイヤルQ²サービスに関する大阪地裁平成三年一二月二日判決（本章注（34））による、録音再生機についての客体性の肯定を疑問とされる山本輝之「ダイヤルQ²回線を利用したわいせつな音声の提供とわいせつ物公然陳列罪の成否」法学教室一四六号（一九九二年）九一頁や武田・前掲注（7）一六四頁などがあるが、サイバー・ポルノ事案での、サーバー・コンピュータ（ないしホスト・コンピュータ）内のハードディスクの客体性をこのような見地から明確に否定される見解は、現在までのところ見当たらない。

(56)　佐久間・前掲注（42）二二二頁。同旨、川端・前掲注（42）一〇頁。

(57)　山中・前掲注（42）八七頁。

(58)　伊東研祐『現代社会と刑法各論第三分冊』（二〇〇〇年）三九三頁以下、山本・前掲注（20）六二頁以下参照。

(59)　臼木豊「陳列の意義」松尾浩也他編『刑法判例百選II各論』（第四版）（一九九七年）一八八頁。なお、臼木豊

助教授は、本条によりわいせつ物とされる「文書」は音声符号が可視的であるに過ぎず、わいせつ性の感得には読解を要する点で、「見るだけで」わいせつ性の認識可能な物ではないとされ、ここから本条の客体が直接視覚的にわいせつ性を認識しうるものであることの不要性を根拠づけられている（同・前掲一八八頁）。

(60)　大判昭和一四年六月二四日刑集一八巻一〇号三四八頁。

(61)　最判昭和三九年五月二九日裁判集刑一五一号二六三頁。

(62)　東京高判昭和五六年一二月一七日高刑集三四巻四号四四四頁等。

(63)　なお、これらの判例ではいずれもわいせつ図画としてその客体性が肯定されており、それぞれ同頒布罪（手拭の事案）、販売目的所持罪（盃の事案）、販売罪および販売目的所持罪（写真の事案）の成立が認められている。

(64)　大判大正一五年六月一九日（本章注（30））。ただし、前述のように、映画フィルムの場合にはこれに撮影された画像を肉眼で認識することも可能である。

(65)　この点、ハードディスクの客体性につき否定説を採られる園田教授も、判例による従来までの客体性の解釈によって「ハードディスクやパソコンなどを『わいせつ物』と解した場合の不自然さは、ある意味では法的にはクリアされている問題であるとはいえよう」（同・前掲注（50）六頁）とされている。

(66)　佐久間・前掲注（42）二二三頁。

(67)　西田・前掲注（51）三七二頁、前田・前掲注（2）四一二頁、伊東・前掲注(58)三九〇頁、新庄・河原・前掲注（4）四四頁以下等。

(68)　前田・前掲注（2）四一二頁。なお、大判昭和一一年一月三一日刑集一五巻六八頁は、郵送の場合につき、相手方への到達が必要であると解している。

(69)　新村出編『広辞苑』（第五版）（一九九八年）一七六二頁。

(70)　判例として、前掲大判大正一五年六月一九日（本章注（30））等。通説として、団藤・前掲注（2）二九二頁、中山・前掲注（2）四六七頁、前田・前掲注（2）四一三頁等。

(71)　録音テープの再生につき、東京地判昭和三〇年一〇月三一日判時六九号二七頁等、ダイヤルQ²サービスによる録音内容の送信につき、前掲大阪地判平成三年一二月二日（本章注（34））。
(72) 西田・前掲注（51）三七二頁、大谷實『新版刑法講義各論』（二〇〇〇年）五一四頁等。
(73) なお、抽象的危険犯に関する諸問題については、岡本勝「『抽象的危殆犯』の問題性」法学三八巻二号（一九七四年）一頁以下、同『犯罪論と刑法思想』（二〇〇〇年）七七頁以下、山口厚『危険犯の研究』（一九八二年）一八七頁以下等を参照。
(74) 高刑集五二巻四七頁以下、判時一六九二号一五〇頁以下、判タ一〇六四号二四二頁。
(75) 堀内・前掲注（43）六頁以下。
(76) 南部・前掲注（43）九二頁以下。
(77) 山中・前掲注（42）九一頁。
(78) 浦田・前掲注（16）一二一頁、名取・前掲注（20）二六頁以下、佐久間・前掲注（42）二二四頁以下、吉田・前掲注（20）一七四頁、新庄・河原・前掲注（4）四九頁、川崎・前掲注（42）七頁、塩見・前掲注（42）「インターネットを利用したわいせつ犯罪」七一頁以下。
(79) 佐久間・前掲注（42）二二五頁。
(80) 塩見・前掲注（42）「インターネットを利用したわいせつ犯罪」七三頁。
(81) 山口・前掲注（29）七五頁。
(82) 佐久間・前掲注（42）二二一頁。
(83) サイバー・ポルノ事案については一七五条の罪の客体を想定しがたいとして、その可罰性に否定的な立場を採られている園田教授も（前節二3参照）、仮に公然陳列の成否を論ずるとすれば、ユーザーによる画像データの再生・閲覧時にその成立を認める見解では、公然陳列に「陳列行為」のみならず「陳列結果」をも要求していることになる点でその従来からの抽象的危険犯としての理解に反すること、「見ようとする」行為までも必要と解すると、このような行為とは無関係に陳列を肯定されるべき通常の（サイバー・ポルノ関連ではない）事案の処理との整合性を欠くことになることを理由に、その成立時期はハードディスクにわいせつ画像データが記憶・蔵置された時点と解すべきであるとされている（同・前掲注（25）一五頁以下）。

(84) 園田・前掲注（25）一七頁。

(85) 園田・前掲注（25）一七頁以下。

(86) 園田教授自身、インターネット上のWWWに係る事案での画像表示の直接性は否定されていない（同・前掲注（25）一七頁参照）。また、教授は、公然陳列の成立時期に関しては記憶・蔵置時説を採られる（本章注（83）参照）。

(87) 園田説は、画像データの記憶・蔵置の時点に公然陳列の成立を認める多数説が、ユーザーのもとでの画像表示の自動性・直接性を厳密に必須の要件と解しているのであれば、少なくともサイバー・ポルノ事案における、実行行為たる陳列行為の存否との論点のみに関しては、これと異なるところはない（この園田説とほぼ同様の見解として、橋本・前掲注（25）八三頁、八四頁注（13））。

(88) 臼木・前掲注（20）三三頁（同・前掲注（59）一八九頁も参照）。

(89) 浅田・前掲注（25）五七頁。

(90) 同旨、稲垣隆一「インターネット犯罪をどう防ぐか」藤原宏高編『サイバースペースと法規制』（一九九七年）三〇三頁（陳列概念につき、「媒体自体の認識可能性は必要ではなく、この媒体に蓄積された情報につき他の機器の作動によって表示再生されたこの情報の内容を、その媒体の存在しないところで認識する場合をも含む」と希薄化して解釈することは、陳列概念の著しい拡張であって罪刑法定主義に違反する、とされる）、山本・前掲注（20）六三頁、丸山隆利「インターネットにおけるわいせつ情報の刑事規制に関する若干の考察」立正大学法制研究所研究年報五号（二〇〇〇年）五三頁。

(91) なお、この点から、陳列型類型たる公然陳列罪においては、客体につき、その物自体から直接的にわいせつ性が認識可能であることの要否、これが不要と解される場合のその顕在化の容易性の程度などがそもそも問題とならないとの帰結が導かれる。前述のように、本罪が客体の物理的な受領者の存在を前提としない（してはならない）犯罪類型であり、実行行為たる「陳列」が行為者自身によるわいせつ性の発現・顕在化を意味すると解されるべきである以上、当該物体につき直接的にわいせつ性の認識が可能か否かにかかわらず、行為者がこれを発現させている限りそれは客体となりえ、発現させていなければ客体とはならない。客体についての直接的なわいせつ性の認識可能性の要否、その顕在化の容易性の程度等は、客体の物理的な受領者の存在が前提となる交付型類型の罪において問題となるのみである。その意味では、一七五条における犯罪類型に共通する、客体性に関する一般的な争点は、その有体物性の要否のみである。

(92) その意味で、園田教授の見解が、画像表示の自動性・直接性を欠く大部分のパソコン通信に係る事案について陳列行為の存在を否定される点は正当である。

(93) この見解に対してはさらに、多数説たる記憶・蔵置時説による、公然陳列罪は抽象的危険犯であるとの基本的観点からの批判のほか、個々のユーザーによる画像データの再生時に陳列行為の完成を認めるのであれば、その公然性を欠くことになりはしないかとの疑問も提起されている（佐久間・前掲注(42)二二四頁、園田・前掲注(21)一二七頁）。また、そもそも再生（・閲覧）時説を採られている堀内教授や南部講師はわいせつ画像データ自体の客体性を認められていることから、サイバー・ポルノ事案についても公然陳列罪ではなく率直にわいせつ物（情報）頒布・販売罪を認めるのが一貫しているはずである（にもかかわらずこれが認められていないのは、このような交付型の犯罪類型についてはなお客体性要件としての有体物性への拘泥がみられ、そうであるとすれば、あえて情報としてのデータを客体と認める意義さえ薄弱となる）とも批判されている（園田・前掲注(50)一八頁参照）。

(94) ただし、これらのうち、⑧～⑪の諸判決の事案では、国内から発信された画像データが国外に所在するサーバー・コンピュータ内のハードディスクに記憶・蔵置されている点で、本事案に対する日本法適用の可否という争点は存在する（いわゆる「国外サーバーの利用」の問題であり、本章第六節で検討する）。また、⑨、⑩の各判決の事案では、画像の閲覧につき会員（有料）制が採られており、判決文からは明らかでないものの、会員によるその閲覧が可能となった時期の如何により、公然陳列の成立時期を行為者による画像データの記憶・蔵置時とは別異に解する余地がある。

(95) 刑集五五巻五号三一八頁以下、判時一七六二号一五二頁、判タ一〇七一号一五九頁。

(96)　一方、学説として記憶・蔵置時説を採られる山口教授は、⑮決定による陳列概念の理解を是認されるにあたり、陳列行為とわいせつ性認識（閲覧）可能状態の発生との「同時性」の要否について、「閲覧が可能となるのがデータの受信と『同時』ではなく『ほぼ即座（同時）』である点に、一種の拡張が含まれていることは否定しがたいが、それは、わいせつな内容を認識する上での当然の簡単な操作が介在するためにすぎないと解する場合には、その限度での拡張は許されると思われる（覆いを掛けたわいせつ写真を街頭に展示し、不特定多数の者に自分で覆いを外させ、閲覧させる場合、……）公然陳列を肯定しうると解される以上、認めうると思われる）」とされている（同・前掲注（28）一六八頁）。

この点、「行為者自身によるわいせつ性の発現」を陳列概念の必須の要件と解さず、陳列行為とわいせつ性認識（閲覧）可能状態の発生との関係性を、時間的近接性などの単なる程度問題であると解する（「同時性」を厳密に要請しない）としても、その例示される「掛かった覆いを外す」程度のものとは異なる、本件アルファーネット事件におけるような一般的なパソコン通信ネットにおける、ユーザーによる一連の再生・表示操作を必要とする画像再生過程の実態からすれば、これを、なおその同時性を保ちうる「ほぼ即座（同時）」のプロセスと認めうるか、画像再生の「過程が自動化されて直接的である以上、ハードディスク上の情報についても『認識可能』として公然陳列に当たるとしてよい」（山口・前掲注（29）七五頁）とされる場合の「自動化されて直接的である」プロセスとほぼ同じとみうるかには、疑問もある（なお、山口教授は、マスク画像の公開の可罰性の問題に関連して、後述のように、ユーザーによる画像の再生・閲覧行為も、陳列の既遂には不要であるがなお陳列の事実を構成するとされ、この時点でのユーザーによるその解除行為（わいせつ性発現行為）を見越すことで、いまだわいせつ性を欠くマスク画像のデータの記憶・蔵置時に公然陳列の成立が認められるとの立場を採られている（次節二**2**参照）。この見解からすれば、パソコン通信の事案では画像表示につきユーザーによるある程度複雑な再生操作が必要であっても、（それはなお陳列の事実として、それを見越したうえで）行為者による画像データの記憶・蔵置時に公然陳列の成立が認められるとされることは当然ではある）。

(97)　稲垣・前掲注（90）三〇三頁。

(98)　浅田・前掲注(25)五七頁。

(99)　この画像処理ソフトについての記述は、主に、園田・前掲注(50)二一頁以下に依った(ここでは、FLマスクによるマスク処理の復元に必要となる具体的操作やその難易度等が技術的側面からも詳細に紹介・分析されており、大変参考となる)。また、原・前掲注(49)六三頁以下においては、この園田教授による紹介・分析以降の、その後の技術的進歩を経たマスク処理技術についての紹介がなされている。

(100)　判時一六四一号一六一頁、判タ九七二号二八二頁。

(101)　判タ一〇三四号二八五頁、二八六頁。

(102)　本罪の成立時期につき、⑪判決以外の判例はさほど明確な言及は行っていないが、この点は、それらがマスク画像(データ)自体のわいせつ性を肯定していることからしても、それを画像データの記憶・蔵置の時点に認めるサイバー・ポルノ判例一般の基本的立場(前節一参照)に従っているものとみてよい。

(103)　判タ一〇三四号二八五頁。

(104)　前田雅英「インターネットとわいせつ犯罪」ジュリスト一一一二号(一九九七年)八三頁、名取・前掲注(20)二三頁以下、佐久間・前掲注(42)二二五頁以下(ただし、マスク画像のみのアップロードでは足らず、マスクソフトを提供するサイトへのリンク等を必要とされる)、吉田・前掲注(20)一七五頁以下、後藤・前掲注(42)一一〇頁、松本・前掲注(20)一一〇頁以下、山本・前掲注(20)六一頁(ただし、サイバー・ポルノ事案においては、そもそも現行一七五条の罪の客体たりうるものが存在していないとの見地から、その不可罰性を認められている)、塩見・前掲注(42)「インターネットを利用したわいせつ犯罪」六九頁以下等。

(105)　南部・前掲注(43)九二頁、九四頁注(32)。

(106)　山中・前掲注(42)九一頁。なお、前述のように、これらの論者とほぼ同様に、公然陳列罪の既遂時期をユーザーによる画像の再生(あるいは現実の閲覧)の時点に認められる堀内教授(同・前掲注(43)六頁以下)も、マスク画像のわいせつ性の問題自体には直接言及されてはいないものの、これらの論者と同様の理論構成によりそのわいせつ性を肯定されるものと思われる。

(107)　山口厚「情報通信ネットワークと刑法」西田典之編『岩波講座現代の法6・現代社会と刑事法』（一九九八年）一一〇頁以下。同・前掲注（29）七七頁も参照。

(108)　園田・前掲注（50）二三頁以下。また、小倉秀夫「インターネット法規制のゆくえ―わいせつ規制を具体例として（各論）」インターネット弁護士協議会（ＩＬＣ）編『インターネット法学案内』（一九九八年）一七九頁注（18）、一八〇頁注（19）も、マスク画像の修復の技術的困難性を指摘されている。

なお、マスクソフトの利用をはじめとするわいせつ性遮蔽手段の現状を技術的専門的観点から詳細に紹介・分析されている原・前掲注（49）六三頁以下では、マスク画像の公開の可罰性を論じた前掲の諸判例の下された当時に問題となっていたＦＬマスクの使用は近時ではもはや稀であって、現在はその操作性をより複雑化させた「ＰＣマスク」と呼ばれる画像処理ソフトが主流となりつつあり、このソフトでは画像処理の配列に暗号が用いられており復元も著しく困難であることなどのほか、このようなマスク処理ソフトを用いる場合以外のわいせつ性遮蔽手段として、わいせつ画像ファイルの拡張子やファイル形式の変更、記録媒体の容量節約手段たる「書庫化」の応用などの例を指摘され、普及しつつあるこれらの高度化しかつ巧妙化した遮蔽措置を解除ないし修復することについては、（一部の者にとっては可能であるが）ＦＬマスクに関して諸判例により肯定されたような操作の容易性は認められない、とされている。

(109)　渡邊・前掲注（20）一八二頁以下（なお、前述のように渡邊助手自身は、ハードディスクにも情報としてのデータ自体にも一七五条の罪の客体性を否定されることで、サイバー・ポルノ事案一般についての不可罰性を認められている）。同旨、丸山・前掲注（90）五四頁、清見勝利「わいせつ情報の頒布・陳列―ＦＬＭＡＳＫ事件」インターネット弁護士協議会（ＩＬＣ）編『インターネット事件と犯罪をめぐる法律』（二〇〇〇年）四四頁以下。

(110)　塩見・前掲注（42）「インターネットを利用したわいせつ犯罪」六九頁以下。ここで例示されている、未現像フィルムのわいせつ性発現の容易性に関する二判例は、これを否定した名古屋地判昭和五四年三月二九日公刊物未登載と、これを破棄した名古屋高判昭和五五年三月四日刑月一二巻三号七四頁である（同・前掲注（36）六〇頁も参照）。

(111)　この点、先に引用した南部講師の見解（本節二2一）が、わいせつ性の顕在化がその中核的要素であるとして陳列概念の本質論からの論証を試みられている点は正当である。
(112)　ここで摘示する問題性は、画像表示の自動性を欠き、その再生にはユーザー自身による一連の操作が必要である大半のパソコン通信ネットに係る事案についても共通する（前節も参照）。
(113)　前節一でみたように、判例は、（罪となるべき事実としての認定についてはともかく）サイバー・ポルノ事案における公然陳列罪の成立時期を画像データの記憶・蔵置の時点に認め、ユーザーによるその再生・閲覧の時点ではないとする立場にたつものと思われる。しかしながら、これがマスク画像データの記憶・蔵置の事案について一貫して本罪の成立を認めていることからすれば、判例は実質的には、ユーザーによる再生・閲覧行為までも陳列概念に包含させていることになると思われる（本節一2参照）。したがって、判例による陳列概念の理解としては、その既遂時期は画像データの記憶・蔵置の時点であるが、その後のユーザーによる再生・閲覧行為もなお陳列に含まれうるとされる山口教授の見解に類似するものと思われる。
(114)　高刑集一九巻二号一〇六頁、判時四四三号五八頁。なお、たとえ交付型類型の犯罪の客体性の問題であるとしても、未現像の映画フィルムの現像（わいせつ性の顕在化）自体が本判決の認めるほど容易であるのかとの疑問はある。
(115)　その意味で、一七五条の罪における客体性は、交付型の行為態様の場合と陳列型の態様の場合との間で異なりうる相対的なものである。
(116)　山口教授も、「相手方において取得したデータの修正を行う類型を捕捉するのは頒布・販売として行うことが自然であることは否定しがたい」（同・前掲注（107）一二三頁注（25））、と認められている。
(117)　なお、山口・前掲注（29）八〇頁注（30）は、いわゆるリンク行為の可罰性の問題（自らのホームページ上でわいせつ画像等を公開すること（当該画像のデータの記憶・蔵置）はしないが、これらがすでに公開されているサイトに向けて、自己のサイトからリンクを設定する行為の可罰性の問題。次節で検討する）に関し、リンク設定者につき公然陳列罪の正犯性を肯定されるに当たり、「ここでは、ユーザーの行為が介入していることによって可罰性に影響はない。それは、ユーザーは『被害者』であり、パターナリスティックな保護が問題となっているからである」とされている。

(118)　なお、マスク画像の公開の問題に関連して、学説では、このマスクの解除に用いられるマスクソフトを配布する行為自体（マスク画像等の公開は行わない者によるマスクソフトの配布行為）の可罰性も論じられている。

この問題につき、山口教授は、マスクソフトの配布が、マスク画像を公開しようとする者による当該画像データの記憶・蔵置を促進する場合には、ソフト配布者には公然陳列罪の幇助ないし共同正犯が成立しうるとされる。これに対し、すでにマスク画像が公開されている場合には、ソフト配布行為の可罰性は、これがわいせつ性の認識可能性を設定したといえるか否かの問題であるとされ、ただ、公然陳列罪における「陳列」の日常用語的理解とその「認識可能性の設定」との解釈との間のギャップを埋めるために、行為とわいせつ情報との密接性が要件となるとされている。そのうえで、単にソフトを配布するのみではこの密接性を欠くが、自己のソフト配布サイトからマスク画像公開サイトへリンクを張ったような場合には、（リンク設定による可罰性を別として）公然陳列の正犯が成立しうる、とされている（同・前掲注(29)七六頁、七七頁、八〇頁注(29)、(37)）。つまり、山口教授は、すでにマスク画像が公開されている場合につき、ソフト配布サイトからマスク画像公開サイトへリンクが設定されることで、ソフトを獲得したユーザーがこのリンクを辿り直ちにマスク画像からわいせつ性を発現させうることとなり、しかも教授の見解ではこのようなユーザー自身によるわいせつ性発現行為もなお「陳列」概念に含まれるとされるがゆえに（本節二**2**二参照）、このソフト配布者に公然陳列の正犯が認められうる、とされるものと思われる（なお、教授が、「認識可能性の設定」につき行為とわいせつ情報との密接性を要件とされること、また、画像データの記憶・蔵置自体に関与していない者には独立の正犯性しか問題となしえないとされる点は、リンク行為の可罰性の検討に際しても共通している。次節二**1**参照）。

また、前田教授は、「正犯者に対し、マスク設定ソフトの無償使用と引換えに、わいせつホームページ上に、マスク除去ソフト販売のページへのリンクをはらせたのであれば、幇助というより共同正犯に該当するように思われる。そして、インターネット上にモザイク（マスク）を掛けたわいせつ画像が満ちあふれている状況下であれば、マスクをはずすソフトの販売行為そのものを正犯行為として捉えることも不可能ではなくなるであろう」（同・前掲注（104）八三頁）とされている。これはおそらく、ソフト配布者が、マスク画像を掲載しようとする者による当該データの記憶・蔵置の際にこれと意思を通じて一定の関与を行えば共同正犯が、すでにマスク画像が公開されている場合には、単にソフト配布行為のみであっても正犯が、それぞれ成立しうるとの趣旨と解される。

さらに、山中教授も、マスクソフトの配布がマスク画像を公開しようとする者と共謀して行われる場合には、その関与の形態に応じて共同正犯あるいは幇助が成立しうるとされているが、これには特定のわいせつ画像の顕在を可能ならしめることが必要であって、公開者と全く無関係に一般的にマスクソフトを配布しただけでは、一方的な幇助（片面的幇助）が成立するわけではない、とされている（同・前掲注（42）八九頁以下）。

以上のように、学説では、マスクソフト配布行為の可罰性が、この配布者とマスク画像公開者との関係性から分析され、ソフト配布者がマスク画像公開者と意思を通じてその公開行為（マスク画像データの記憶・蔵置行為）に関与する場合と、このような特定の公開者との関係をもたず独立してソフトを配布する場合とに分けて考察されている。まず、マスク画像を公開しようとする者の当該画像データの記憶・蔵置行為への関与が存在する場合については、（これらの論者ではマスク画像の公開に公然陳列罪の成立が認められているがゆえに）いずれもソフト配布者に共同正犯あるいは幇助が成立する可能性が認められている。そして、すでにマスク画像が公開されている段階でのソフト配布行為については、これが単独で行われる場合には前田教授を除き不可罰と解されており、山口教授は、この場合にもリンク設定等によるわいせつ情報との密接性を伴えば正犯となりうるとされている。

しかし、すでに検討したように、そもそもマスク画像データの記憶・蔵置行為自体について、これはいまだわいせつ性を発現させておらず、また、「陳列」行為概念に閲覧者自身によるわいせつ性発現行為を含ませることは妥当ではないというべきであることから、このマスク画像データの記憶・蔵置行為にはわいせつ物（図画）公然陳列罪は成立しないと解される。そうであるとすれば、この行為にマスクソフト配布者が関与しても、配布者には何らの罪責も生じない。また、マスク画像がすでに公開されている場合については、そもそもマスクソフトはユーザーの側で客体のわいせつ性を発現させるために用いられる道具であり、この配布が単独で行われる場合はもとより、ある特定のマスク画像と密接に関連する状況で配布される場合にも、つまり例えば、（片面的に、あるいは意思を通じて）特定のマスク画像に対しリンクを設定しつつリンク元でソフトを配布するなどの場合であっても、このソフトを入手してマスク画像のわいせつ性を発現させるのはユーザー自身の閲覧行為なのであって、このソフトの配布が、マスク画像の記憶・蔵置行為自体に欠けているわいせつ性の発現を補うものでもないことから、その配布につき、公然陳列の正犯は成立しえないと解される（なお、このように、画像データの記憶・蔵置行為自体に関与していない者につき、その一定の行為（マスクソフトの配布やリンクの設定など）の可罰性が問題となりうる場合に、山口教授が、この者には記憶・蔵置者の罪責から独立した正犯性しか問われえないとされる点は正当であると思われる。次節三1参照）。

(119)　「サーチエンジン」（「検索エンジン」とも呼ばれる）とは、WWWサーバー上のURLを高速で検索するシステムのことであり、これには大きく分けて、ジャンルごとに分類、階層化されているディレクトリ型と、キーワードで検索するロボット型とがある。ディレクトリ型サーチエンジンでは、サイト側からの申請により登録が行われ、これによって登録されたサイトについてしか検索が行われないのが通常であるが、ロボット型サーチエンジンでは、サーチエンジン側の検索ロボットによってURLの収集が行われ、サイト側が事前に拒否を表明していない限り自動的に登録が行われ、サイト検索が可能となる（伊藤智「インターネット上の違法・有害コンテンツの現状と対応」警察学論集五三巻八号（二〇〇〇年）四〇頁、五八頁注（6）参照）。わが国で一般に利用されているサーチエンジンとしては、ディレクトリ型ではYahoo JAPAN等が、ロボット型ではGoogleやgoo等が有名である。

(120)　判タ一〇三四号二八七頁。

(121)　後藤・前掲注（42）一一二頁によれば、「ホームページの中には、他のネット利用ポルノ業者から広告を募り（広告料を徴収するものが多い）、そのポルノサイトの広告を表示して（卑わいな画像や文言を使用した横長の広告を行うものが多い。バナー広告と呼ばれる）、リンクをはり、当該広告の部分をクリックすれば当該ポルノサイトにアクセスすることができることを目的としたものが数多く存在する（このようなものを『アダルトリンク集』等と呼ぶこともある。……）」とのことである。

(122)　清見・前掲注（109）五二頁。
(123)　山口・前掲注（29）七六頁。同旨、後藤・前掲注（42）一一二頁。
(124)　山口・前掲注（107）一一二頁。山口教授は、「『認識可能性の設定』という『陳列』の定義とその日常用語的理解のギャップを埋めるためには、行為とわいせつ情報との密接性が要求されるべきであろう。書籍・雑誌等によりわいせつサイト情報を知らせるような行為は、確かに『認識可能性』を設定する行為ではあるが、この密接性の要件を通常欠き、『公然陳列』とすることには無理があろう」（同・前掲注（29）八〇頁注（29））とされている。
(125)　山口・前掲注（107）一一二頁、一一三頁注（27）。
(126)　佐久間・前掲注（42）二二五頁。同旨、前田・前掲注（104）八四頁以下（リンク行為の刑事責任を考える上では、その際の情報伝達プロセスや画像表示過程などの技術的機械的側面が重要となるのではなく、「クリックしただけで、処罰の対象となることを熟知したわいせつ画像に直接接続する画面を陳列した行為が、自らわいせつ画像を蔵置したと同視し得るだけの行為といえるか否かが問題である」（八五頁注（20））とされる）、川崎・前掲注（42）一一三頁以下。
(127)　山中・前掲注（42）九〇頁。
(128)　稲垣・前掲注（90）三二三頁以下。
(129)　園田寿「インターネットとわいせつ情報」法律時報六九巻七号（一九九七年）二八頁、同・前掲注（50）三六頁以下。浅田・前掲注（25）五七頁も、陳列概念を単に「認識可能な状態の設定」と解することでリンク行為の可罰性を認めることを批判されている。
(130)　塩見・前掲注（42）「インターネットとわいせつ犯罪」三八頁。
(131)　塩見・前掲注（42）「インターネットとわいせつ犯罪」三八頁、清見・前掲注（109）五五頁以下。
(132)　園田・前掲注（12）「FLMASK（エフエルマスク）リンク事件」一四頁参照。なお、「ロボット型サーチエンジン」については、本章注（119）参照。
(133)　なお、サーチエンジンについては、そもそもこの運営は社会的に許容された正当な行為であって、これがわいせつ画像などを検出することがあっても、その運営が可罰的とはなりえないと解される。
(134) ただし、川崎助教授は、直接のリンク先がわいせつ画像提供サイトのトップページ等であって、画像自体の表示にはなお数次の（そのサイト内の）リンクを辿らなければならない場合であっても、行為者が自らのリンクにわいせつ画像へのアクセスが可能な旨を明示している場合には、そのリンク設定行為はなお可罰的でありうるとされている（同・前掲注(42)一四頁以下）。
(135) 可罰説ではいずれも、リンクの技術的機械的実質ではなく、それがリンク元からリンク先の情報を呼び出す直接性・自動性・即時性などの現象面が重視されており、このこと自体はもとより正当であると思われるが、リンクのこのような現象的特性は、その設定に対する公然陳列の罪責の評価に際しては、それが画像（掲載ページ）そのものに対して直接に設定されている場合にしか認められえないと思われる。よって、リンク行為についての公然陳列の可罰性は、山中教授や稲垣弁護士が特に明示されているように、画像（掲載ページ）自体を直接のリンク先としている場合にのみ、肯定されると解されるべきである。
(136) 清見・前掲注(109)五三頁以下参照。
(137) 実際には、判例においては、公然陳列の既遂時期は画像データの記憶・蔵置の時点に認められているが、陳列概念自体についてはユーザーによる画像の再生・閲覧の事実までも包含して理解されていると解される点については、本章注(113)参照。
(138) 判タ一〇三四号二八六頁、二八七頁。なお、本件においては、わいせつ画像データを記憶・蔵置されたサーバー・コンピュータ自体の所在場所の特定の証明が不十分であるとの主張も被告人側からなされていたが、この点につき本判決は、被告人による海外プロバイダとの契約やそのサーバー・コンピュータへの現実の送信、会員ユーザーによる現実の再生・閲覧などからしてそれが実在したことは明らかであり、そうである以上、公然陳列の犯行態様からするとその所在場所が何処であるかは重要な事実ではなく、証拠上のその明確な特定も不要である、としている（二八七頁）。
(139) 判例として、大判明治四四年六月一六日刑録一七巻一二〇二頁等。通説として、荘子邦雄『刑法総論』（第三

版）（一九九六年）三九頁、四一頁注（9）等。

(140) 前田・前掲注（104）八四頁。

(141) 佐久間・前掲注（42）二二六頁。同旨、浦田・前掲注（16）一二三頁、後藤・前掲注（42）一一一頁、塩見・前掲注（42）「インターネットとわいせつ犯罪」三九頁、川崎・前掲注（42）一六頁以下。

(142) 山中・前掲注（42）九三頁以下。なお、同『刑法総論Ⅰ』（一九九九年）九三頁以下も参照。

なお、前述のように山口教授は、ユーザーによる現実の再生・閲覧行為もまた公然陳列として犯罪事実を構成すると解されているが（本章第四節二**2**二）、教授は、山中教授のごとく、ユーザーによる現実の再生を記憶・蔵置者の行為の実行行為性の確定（公然陳列の成立）の要件とされているわけではないため、海外サーバーへの日本からのデータ送信については、これにより日本国内においても再生・閲覧の可能な状態が設定された以上、この時点で日本刑法の適用が可能であるとされている（同・前掲注（107）一一三頁）。

(143) 堀内・前掲注（43）八頁。

(144) 指宿信「インターネットを使った犯罪と刑事手続」法律時報六九巻七号（一九九七年）一二頁。

(145) 園田・前掲注（129）三〇頁（ここで園田教授のいわれる「アップロード」とは、データの送信行為の意味である）。西田典之教授もまた、国外サーバーに向けられた国内からの画像データの送信に係る事案へのわが国刑法の適用に関して、「アップロード行為（データの送信行為―引用者注）は本罪（公然陳列罪―同）の予備行為であって実行行為の一部とはいえないとの解釈も可能であることなどを考慮すれば、なお、疑問が残る」とされている（同・前掲注（51）三七三頁）。

(146) 山口・前掲注（29）七六頁。

(147) 山口・前掲注（107）一一三頁以下。

(148) 岩間康夫「刑法の場所的適用範囲に関する遍在主義の制限について―インターネット時代を契機に―」大阪学院大学法学研究二五巻二号（一九九九年）三〇頁（同・前掲注（7）七頁も参照）。同様に、国外サーバーへ向けたデータ送信行為自体も国外で行われた場合にも、日本刑法の適用可能性を認める見解として、後藤・前掲注（42）

一一一頁、浦田・前掲注（16）一二三頁以下、前田・前掲注（104）八四頁。

ただし、これらの論者のうち、浦田啓一検事は、特に当該情報が行為地国では違法ではない場合に、行為地国の法制度に配慮するため、「一つの考え方として、海外プロバイダのサーバーコンピュータにわいせつ画像を記憶・蔵置させた場合において、当該行為が当該行為地国においては違法とされていない場合には、原則として当該行為の違法性が阻却され、ただ、例えば、日本語でホームページを開設したり、或いはこのようなわいせつ画像を含むホームページが存在することを日本国内で広く喧伝したり、又はアクセスの対価の支払いを日本国内の銀行口座に振り込ませて受け取ったりした場合などには、違法性が阻却されないと解することができないであろうか」との提案をなされており（同・前掲注（16）一二六頁）、前田教授も、「問題は、海外で海外プロバイダーのサーバーコンピュータにわいせつ画像を記憶・蔵置させた場合である。日本国内のインターネット利用者に再生・閲覧させる目的で、かつ、日本で会費等を徴収する態様が考えられる。この場合、一七五条の実行行為はすべて国外で完成している。しかし、国内にいる者が海外にいる者にわいせつデータやそれを掲載するホームページの画像データを送り、その者の手を経由して海外のサーバーに蔵置し、アクセスの対価の支払いを日本国内の銀行口座に振り込ませて受け取ったりした場合などには、一七五条の正犯行為が国内で行われたと解しうる」とされている（同・前掲注（104）八四頁）。

浦田検事や前田教授のこのような見解は、遍在説による広範な法適用を一定程度限定しようとする意図によるものであると解される。ただし、これに対しては、その適用についての遍在主義を明記するドイツ刑法典につき、インターネット上の事象に対するその適用を、国内での結果発生の意図ないし認識が行為者にある場合に限定する「主観説」や、サイトがドイツ語で作成される等その内容が領土的に自国に特殊化されている場合に限定する「自国との特別の連結点を要求する説」などの近時のドイツ学説に関して、刑法の適用範囲要件を犯罪成立要件化することの不適切さや、自国との連結点の有無についての判断基準の不明確さなどの問題点を摘示される岩間教授の指摘（同・前掲三頁以下、同「刑法の適用範囲」西田典之・山口厚編『刑法の争点』（第三版）（二〇〇〇年）一二頁以下）が当てはまるように思われる。

なお、堀内教授は、遍在説による刑法の適用範囲は、国際協調主義に基づく双方可罰性の要件によって限定されるべきであるとされている（同「国際協調主義と刑法の適用」研修六一四号（一九九九年）三頁以下）。国際協調主義の見地から、自国刑法の適用の前提として、当該行為が行為地国においても可罰的であることを要件とすることによって、教授は特に、外国で不可罰な行為に対する共犯の不処罰を根拠づけることを意図されている。外国で不可罰の行為によりわが国で可罰的な結果を生じさせた単独犯の可罰性などについては直接論じられてはいないが、教授の見解によれば、国外サーバーへ向けられた国外でのデータ送信行為により、わが国では違法であるが当該国では適法な性表現の画像データが当該サーバーに記憶・蔵置された場合には、わが国の刑法の適用は認められないこととなると解される。

(149)　園田・前掲注（50）三四頁。

(150)　塩見・前掲注（42）「インターネットとわいせつ犯罪」三九頁。国外サーバーへ向けたデータの送信が国内で行われた事案については、それが実行行為（の一部）たりうることを認めてわが国刑法の適用の余地を肯定される稲垣弁護士もまた、送信行為自体も国外で行われた場合については、一七五条が国民の国外犯から除外されていること、日本国内での行為が存在しないこと、および外国の刑事管轄権の尊重などを理由に、日本刑法の適用はないと解すべきであるとされている（同・前掲注（90）三一五頁以下、三一九頁）。

(151)　山中・前掲注（42）九三頁。山中教授はさらに、「また、現実問題として、誰でもどこでもアクセスできるインターネットに外国でわいせつ画像を掲載した者がすべて日本刑法の適用があるとすると、外国でのわいせつ画像掲載のホームページの開設は、日本からのアクセスがあるかぎりすべて処罰対象になる行為ということになる。……このような越境の容易な行為形態を予想していない現行規定を適用することは、取締りの恣意性や不平等をも招くこととなる」（同「インターネットと電網犯罪」関西大学情報処理センターフォーラム一一号（一九九六年）九頁）とも指摘されている。

(152)　この、画像データの送信行為の実行行為性との論点は、データの送信とサーバーへのその記憶・蔵置との関係をいわば技術的実際的観点から考察してその肯否を論ずべきものと思われるが、前述のようにその実行行為性を否定されている園田教授は、この点を次のような論証によっても根拠づけられている。すなわち、教授は、サイバー・ポルノ事案につき、仮に判例や多数説のごとくサーバー（内のハードディスク）を客体と解するとすれば、国外サーバーへ向けて国内からデータ送信が行われた場合は次のように解されざるをえないとされる。つまり、「『陳列』とは観覧可能な状態におくことであるから、言葉の一般的な意味において行為者はわいせつ画像を陳列したといえる。しかし、刑法的にはわいせつ画像データそのものは刑法一七五条の『図画（物）』とはいえず、『陳列』された『わいせつ図画』は『物』としてのサーバー（コンピュータ）であり、しかもそれは国外に置かれている。画像は国境を越えて国内からも見ることができるが、その点は海外でアップロードされたわいせつ画像と全く同様であり、アップロードされた画像が日本国内の性風俗に有害であるということを可罰性の根拠とすることは難しい。このように考えると、海外へのアップロード行為は、刑法一七五条の実行行為の一部とはいえないであろう」（同・前掲注（50）三四頁以下。同・前掲注（16）一六七頁、同・前掲注（21）一二六頁も参照）、と。

しかし、日本刑法の適用の可否が問題となる国外サーバーへの記憶・蔵置という事案は、画像データの送信が国内で行われることを共通の前提とすれば、国内サーバーに記憶・蔵置される事案とのあいだにはサーバーの所在地が国内か国外かが相違するのみである。確かに、サーバーへの画像データの記憶・蔵置状態、および、客体たるこのサーバーの存在という陳列行為の中核的な事実は国外で創出されている。ただし、これらの状態が国内で創出された場合には、ここで園田教授がそうされているように判例・多数説を前提とすれば、それはわいせつ物（図画）公然陳列罪の実行行為と評価されるのであり、このような状態の創出が国外における場合にこのこと自体に対するわが国刑法の適用が排除されるのは、それが実行行為性を欠くためではなく、客観的処罰条件たる国外犯処罰の要件を一七五条が欠くに過ぎないからであると解される（国外犯処罰規定の法的性質については、ひとまずこう解しておく）。そうであるとすれば、客体が国外に存在していることは、画像データの送信行為自体の実行行為性如何との問題とは理論的には何らの関係もないように思われる（そして、（国内においても）画像のわいせつ性を認識可能な状態を創出している点で、（画像表示の自動性を前提として）行為者自身がわいせつ性を発現させる行為（陳列行為）と認められる「サーバーへのデータの記憶・蔵置（状態の創出）」の、不可欠の構成要素であるデータの送信行為は、明らかに実行行為の一部と評価されると思われる）。

なお、園田教授は、先に紹介したように、データの送信行為自体も国外で行われる事案につき、実際的政策的な考慮を理由として、日本法適用は認められないと解すべきであるとされているが（本節二**2**②）、教授はさらに、このように解されるならば、国内での送信行為により国外サーバーに画像データが記憶・蔵置された事案につき、その結果当該画像のわいせつ性が国内で認識可能となるとしても、この点は送信行為自体も国外で行われた事案と同様であるので、結局、国外サーバーへ向けた送信行為が国内で行われた場合にもその可罰性は認めがたい、とされている（同・前掲注（50）三二頁以下）。しかし、このような立論は、送信行為は国内で行われた事案につき、日本刑法の適用を（送信行為の実行行為性などを）理論的に否定しているものとはいいがたい。

(153)　なお、犯罪地の決定については、結果無価値論を違法論の本質と理解する見地から、判例・通説の採る遍在説につき、これを秩序維持の観点からの行為無価値と法益保護の観点からの結果無価値の両者をあわせて考慮する政策的便宜的な見解であるとして批判し、刑法の場所的適用範囲もその法益保護任務からのみ導かれるべきであるとして、それを犯罪結果発生地にのみ認めるべきであるとするいわゆる結果説も、近時有力に主張されている。結果説の論者は、国内での結果発生は違法性の要件であって、その認識は故意の一部であるとされる（辰井聡子「犯罪地の決定について（一）（二・完）」上智法学論集四一巻二号（一九九七年）六九頁以下、同三号（一九九八年）二四五頁以下。なお、町野朔『刑法総論講義案Ⅰ』（第二版）（一九九五年）九七頁以下は、基本的に結果説が正当であるとされるが、国家自己保護あるいは代理処罰の要請が認められる場合には、結果が国外で発生した場合についても（国内犯として）処罰することを肯定されている）。
この結果説に対しては、遍在説を支持する立場から、犯罪が構成要件該当事実全体から構成されるものである以上、そのなかの結果のみを抽出して犯罪地を一元的に決する論理必然性はない（山口厚「越境犯罪に対する刑法の適用」芝原邦爾他編『松尾浩也先生古稀祝賀論文集上巻』（一九九八年）四一六頁）、あるいは、刑法も法規範として行為者心理に作用するものである以上行為地も犯罪地の基準内に含まれるべきである、結果説を採る論者の見解のごとく適用範囲論を犯罪論に解消することが思考経済上特に有益なわけでもなく、また遍在説により適用範囲が広範に認められてもそれが犯罪論（違法論）において犯罪成立の方向に影響することもない（岩間・前掲注（148）一八頁以下）、さらには、その国外犯処罰規定が結果説を前提としたものとは解されえない現行刑法の解釈論としては採りがたい（山口厚「越境犯罪」現代刑事法三巻九号（二〇〇一年）二七頁、小名木明宏「刑法の適用範囲」法学教室二五九号（二〇〇二年）七〇頁。林幹人『刑法総論』（二〇〇〇年）四七五頁も参照）、などの批判がなされている。

遍在説を前提とした場合の法適用範囲の広範性の問題は、個々の罰則規定の構成要件の適用範囲を問題とすることで個別的に解決することも不可能ではないことから（山口・前掲「越境犯罪に対する刑法の適用」四二一頁以下、同・前掲「越境犯罪」二八頁、小名木・前掲七〇頁以下）、遍在説を放棄するまでの必要はないと思われる（このいわゆる「個別的なアプローチ」に対する結果説の論者からの批判として、辰井聡子「刑法の場所的適用―国内犯と国外犯」上智法学論集四三巻三号（一九九九年）六九頁以下）。

(154)　もっとも、これらの判例においては、データ送信行為の実行行為性についてのみならず、被告人が自ら記憶・蔵置させたわいせつ画像データの存在を「宣伝し、被告人が設営していた会員制度により、具体的に日本国内において不特定多数人が容易に右データを再生閲覧できるよう取り計らって」おり、「画像を不特定多数人に閲覧させるための会員制度の設営行為も日本国内からなされ」（⑨判決）ていたことや、被告人が国内からの送信行為により画像データを記憶・蔵置させた国外サーバー「に開設された会員用画像データを含む会員用ホームページは、日本国内のプロバイダーに開設された本件ホームページの会員用ページとして開設されたもので、その内容は日本語で構成され、本件ホームページから直接移動できるようにリンクされており、その会員も本件ホームページで募集していたものであるから、右会員用画像データは、当初から、専ら日本国内の者が閲覧することが予定され」（⑩判決・判タ一〇三四号二八六頁以下）ていたことなどまでもが摘示されており、これらの事実もまた、当該事案に国内犯性を肯定するための要素として考慮されている。

前述のように、学説においても、特にサーバーへの記憶・蔵置のみならずデータの送信までも国外で行われる事案につき、遍在説を前提とする場合の広範な日本法適用を限定するための要素として、事案とわが国との一定の関係性を法適用の要件とする見解もあり（本章注（148）で紹介した浦田検事や前田教授の見解）、これら二判例による上記の判示はこのような関係性を検討したもののようにもみえる。そして、横溝・前掲注（23）一四五頁は、遍在説により国内犯としての犯罪地を行為地ないし結果地として形式的に判断すべきではなく、公権力発動の公平性と行為者の予測可能性とを担保するために、むしろ事案の個別具体的諸事情を勘案し、事案と日本との十分な密接関連性が認められることを国内犯としての法適用の要件とすべきであるとされ、上記二判例による、当該画像が日本国内での閲覧を予定されていたことを示す客観的要素たる会員募集の態様や使用言語等の具体的事実を摘示しての判断を、積極的に評価されている。

しかしながら、これら諸事情に基づく「事案と自国との関連性」との要素は、前述のように、データ送信からそのサーバーへの記憶・蔵置のすべてが国外における事案に対する、遍在説による日本刑法の適用の広範性を限定するための要素としてこれを考慮することが学説により提案されているものである。そして、このようないわば完全に国外に由来する事案に対しては、少なくとも現時点までは刑法の適用が行われていないわが国の法執行実務を前提とすれば、「事案と自国との関連性」との要素を考慮することは、むしろ、完全に国外に由来する事案の一部への積極的な日本刑法の適用を促すことになりうると思われる。現に、上記の⑨、⑩の二判決とも、これらの事案では送信行為が国内で行われていた点でその実行行為性を論証しえれば日本刑法の適用の認められる事案であるが、当該事案へのその適用をより正当化するための理由として、「事案と自国との関連性」が摘示されているのである。

このような、事案の個別具体的事情に基づく「事案と自国との関連性」の考慮は、結局のところ、犯罪地の要素を行為者の故意に解消することとなるか、あるいは、当該事案と自国との何らかの関連性という不明確な基準により自国刑法の適用の有無を決することとなりうえ、遍在説によるその適用の限定の試みとしては十分ではないと考えられること（本章注（148）で紹介した岩間教授の指摘を参照）や、完全に国外に由来する事案への日本刑法の適用は自制されているというわが国の法執行の現状からすれば、サイバー・ポルノ事案についてのわが国刑法の適用の肯否の検討に際して「事案と自国との関連性」を考慮することには慎重であるべきように思われる。

（155）　特に園田教授は、このような事情をその直接の根拠とされている（本節二**2**②参照）。

(156)　この、完全に国外に由来するサイバー・ポルノについての問題性、すなわち、双方向性・参入障壁の低さに基づく情報発信の容易性などの特性に加え、物理的地理的限定をもたないことで情報伝達のグローバル性をも具備したインターネットにより形成されるサイバー・スペースにおいては、そこで流通・公開される性表現に対する一国の法規による規制がほとんど実効性をもちえないとの現実こそが、その法的規制の試みにおける最大かつ本質的な問題性であると思われる。終章二**1**参照。

第四章　青少年に有害な表現

前章で考察したように、わいせつであると評価されるサイバー・ポルノに対する規制条項として積極的に活用されている刑法一七五条は、当該表現物がわいせつ性を具備すると認められる場合に、その頒布・販売ないし公然陳列という態様での公開を一律的に規制している。憲法の保障する表現の自由には民主主義原理に基づいて他の人権よりも優越する地位が認められるべきことや、個々の犯罪類型の前提とする保護法益も可能な限り個人的法益に還元されるべきことを前提とした場合の、その法的意義ないし正当性は別として、現行一七五条の文面を前提とする限り、このわいせつ表現規制に際しては、当該表現の受け手の年齢やその同意の有無などは関係しない。

現在わが国において、刑法典による性表現の規制はこのようなわいせつ表現の規制に限定されているが、それ以外の、わいせつ性を有するとまでは認められない性表現であっても、その一般的な公開が常に法的に許容されるわけではない。その内容がわいせつには達しない性表現についても、その表現内容に基づく公的規制が課される場合があり、その典型的な例が、青少年保護を理由とした有害な性表現の規制である。わが国においては、このような青少年の保護や健全育成を目的とする性表現の規制は、都道府県レベルでの地方公共団体によって制定された条例により行われるものが中心となっており、法律として特にこの規制のために制定されたものは存在していない。そのようななかで、風俗に関連する営業の規制を定める「風俗営業等の規制及び業務の適正化等に関する法律」（昭和二三年法律第一二二号。以下「風適法」）では、これらの営業行為が与える影響からの青少年の保護を目的とした、青少年に有害な性表現の規制もまた設けられている。そして、一九九八年（平成一〇年）に行われた本法の改正により、この規制が新たにコンピュータ・ネットワーク上で提供される性表現に対しても及ぼされることとなった。そこでは、サイバー・ポルノの特性に対応して、情報発信者に対するとともに、その伝達の媒介を行ういわゆるプロバイダに対してもまた、一定の規制が課されることとなっている。

　そこで、本章では、この風適法による青少年に有害なサイバー・ポルノの規制の具体的な構造を紹介し分析するとともに、営業規制としてではあるものの、本法によりプロバイダの一定の法的責任が定められたことに鑑みて、他人に由来する違法な情報に関するプロバイダの刑事責任についても検討することとする。

第一節　風適法

　風適法は、戦後、現行憲法の施行に伴いそれまで広く風俗や衛生に関する営業を規制していた警察庁令や府県令が廃止されたことを受けて、一九四八年（昭和二三年）に「風俗営業取締法」として制定された法律である。本法についてはその制定以降、青少年の健全育成の観点からするものとして、五九年（同三四年）の改正により、少年非行の温床として問題のあった深夜における飲食店営業がその規制対象に加えられ（これに伴い「風俗営業等取締法」へと題名変更）、また八四年（同五九年）には、少年を取り巻く風俗環境の悪化への対応を理由として、アダルトショップ等性風俗に関連する営業を包括する「風俗関連営業」との類型が新設され、これに対する規制が強化されるなどの改正が行われていた（これに伴い現在の題名へと変更）。この八四年改正以来、本法全般にわたる実質的な改正はなされていなかったが、その後の国際化に伴い外国人女性による売春事犯が急増したことや、高度化した情報通信手段を利用する無店舗型の営業であるため、本法による従来からの規制対象には該当しない性風俗営業が増加したことなどにより、一九九八年（平成一〇年）に至り、これらに対処するための大幅な改正が実施された。そしてこの情報通信手段を利用する性風俗営業の規制の一環として、わが国において初めて法律上明示的に、コンピュータ・ネットワーク上の性表現（の一部）が規制対象とされることとなった（当該改正部分は九九年（同一一年）四月より施行[1]）。

一　映像送信型性風俗特殊営業

九八年の風適法一部改正法による無店舗型の性風俗営業の規制に関しては、まず、いわゆる性を売り物とする営業と単なる風俗営業との相違を明確化するため、前者につき新たに「性風俗特殊営業」という名称の類型が設けられ、この類型の内部には、店舗を設けて行われる従来からの性風俗営業である旧法上の「風俗関連営業」の名称を改めた「店舗型性風俗特殊営業」、および、これとは別に今回の改正で新たに規制対象となる、新設された「無店舗型性風俗特殊営業」と「映像送信型性風俗特殊営業」との類型が属するものとされている。後二者のうち、前者は、いわゆるファッションヘルスの派遣営業、すなわち客からの注文に応じて自宅等その指定する場所に女性を派遣して性的なサービスを提供する営業と、アダルトビデオ等の通信販売による営業という二つの類型を規制対象とするものであるが、これに対し後者が、インターネット等のコンピュータ・ネットワークにより性表現映像を提供する営業に関する規制類型である。

1　規制内容

この映像送信型性風俗特殊営業は、改正後の風適法二条八項により、「専ら、性的好奇心をそそるため性的な行為を表す場面又は衣服を脱いだ人の姿態の映像を見せる営業で、電気通信設備を用いてその客に当該映像を伝達すること（放送又は有線放送に該当するものを除く）により営むものをいう。」と定義づけられている。

この営業を営もうとする者に対しては、店舗型および無店舗型の営業についてと同様、公安委員会への届出が義務づけられ（三一条の七第一項）、この営業に際し学校等の周辺など一定地域内での広告宣伝活動が禁止される（三一条の八第一項）。そして、この営業者が遵守すべき年少者保護のための規制事項として、「映像送信型性風俗特殊営業を営む者は、十八歳未満の者を客としてはならない」（同二項）とされ、対価を得て一八歳未満の者にその扱う映像を観覧させることが禁止されている。これを受けて、この規制を遵守させるための具体的な措置として、「映像送信型性風俗特殊営業（電気通信設備を用いた客の依頼を受けて、客の本人確認をしないで第二条第八項に規定する映像を伝達するものに限る。）を営む者は、十八歳未満の者が通常利用できない方法による客の依頼のみを受けることとしている場合を除き、電気通信事業者に対し、当該映像の料金の徴収を委託してはならない。」（三項）、「映像送信型性風俗特殊営業（前項に規定するものを除く。）を営む者は、客が十八歳以上である旨の証明又は十八歳未満の者が通常利用できない方法により料金を支払う旨の同意を客から受けた後でなければ、その客に第二条第八項に規定する映像を伝達してはならない。」（四項）と規定されている。

この三一条の八の三項および四項の具体的意義について、警察庁生活安全局による「風俗営業等の規制及び業務の適正化等に関する法律等の解釈基準」（以下「解釈基準」）(2)によれば、まず四項は、映像送信型性風俗特殊営業者に対し、客に映像を伝達する際に、営業者が当該顧客に事前に交付したＩＤやパスワード等の入力を顧客から受ける形態での営業を命じるものである。同項にいう「客が十八歳以上である旨の証明」とは、「単に客が十八歳以上であることを自己申告するだけでは足りない。具体的には、運転免許証等本人の年齢を確認することができる文書の写しの送付を受けることがこれに当たる。なお、年齢確認をすることができる文書には、運転免許証等公的機関が発行する証明書だけでなく、会社等が発行する身分証明証で、その者の年齢を確認することができるものも含まれる。」(3)（解釈基準第十五3(3)ア）とされ、また「十八歳未満の者が通常利用できない方法により料金を支払う旨の同意」とは、「法令の規定、業界の自主規制等により十八歳未満の者が通常利用できないこととされている方法を用いて料金を支払う旨の客の同意をいう。例えば、料金をクレジットカードによる決済とする旨の同意がこれに該当すると考えられる。」（第十五3(3)イ）とされている。

これとは異なり、「電気通信設備を用いた客の依頼を受けて、客の本人確認をしないで第二条第八項に規定する映像を伝達するもの」に関する三一条の八第三項は、営業者が例えばNTTの提供するダイヤルQ[2]サービスを利用している場合等、「依頼をしてきた者が当該映像にアクセスすることができる者かを判断するため当該営業を営む者があらかじめ交付するID、パスワード等……を入力させるという形態をとらずに、当該依頼をしてきた者に映像を伝達する形態」（第十五3(2)）での営業を、次の条件のもとに許容している。つまり、この形態での営業に際しては、「十八歳未満の者が通常利用できない方法による客の依頼のみを受けることとしている場合」、すなわち、営業者が、例えばダイヤルQ[2]サービスにおいて事前に加入電話契約者の書面による申込みがなければ利用できない成人向け番組番号（0990に続いて3で始まる番号）を利用するなど、「客の本人確認をしないで映像を伝達しても、十八歳未満の者が通常利用できないような措置を講じていること」（同）が必要とされる。

映像送信型性風俗特殊営業は以上の規制に服するが、その違反につき、届出義務違反については三〇万円以下の罰金が科される（四九条五項六号）。また、広告宣伝の制限に対する違反に対しては、公安委員会が必要な指示をなしうるとされている（三一条の九第一項）。そして、年少者保護ための規制事項の違反については、まず、三一条の八第二項による一八歳未満の者を客とすることの禁止に違反した場合には公安委員会による指示がなされるが、一八歳未満の者を客としないために採るべき措置を定める同三項、四項の違反に対しては、公安委員会が、このような措置をとるべきことを命ずることができる（三一条の一〇）。そしてこの措置命令の違反に対しては、六月以下の懲役もしくは五〇万円以下の罰金が科され、またはこれらが併科される（四九条三項一一号）[(4)]。

2　分　析

風適法の改正として、以上のような映像送信型性風俗特殊営業の規制が新設されたことにより、わが国においてもコンピュータ・ネットワークでのポルノ映像の公開を明示的に規制する初の立法が行われたことになる。ただし、これが性表現映像の公表という表現活動を規制するものであり、しかも、わいせつには至らないサイバー・ポルノをも広く対象としたものであることから、この風適法による規制の意義については、とりわけ憲法上の表現の自由保障の観点からの慎重な分析が必要となる。

この分析に際しては、わいせつには至らないサイバー・ポルノの規制との側面で類似の性質をもつ、アメリカにおける一九九六年通信品位法や一九九八年児童オンライン保護法の合憲性を巡る議論が参考となる。すでにみたように、アメリカでは、わいせつには至らない性表現は憲法上の保障を受けること、および、規制対象となるインターネットというメディアが、情報の侵入性やアクセスの容易性を欠くというその技術特性および最も大衆参加型なメディアであるとの民主主義的意義から印刷メディアと同等以上の法的位置づけをなされることから、これらの規制立法がその合憲性判断につき厳格審査に服するものとされている。その結果これら二法律が違憲無効と判断されるに至ったことはそれぞれの法律の個別的な規制手段の問題性に由来するものであるが、そのような法的判断の前提となるこの種の規制立法についての法的評価に関する議論は、わが国における改正風適法の分析に対しても有益な示唆を与えると考えられる（第二章参照）。

① 規制の目的と手段

一　改正風適法による映像送信型性風俗特殊営業の規制は、一面では経済活動の自由に対する制約としての営業規制ではあるが、実質的には一定の表現に対する、「青少年に有害と考えられる性表現」というその内容を理由とした規制である。このような表現内容規制の合憲性判断に際しては、その規制目的がやむにやまれない政府利益を達成することにあり、かつその規制手段がこの目的達成に必要最小限のものでなければならないとする厳格審査の基準が適用されるべきことは、わが国の憲法学説上も通説である。(5)

なお、映像送信型性風俗特殊営業の規制をメディア規制の観点からみた場合、コンピュータ・ネットワーク、とりわけインターネットの法的位置づけの問題はわが国においても重要となる。わが国においても、放送メディアに対しては、その他の通信や印刷などのメディアには認められていないいわゆる公正原則・番組準則等、その表現内容に係る規制が許容されているからである(6)。インターネットの法的位置づけについての判断を示すわが国の判例は現在までのところ存在していないが、学説では、インターネットには放送メディアに特有の情報の侵入性や地上波周波数の有限性・希少性という問題性がないなどの技術特性とともに、その双方向性や参入障壁の低さに基づく大衆参加性・民主的性格という法的意義の観点から、これを少なくとも通信ないし印刷メディアと同等に位置づけるべきであるとする見解が有力である(7)。したがって、これらの見解を前提とすれば、改正風適法による映像送信型性風俗特殊営業の規制の合憲性は厳格審査に基づいて判断されるべきこととなる。

二　その場合、まず、今回の風適法改正により映像送信型性風俗特殊営業との規制類型が新設されたことの立法目的の確認が必要となる。この点、改正案策定を担当した警察庁によれば、「近年、コンピュータ・ネットワークを利用して有料でポルノ映像を見せる営業が増加しており、今後の情報化社会の進展に伴って、少年がポルノ映像に接する機会がますます増えることが懸念されるところである。そこで、少年の健全な育成、善良の風俗の保持等の観点から、これらのポルノ映像に少年が接することのないように、コンピュータ・ネットワークを利用して有料でポルノ映像を見せる営業を映像送信型性風俗特殊営業として新たに法の規制の対象とすることとしたものである(8)」と説明されており、その目的が、少年の健全育成・善良な風俗の保持の観点に基づき少年にこれらポルノ映像を閲覧させないことにあることが明示されている。善良の風俗の保持はともかく、青少年の保護ないし健全育成という立法目的の正当性自体は是認されうる。

ただ、この映像送信型性風俗特殊営業との規制類型の新設の目的が青少年の保護ないし健全育成の点にあることは確かであるが、その背景には同時に、「今回の改正法における考え方は、現実空間において有害なポルノを見せたり、販売したりする営業は、風適法においてストリップ劇場営業、個室ビデオ営業、ポルノショップ営業等として規制されているのに対し、コンピュータ・ネットワークの空間（いわゆるサイバー空間）の中で行われている実質的にこれらと同様の営業行為には何らの規制もされていないことから、これについても同様の規制を課そうとするものである。これは『現実社会において違法なものはインターネット上でも違法』という国際的な共通認識ともいうべき考え方に基づくもので、現実空間における同様の規制をサイバー空間にも及ぼそうとするものである」(9)、あるいは「発信者についてですが、これは適正化を図る必要があるというのが我々警察の立場です。現行の風営適正化法とのパラレリティというものを考えなければいけない。風営適正化法ではストリップ劇場をすでに規制の対象にしている。それがバーチャルになったとたんに規制の対象から外れるというのはおかしいというパラレリティの発想から、発信規制を行う必要があると考えました」(10)など、現実空間での店舗を設けた営業とオンラインでの同種の営業との間の規制格差の是正という考慮も存在している。

三　このような、規制格差の是正という発想自体は是認されうるとしても、風適法が本来的に風俗「営業」の規制法規であり、このような性格を有する本法をベースとしつつ、青少年保護の観点に基づく改正によってその従来からの規制をコンピュータ・ネットワーク上でのポルノ映像の提供に及ぼす場合、次に検証されるべきその規制手段の必要性ないし実効性との面で問題が生じる。というのも、コンピュータ・ネットワーク上で公開されるポルノ映像には、当該映像の提供に対する対価を得るという形態での営業によることなく行われ、少なくとも閲覧者にとっては完全に無料で観覧可能であるがゆえに本法の規制対象とならないものも多数存在するからである(11)。

確かに、現実空間においても、規制対象とされているのはいわゆる「アダルトショップ」や「個室ビデオ」等に限定されており、営業によらず無料で提供されるポルノ映像などは規制対象とされていない。しかし、現実空間においてポルノ映像が非営利的な方法で提供されることはさほど多くはないと想定されるのに対して、サイバー・スペース上のいわゆる無料サイト等の件数は莫大な数に達する。さらに、営業であると否とを問わず本法の適用されない、日本国内でも当然に閲覧可能な完全に国外に由来するポルノサイトももはや算定不可能なほど数多く存在していることからすれば、今回の改正による規制の創設は、青少年がインターネットにより閲覧することのできる有害な性表現の提供者のごく一部のみを規制対象とするものであって[12]、これが、「少年の健全な育成、善良の風俗の保持等の観点から、これらのポルノ映像に少年が接することのないように」するというその立法目的の達成のために必要な規制手段であるのかは、疑問とされざるをえない[13]。

② 具体的規制内容

映像送信型性風俗特殊営業という規制類型の創設が、青少年の保護ないし健全育成という立法目的との関係で必要な規制であるかについては以上のような根本的な問題があるが、その具体的な規制内容についても簡潔に分析しておく。

一　改正風適法では、一八歳未満の者による有害な性表現映像の受信を規制するために、これらの映像を提供する営業者が講じるべき具体的な措置が規定されている。すでにみたように、三一条の八第三項では、「十八歳未満の者が通常利用できない方法による客の依頼のみを受ける」ための措置をとること、同四項では「客が十八歳以上である旨の証明」または「十八歳未満の者が通常利用できない方法により料金を支払う旨の同意」を受けることが定められている。このうち、営業者が顧客に事前に交付するＩＤやパスワード等の入力を映像送信に際し顧客から受ける形態についての三一条の八第四項による措置については、その実効性に疑問が提起されている。

前述のように、解釈基準によれば、「客が十八歳以上である旨の証明」を受けることとは、その者の年齢確認が可能な運転免許証、身分証明証等の写しの送付を受けることとされているが、それが顧客との対面形式での身元確認ではなく単なる写しの送付であることから、年少者が他人の証明証等を用いることがありえ、また、例えば料金をクレジットカードによる決済とする旨の同意をいうとされる「十八歳未満の者が通常利用できない方法により料金を支払う旨の同意」についても、家族で共有可能なクレジットカードの存在や年少者が親のカードを借用することなど、クレジットカード決済であれば一律に一八歳以上の者の使用が担保されるわけではないとされる[14]。実際に、後者の点については、解釈基準においても、「この規定は、例えば、映像送信型性風俗特殊営業を営む者が客からクレジットカードで料金を支払う旨の同意を得た場合に、当該クレジットカードを使用している者が当該クレジットカードの真正な名義人であるかどうかの確認を行うことを一律に求めるものではない」（第十五3(3)エ）とされ、その身元確認の不確実性が暗に認められている。

クレジットカード決済の導入による年少者の利用制限措置は、アメリカでの通信品位法や児童オンライン保護法による規制に際しても、情報発信者の抗弁として認められていた。ここでは、そのような抗弁となる措置の活用が主に営業によらない発信者にとって非現実的であること、年少者利用の制限の実効性が疑わしいことが問題とされたが、前者の点は児童オンライン保護法と比較してもより純粋な営業規制であるわが国の風適法には当てはまらないとしても、後者についてはまさに同様の問題があるということができる。

二　以上の点は、これら風適法上の年少者利用規制措置の実効性の問題であるが、他方では、これらの措置が成人に保障された表現の自由（情報受領権・知る権利）に与える影響についても分析が必要となる。この点、成人が現実空間で同種のサービスを受けるに際しては全く不要であるにもかかわらず、三一条の八第四項により身分証明書等の開示またはクレジットカード等の利用などが要請されることで、成人利用者がこれら営業者に対して相当に重要な個人情報を伝達せねばならなくなるという点から、心理的にもかなり利用制限的に作用すると考えられる[15]。もっとも、この点については、年少者の保護（利用制限）の見地から、これらの措置が直ちに成人の情報受領権を不必要に制限するものであるとまでは評価されないと思われる。

③　法文の限定性・明確性

改正風適法による映像送信型性風俗特殊営業という規制類型の新設は表現規制立法に当たることから、これに対しては、規制対象範囲の法的定義の限定性ないし明確性が強く要請される。したがって、「専ら、性的好奇心をそそるため性的な行為を表す場面又は衣服を脱いだ人の姿態の映像を見せる営業」（二条八項）というその定義づけがこの要請を充足しえているかについての検証が必要となる。

映像送信型性風俗特殊営業のこの定義づけにおいては、「性的好奇心をそそる」、「性的な行為」、「衣服を脱いだ人の姿態」等の文言が抽象的であり曖昧であると思われるが、法案策定を行った警察庁では、これらの文言自体はすでに従来から風適法等において、いわゆるストリップ劇場やアダルトショップを定義する用語として用いられているものをそのまま用いたものであって、その内容もすでに定着しており明確であると考えられる、としている。[16]そして、同庁の公表した解釈基準では、上記の定義の各文言につき、それぞれ次のような解釈がなされている。ここでは、「専ら」の意義は、「おおむね七割ないし八割程度以上をいう」とされ（第七3(1)・第五3(2)）、「性的好奇心をそそるため」とは、「当該客の性的な感情を著しく刺激する目的であると社会通念上認められるものをいう」（第七4(1)・第五3(3)）[17]、「性的な行為を表す場面」とは、「自慰行為、性交、性交類似行為等を行っている人の様子や光景のことをいう」（第七2(1)）、「衣服を脱いだ人の姿態」とは、「全裸又は半裸等社会通念上公衆の面前で人が着用しているべき衣服を脱いだ人の姿態をいう。したがって、例えば、通常の水着を着用した人の姿態は『衣服を脱いだ人の姿態』には当たらない。この場合に、全裸又は半裸の人の身体の上に、社会通念上人が着用する衣服とは認められないような透明又は半透明の材質により作られた衣しょう等を着用したとしても、その人の姿態は、『衣服を脱いだ人の姿態』に当たる」（第七2(1)・第五3(4)）、とされている。

このような解釈基準により、上記の各文言の内容はかなり具体化されているとはいいうるが、しかし、法案作成を行った警察庁自体がそれと同時にこのように比較的詳細な解釈基準を策定している以上、そもそもこのような具体的内容自体を法文化すべきだったのではないかとの疑問がある。[18]規制対象たる映像送信型性風俗特殊営業の定義づけは、その法文の文言自体は抽象的であるといわざるをえず、その解釈基準とあわせてようやくある程度の限定性と明確性とを確保しえているに過ぎないように思われる。

二　自動公衆送信装置設置者

以上の映像送信型性風俗特殊営業に関する規制の新設に関連して、改正風適法では同時に、「自動公衆送信装置設置者」に対しても規制が課されることとなった。「自動公衆送信装置」とは、「公衆の用に供する電気通信回線に接続することにより、その記録媒体のうち自動公衆送信の用に供する部分……に記録され、又は当該装置に入力される情報を自動公衆送信する機能を有する装置」（三一条の七第一項四号・著作権法二条一項九号の五イ）、つまりサーバー・コンピュータであり、この設置者たる「自動公衆送信装置設置者」はいわゆるプロバイダを意味する。(19)

1　規制内容

現行風適法は、三一条の八第五項で、「その自動公衆送信装置の全部又は一部を映像伝達用設備として映像送信型性風俗特殊営業を営む者に提供している当該自動公衆送信装置の設置者……は、その自動公衆送信装置の記録媒体に映像送信型性風俗特殊営業を営む者がわいせつな映像又は児童ポルノ映像（児童買春、児童ポルノに係る行為等の処罰及び児童の保護等に関する法律第二条第三項各号に規定する児童の姿態に該当するものの映像をいう。……）を記録したことを知つたときは、当該映像の送信を防止するため必要な措置を講ずるよう努めなければならない。」として、プロバイダの努力義務を規定している。(20)

この規定の各文言の具体的意義について、解釈基準では次のように示されている。

まず、「わいせつ」については、「刑法第一七五条の『わいせつ』と同義である。」（第二二1(3)）とされる。次に、「知つたとき」の意味は、「第三者から単にわいせつな映像がある旨の一般的な苦情等があっただけでは、通常は、それだけで直ちに『知ったとき』に該当するものではないと考えられるが、例えば、当該自動公衆送信装置設置者が、映像送信型性風俗特殊営業を営む者が当該自動公衆送信装置にわいせつな映像を記録して客に見せていることを発見した場合、映像送信型性風俗特殊営業を営む者が客に見せているわいせつな映像を添付した苦情等があった場合、映像送信型性風俗特殊営業を営む者が客に見せているわいせつな映像に関し同種の苦情が繰り返しあった場合等には、一般的にはこれに該当することになると解される。」（第二二1⑵）とされている。また、「当該映像の送信を防止するため必要な措置」については、「例えば、わいせつな映像を記録した映像送信型性風俗特殊営業を営む者に当該わいせつな映像を削除するよう注意喚起を行うこと、当該わいせつな映像について送信停止の措置をとること、当該映像送信型性風俗特殊営業を営む者との利用契約を解除すること等をいう。」（第二二1⑷）とされ、最後に、「努めなければならない」については、「例えば、わいせつな映像を防止するための措置をとり得るにもかかわらず、漫然とこれを行わない場合や他にとり得る措置があるにもかかわらず既に注意喚起を行ったことを理由としてこれに従わない映像送信型性風俗特殊営業を営む者に対して何らの措置も講じない場合には、一般的には、『努めなければならない』という規範を遵守したことにはならないものと解される。」（第二二1⑸）とされている。

プロバイダに課されるこのような努力義務が遵守されていないと認められる時には、公安委員会は、あらかじめ総務大臣（一九九八年改正当時は郵政大臣）と協議の上、プロバイダに対しこの努力義務が遵守されることを確保するため必要な措置をとるべきことを勧告することができるものとされている（三一条の九第二項、第三項）。なお、プロバイダがこの勧告に従わない場合についての罰則等は設けられていない。

2　分　析

以上のような努力義務規定は、わが国において初めてプロバイダの法的責任が法律上明文化されたものである。この規定の趣旨について、警察庁からは、プロバイダの法的責任を明確化することによって、現在行われている業界団体の自主規制に参加していないものも含めた業界全体の自覚を高めることを目的としたものであって、その努力義務もプロバイダ自身にわいせつ物公然陳列罪の幇助犯が成立する可能性がある場合の措置に限定したものである、と説明されている[21]。

一方、学説においては、この規定による努力義務の法的性格については、これ自体がわいせつ物等の公然陳列罪についての刑罰法規（刑法または児童ポルノ等規制法）上の作為義務を構成するものと解されるべきではないという点ではおおむねの一致があるようであるが、この努力義務違反に対してなされる勧告の法的意義をどのように理解するかについては、いくつかの見解がみられる。

例えば、塩見教授は、「公安委員会が郵政大臣（現在は総務大臣―引用者注）との協議を経て勧告に至った場合には、この義務は刑法上の作為義務にまで高められたと考えてよいであろう。従って、勧告に応じないプロバイダはわいせつ物公然陳列罪の正犯ないし幇助犯として処罰されることになる[22]」とされ、勧告があった後は風適法上の努力義務が刑罰法規上の作為義務の根拠となることを認められている。このように解すべきか否かは別として、規制当局がこの努力義務規定違反に対する勧告を理由に、それにもかかわらず送信防止のための積極的措置をとらないプロバイダに対しその刑事責任を追及しようとする可能性があることを指摘する見解[23]は少なくない。

この点に関連して、佐藤雅美教授は、「勧告違反にあえて罰則を設けなかったのは、公安委員会の監督の下に、業界の自主規制を促進するという政策的選択にも理解できる。また、公安委員会による勧告の法的性質は行政指導の一種であるとされているが、勧告を受ければ自動的に作為義務が発生すると考えてよいかどうか、つまり、勧告自体を作為義務の直接の根拠とすることが妥当かどうかも慎重な検討を要するように思われる[24]」として、措置勧告がそのまま刑罰法規上の作為義務の発生根拠となるとの理解には留保を付されている。

近時のプロバイダが提供する多様なサービスのなかで、ホームページサーバーのレンタルなど情報内容の公開性が前提となるものについては、その管理するサーバー上に違法情報が記録されたことを知った場合に、プロバイダに一定の編集権の行使は認められうると解されるとしても、風適法上の努力義務とこれを担保する勧告のみであってもすでに、一私企業たるプロバイダに対し、必ずしも容易ではない「わいせつ」性や「児童ポルノ」該当性の判断を求めることとなり、結果としてこれに該当しない表現までも自己規制させてしまう可能性がある(25)ことなどの実際的な状況を考慮すれば、そのうえさらに、この努力義務が勧告ののちに刑罰法規上の作為義務の発生根拠となることまでも認めることにはなお慎重であるべきように思われる。

もっとも、このプロバイダの刑事責任との論点は、およそインターネット上でのわいせつ画像等の公表、つまりサーバー・コンピュータのハードディスクにわいせつ画像等のデータを記憶・蔵置させる行為が、わいせつ物公然陳列罪等に問われうる以上は、また、性表現画像に限らず、名誉毀損表現等の違法な内容のデータの記憶・蔵置が可罰的とされうる場合には、映像送信型性風俗特殊営業を営む者によりわいせつ映像ないし児童ポルノ映像が記録された場合という風適法の前提とする状況に特定的な問題ではない。そこで次節では、より一般的に、他人に由来する違法な情報の媒介者としてのプロバイダの刑事責任について考察する。

第二節　プロバイダ責任

一　理論状況

1　電気通信事業法上の義務

① 条　文

一　インターネットは、様々なデータが記憶・蔵置された膨大な数のサーバーが電気通信回線によって相互接続されることにより形成されたコンピュータ・ネットワークであり、これを利用しようとする者は、電話回線などの電気通信回線を通じてこれらのサーバーにアクセスする。このような情報伝達の媒介という電気通信回線による役務の提供は、電気通信事業法（昭和五九年法律第八六号）により、電気通信事業とされている（二条四号）。したがって、いわゆるプロバイダも、電気通信回線によるインターネット上のサーバーへの接続（アクセス）サービスを自らの会員に提供する事業者であることから、本法上の電気通信事業者に該当する。

なお、本法上、電気通信事業は、電気通信回線の設備を自ら設置して電気通信役務を提供する第一種電気通信事業（六条二項）と、この第一種の事業に該当しないその他の第二種電気通信事業とに分類されており（同三項）、自ら物理的に電気通信の回線を敷設し交換設備等を設置して役務の提供を行うＮＴＴなどは第一種の事業者に該当するのに対して、多くのプロバイダはこれら電気通信回線設備を自ら設置するものではないことから第二種電気通信事業者に属するが、いずれにせよ、プロバイダと電話会社等との間には、これら物理的な装置・設備の自己保有（とこれに直接関連する規律）の有無を超えた法的な相違はない。そのため、本法により規定された「電気通信事業者の取扱中に係る通信は、検閲してはならない」（三条）、「電気通信事業者の取扱中に係る通信の秘密は、侵してはならない」（四条一項）、「電気通信事業者は、電気通信役務の提供について、不当な差別的取扱いをしてはならない」（七条）という電気通信事業者の法的義務、および、電気通信事業者自身による通信の秘密の侵害（およびその未遂）につき三年以下の懲役又は百万円以下の罰金を定める罰則規定（一〇四条二項、三項）は、プロバイダにも適用される。

二　ところで、インターネットへの接続（アクセス）サービスを提供する事業者としてのプロバイダは、これがアメリカでは一般にインターネット・サービス・プロバイダ（ＩＳＰ）と称されているように、近時はその提供するサービスもインターネットへのアクセスのみに限られないのが通常である。『平成一四年版情報通信白書』によれば、国内プロバイダ（電気通信事業者のうち、インターネット接続サービスを提供している事業者）の数は、二〇〇一年度（平成一三年度）末で六七四一に達しており、(26) その規模も会員数が四六〇万人に達する最大手のものからごく小規模な零細企業までと様々であることから[27]、一概にいうことはできないものの、近時のプロバイダの多くは、インターネット接続サービスのほか、電子メール・サービス、電子掲示板の運営、会員によるホームページ開設のためのサーバーレンタル・サービス、さらにはプロバイダ自身による自己のホームページ上での情報提供など、多岐にわたるサービスを提供している。これらの多様なサービスのなかには、電子掲示板やホームページ関連のサービスなど、電話のような、内容の公開を前提としない情報の伝達の媒介という、従来からの典型的な電気通信役務とは異なる側面を有するものも含まれていることから、こうして伝達媒介が行われる様々な情報内容につきわいせつ画像や名誉毀損表現等の違法情報が含まれている場合に、プロバイダにその送信の停止や削除などの権限を認め、あるいはこれらの措置を法的に義務づけることができないかが検討される余地がある。この点にはまた、インターネット上での表現活動の匿名性や非対面性により違法情報の発信者の特定が困難となりうることのほか、情報伝播の瞬間性や地理的無限定性により被害が甚大となりうること、その一方、情報流通経路のボトルネック的位置を占めるプロバイダによる情報遮断措置などの効果は大きく、また技術的にもその送信の停止や削除などを比較的容易に実行しうるなどの現実的要請も作用している。

しかしながら、このいわゆる「プロバイダ責任」の問題について最も重要となるのが、いま紹介した、電気通信事業法によってプロバイダに課されている法的義務の存在である。自ら提供する電気通信役務において、これによりその伝達の媒介が行われる情報内容にプロバイダが何らかの介入を行うことは、まさに電気通信事業者の検閲禁止や秘密保持の義務に違反する可能性が高い。したがって、およそプロバイダにはその扱う通信における情報内容に関与する一切の権利も義務も認められないと解するか、あるいは、その実際上の必要性をも考慮した解釈論的構成により、なお一定の場合に違法情報に対する介入の余地を認めるかが問題とされている。

② 学　説

この問題自体は刑事・民事に共通するプロバイダ責任の基礎となる論点であるが、この点につき学説では、大きく分けて二つの見解がある。

一　第一の見解（(I)）は、プロバイダの提供するサービスがいずれも電気通信回線による情報伝達の媒介である以上これらは本来的に電気通信事業法上の通信役務であり、よって本法により電気通信事業者に課される検閲の禁止・秘密の保持等の義務もプロバイダの業務全般に当然適用されるのであるから、プロバイダがその扱う通信での情報内容に介入する権利は当然有しておらず、ましてその義務もないとする。(28)「通信役務説」とも呼ばれるこの見解からは、電子メール・サービスなど特定人間で行われる情報の授受が電話や電報などと同様通信役務と評価されることはもとより、ホームページ開設のためのサーバーレンタルなど、情報内容の公表が前提とされている場合の役務についても、利用者はプロバイダのサーバー・コンピュータ（内のハードディスク）にデータを記憶・蔵置しなければホームページ情報を送信（公表）しえない点で、通信に不可欠の要素の提供という意味ではこのサーバーの提供も回線の提供と同様であることから完全なる通信役務と認められるとされ、同じく内容の公表が前提となる放送につき内容規制が許されるのは周波数の有限性というインターネットにはない特性のゆえであるとされる。

このように、(I)通信役務説によれば、プロバイダの提供するあらゆるサービスは電気通信事業法上の通信役務と解されることから、その帰結としてプロバイダの業務全般に対して同法上の検閲禁止・秘密保持等の義務が及ぶことが認められ、また、こうして禁止される「検閲」には事前審査のみならず公表後のその禁止も含まれると解されることから、結局、利用者によるホームページなどでの違法情報等の公表についても、プロバイダがこれに介入することはできないこととなる。

二　これに対し、第二の見解（(II)）は、特定人間で行われる電子メール等のサービスと、会員によるホームページの開設のためのサーバーレンタル等のサービスとを区別して、プロバイダによる後者の扱いには電気通信事業法上の検閲禁止・秘密保持等の義務は適用されないとする。

この見解の具体的な理論構成については、次の二つの立場がある。一つ（(i)）は、電子メール・サービス等とホームページサーバーレンタル等とを区別する根拠を情報内容の公開性に認め、ホームページ等を「公然性を有する通信」と位置づけ、これが純粋な通信というよりもむしろ放送類似の性質を有するとして、これに関連するサービスには放送に準じた規制が認められるとする、最も一般的な立場である。いま一つ（(ii)）は、サーバーレンタル等は電気通信事業者の本来の業務たる通信回線利用の提供ではなく、それに付随した単なる付加的なサービスに過ぎず、また、利用者の表現行為がプロバイダの管理するサーバーを賃借して行われる以上ここではサーバーの賃貸借契約が成立しているのであり、ここにプロバイダの管理人としての管理権限と一定の責任が認められるとする、「付随役務説」と呼ばれる見解である。(29)

いずれにせよ、この（II）の見解を前提とすれば、プロバイダの提供するサービスのうちホームページサーバーレンタル等一定の場合については、電気通信事業法上の検閲禁止・秘密保持等の義務が及ばないとされるため、そこでの利用者による違法情報の発信につきプロバイダに法的責任が認められる余地がある。プロバイダの刑事責任も、この見解を前提とした上で初めて問題となる論点である。

2　刑事責任

①　序　論

わいせつ画像や名誉毀損表現などのデータの媒介につき、プロバイダの刑事責任が問題となりうることを前提としてこれを具体的に考察すると、まず、このような違法データがプロバイダの提供する多様なサービス上で流通しうる形態として、一応次のような類型を想定することができる。電気通信事業法上の義務に関する上述の（II）の見解が前提となる以上、蛇足的な類型化ではあるが、（ア）プロバイダの提供するアクセスにより、インターネット上の他のサーバーに記憶・蔵置された違法データが再生・閲覧されうる場合、すなわち単なるインターネット接続サービスの場合、（イ）電子メール・サービスに代表される、特定人の間でのデータの送受信の場合、（ウ）会員によるホームページの開設、あるいはプロバイダの運営するフォーラムや電子掲示板など、他者に由来する公開を前提とされた情報が自己の管理するサーバー・コンピュータ内に記憶・蔵置されるサービスの場合、そして、（エ）プロバイダ自身が自己のホームページ等で情報提供を行う場合、である。

これらのうち、まず（エ）については、これはプロバイダ自身が情報発信者としてサーバーに違法なデータを記憶・蔵置させている場合であるから、そもそもプロバイダ責任の問題ではなく、当該違法データがわいせつ画像データである場合には、前章で行った検討が当てはまる類型に過ぎない。次に、（ア）については、これは純粋なインターネット接続サービスであって電気通信役務に他ならず、またプロバイダ自身がここで再生・閲覧されうる情報内容に介入しうる余地はない。さらに、そもそもこのような違法データの媒介はインターネットへの接続を提供する以上必然的に起こりうる結果であって、これを回避するには接続サービスの完全な中止しかありえず、仮にそうしたとしても他のプロバイダを経由すれば問題のデータの再生・閲覧は可能である。結局、この場合にプロバイダには責任は生じえない。また、（イ）については、この場合プロバイダは会員にメールサーバーを提供しているが、内容の秘密性が前提となる電子メールは電話や電報等と同様に完全に通信であって、プロバイダはこの扱いに際しいわゆるコモン・キャリアの地位にあることは明らかであるから、（Ⅰ）通信役務説はもとより（Ⅱ）の見解によっても、電気通信事業法上の検閲禁止・秘密保持等の義務を当然に負うこととなる。よってこの場合にもプロバイダには責任は生じない。最後に（ウ）であるが、（Ⅱ）の見解を前提とする場合に問題となるのはこの類型である。つまり、プロバイダが電子掲示板等を運営しあるいは会員のホームページ開設を支援するなどのため、公開を前提とした情報がこれら利用者から記録されるべく自己の管理するサーバーを提供している際、利用者がこのサーバーに違法な内容のデータを記憶・蔵置した場合に、プロバイダがその公開を阻止しあるいはそれを削除するなどの義務を負うかが問題となるのである。

なお、プロバイダがそのインターネット接続サービスの提供という電気通信事業者としての本来的な業務のためにサーバー・コンピュータを設置し、これに付随して、情報発信（公開）を希望する利用者のため当該サーバーの記憶領域の一部を提供したことのゆえに、当該サーバーに違法データが記憶・蔵置されないようプロバイダが普段からこれを調査・監視等しておくべき一般的な義務を負うとは解されがたいことから、他人に由来する情報についてのプロバイダの刑事責任は、違法データが記憶・蔵置されたことをプロバイダが何らかの理由で認識するに至った後の問題であることになる。(30) そして、その存在を認識した後に、プロバイダが当該違法データの送信停止や削除等の措置を講ずべき刑法上の義務を負う場合がありうるか、つまり、プロバイダがこれらの措置をとらず、当該情報の公開されている状態を放置した場合に、この不作為が可罰的となる場合がありうるかが検討されるべきこととなる。

② 学　説

会員等他人から違法な内容のデータが自己の管理するサーバー・コンピュータに記憶・蔵置されたことを認識したにもかかわらず、そのまま放置してその公開を継続させたことにつき、プロバイダがその刑事責任を問われた裁判例は現在までのところ存在していないが(31)、学説においては、これを肯定する見解と否定するものとがある。ただし、その可罰性を認める見解にあっても、基本的には、プロバイダの作為義務が認められる理論的可能性を肯定するのみであり、その処罰に積極的であるわけではない。

ー　可罰説　　まず、可罰性を肯定する見解として、稲垣弁護士は、プロバイダが当該データに対する排他的支配を有する場合には保障人的地位が認められるとして、わいせつ画像データにつき公然陳列罪の正犯、ないしその記憶・蔵置者に対する関係での幇助犯が成立するとされる。そして、排他的支配の有無の判断に際しては、会員規約等においてプロバイダの警告・削除権限等の定めがある場合にはこれが根拠となりうるが、そのような規定がない場合には、プロバイダの経営規模などからする具体的な削除措置の可能性など様々な事実的要素を総合的に評価すべきであるとされている。[32]

また、只木誠教授も、名誉毀損表現に関してではあるが、プロバイダに作為義務が認められる可能性を肯定されている。只木教授は、プロバイダの不作為による刑事責任に関して近時のドイツにおいて主張されている見解、すなわち、第三者による法益侵害行為が不作為者（プロバイダ）の答責領域に帰属されうる場合には、この不作為者には、物的支配（違法データの存在を具体的に認識したプロバイダに肯定される、当該データに対する支配）に基づくところの、第三者の犯罪行為に対する保障人的義務が認められうるとする見解を参考とされ、「違法な内容を認識するに至ったにもかかわらずこれを削除しなければ一層の被害の拡大が予想される状況のもと、これを未然に防ぐことが唯一できる立場にあることなどを考えると、『公然性を有する通信』を利用するという一種の特権を行使する出版社としてのプロバイダーに条理上の作為義務を認めることは不可能ではない」とされている。[33]この見解も、プロバイダが当該データを、つまりは法益侵害に至る具体的経過を排他的に支配していると認められることをその根拠とするものと解される。

なお、山口教授も、プロバイダに不作為犯が成立する余地は認められているが、その実際上の可能性は極めて限定的なものとなっている。教授はまず、その検討の前提として、自己の管理するサーバー・コンピュータに他人から違法データが記憶・蔵置された場合に認められうるプロバイダの不作為責任が正犯と共犯のいずれとしての責任かを問題とされる。教授は、この点につきその継続犯の理解に基づいて、わいせつ物公然陳列罪が、わいせつ画像データの記憶・蔵置行為によって法益侵害（の危険）との結果が実現されこれが持続される点で継続犯であるとしても、共犯の関与の対象となるべき正犯行為は結果実現とその持続状態を創出するデータの記憶・蔵置行為そのものであって、この行為自体は一回的に終了し継続するものではなく、よってその後の他人による関与に共犯の成立する余地はないとされ、結局、プロバイダに認められうる不作為責任は正犯としてのそれであるとされる。その上で教授は、保障人義務の根拠に関するいわゆる機能的二分説を前提とすると、プロバイダについて問題となるのは監視保障人であるとされ、その場合にも問題となりうるのは自己の先行行為により生じた危険や他人が違法行為を行う危険についての監視保障人ではなく、危険源の物理的支配に基づく監視保障人であるが、不作為犯処罰に必要な作為との同視可能性のゆえに、プロバイダ責任は、この者自身がその違法コンテンツを発信しているとみることのできるごく限られた、通常は認められないような場合にしか問うことはできない、と結論づけられている(34)。

二　不可罰説

これらに対して、可罰性を否定するものとしては、次の論者による見解がある。

まず、堀内教授は、プロバイダによるサーバー・コンピュータの設置行為自体は性秩序や健全な性風俗という法益に対して危険な先行行為ではなく、また、サーバーの管理・運営者というプロバイダの地位や立場を理由に作為義務を肯定することも作為義務自体を形骸化することになり妥当ではなく、仮にこのような管理者・所有者としての地位から一定の作為義務が認められるとすれば、それは管理すべき危険源によって危険にさらされる法益の保護を事実上引き受けていることによると解すべきであるが、プロバイダは性秩序等の法益を保護する後見的役割を有するわけでもないとされ、結局、サーバー上の違法なデータを放置しただけでは、プロバイダにこれを削除等する義務を認めることはできず、不作為による幇助としての刑事責任を追及することは困難であるとされている(35)。

また、山中教授は、まず、プロバイダに成立しうる不作為犯は正犯と共犯（幇助犯）のいずれとしてかとの問題について、もしプロバイダに危険源管理義務が認められるとすれば、この義務は、他人の犯罪行為がすでに終了し、その結果法益侵害の因果的危険が迫っている場合には直接の法益保護義務に転化すると解すべきであるから、プロバイダに成立しうる不作為犯は正犯としてのそれである、とされる。しかし教授は、サーバー・コンピュータの提供行為によってプロバイダに先行行為に基づく管理義務や危険源の管理義務が認められることはなく、作為義務を根拠づける保障人的地位は存在しないとされ、結論においてプロバイダの不作為責任を否定され

ている。(36)

二　検討

以上、他人に由来する違法なデータの伝達を媒介することとなったプロバイダの刑事責任との問題について、電気通信事業法上の義務のプロバイダに対する適用の有無と、これを前提とするその刑事責任の存否とをめぐる理論状況を概観した。これを踏まえ、この問題につき簡単な検討を加えておく。

1　電気通信事業法上の義務

他人によって自己のサーバー・コンピュータ（内のハードディスク）に記憶・蔵置された違法データを放置するプロバイダの法的責任を検討するに当たっては、前述のように、まず第一に、電気通信事業法によって電気通信事業者たるプロバイダに課される、その扱う通信内容に関する検閲の禁止や秘密の保持等の義務との関係をどのように解するか、具体的には、これらの義務と、プロバイダの提供するフォーラムや掲示板、あるいは会員によるホームページ開設の支援など、他人に由来する内容の公開性が前提とされた情報がその管理するサーバーに記録されるサービスとの関係をいかに理解するかが問題となる。

この点、前述の（I）通信役務説のごとく、電気通信事業者たるプロバイダの提供するサービスはいずれも純然たる通信であり、そうである以上電気通信事業法上の義務はすべてこれに適用されると解するのであれば、民事であると刑事であるとを問わず、その扱う通信内容に関するプロバイダの法的責任が問題となる余地はない。

しかしながら、掲示板やホームページ開設等情報内容が公開されるサービスと、電子メール等その秘密性の前提となるもの、あるいはインターネットへの単なるアクセス提供等そこで流通する情報内容に対するプロバイダの物理的技術的な介入の余地のほとんどないサービスとをすべて一括して電気通信事業法上の通信役務と評価することが可能か、またそれが妥当であるかには疑問がある。それを「公然性を有する通信」と類型化するか否かは別として、ホームページ上で公表される情報やフォーラム・掲示板等への書き込みの媒介や伝達は、技術的には確かに電気通信ではあるが、これ自体の法的性格は、内容の秘密性を前提としない点で電話等の従来からの典型的な通信とは相当に異なると解される。また、他人（利用者）に由来するこれらの情報はプロバイダの提供するサーバーに記憶・蔵置されることによって公開されるのであるから、プロバイダは技術的にも比較的容易にその内容に介入しうるほか、法的にもその内容に対するコントロール権（編集権）を与えられるほうが望ましいとも考えられる。自己のサーバーを用いて提供するサービス上で公開される情報については編集権を行使することを望むプロバイダも存在するはずであり（サーバー提供者としての品位を落とせば、顧客離れにもつながりうる）、それにもかかわらずこれを一律的にコモン・キャリアと位置づけて編集権を有しないとするとすれば、プロバイダ自身の表現の自由の観点からも問題を生じるからである。[37] このように、内容の公開性が前提となる情報の伝達は、内容の秘密性を有する通信をいうと解される電気通信事業法上の「通信」とは性質を異にすると考えられ、よって本法上の検閲禁止・秘密保持の義務も、このような情報についてのサービスにまでは適用がないと解される。したがってプロバイダは、このようなサービスにおいて伝達される情報内容に対しては編集権を有することになり、それゆえに、その内容についても一定の責任を負う可能性があることとなる。[38]

2　刑事責任

電気通信事業法上の検閲禁止・秘密保持の義務は内容の秘密性を前提とする情報の伝達媒介を念頭においており、これを前提としない情報についてのサービスにまでは適用がないと解されるとしても、前述のように、本来的な通信役務たるインターネット接続の提供に伴いそのサーバーの一部を利用者の情報公開の用に供する行為が、プロバイダ自身に対して、当該サーバーに違法情報が記録されていない状態を維持すべき一般的な義務を負わしめることはないと解される。よって、プロバイダの刑事責任は、他人によって記憶・蔵置された違法データの存在をこれが具体的に認識した後に問題となりうるに過ぎない。その刑事責任の肯否を論ずる先述の諸学説においても、いずれもこの点を前提としてその不作為責任が検討されている。

① 正犯性と幇助犯性

一　サービスの一環として自己の提供したサーバー・コンピュータ（のハードディスク）に他人によって記憶・蔵置されたデータが違法なわいせつ画像のものであるとして、そこからネットワーク上に当該画像が公開されている事実をプロバイダが具体的に認識しつつこれを放置した場合、そのデータの記憶・蔵置者にわいせつ物公然陳列罪の成立が認められるとすれば、プロバイダについて問題となる不作為犯の責任は、これに対する幇助犯としての責任か、あるいは独立の正犯としての責任かがまず問題となる。

この点、ここで問題となっている具体的状況は、すでに他人によってデータのサーバーへの記憶・蔵置行為が行われた後にプロバイダがこれを認識するに至っ（て、かつこれを放置し、その公開を継続させ）た状況であるから、これは、リンク行為の可罰性が問題となる場合の具体的状況と類似していると考えられる。つまり、すでに検討したように、リンク行為の場合には、あるホームページへ向けてリンクを設定することは、このリンク先サイトを構成するデータをサーバーに記憶・蔵置すること（リンク先サイトの開設・運営者による「陳列」行為）を容易にし促進することではなく、むしろ、すでにサーバーに記憶・蔵置されているデータに不特定多数人がアクセスし、このデータをダウンロードすること（ユーザーによる「閲覧」行為）を容易にし促進することである。このように、リンク先となるべきサイトではその運営者によるわいせつ画像データの記憶・蔵置行為はすでに終了している以上、その後このサイトへ向けてリンクを設定する行為が、リンク先での公然陳列の正犯者の「陳列」行為を容易にしあるいは助長促進したとは認められないのであり、よってリンク行為につき、リンク先サイトで成立している公然陳列罪に対する幇助犯は成立しえないと解されるのである（第三章第五節三**1**参照）。

これと同様に、プロバイダによるわいせつ画像データの放置についても、これはわいせつ画像データの記憶・蔵置者自身による当該データのサーバーへの記憶・蔵置行為を容易にするのではなく、すでに記憶・蔵置された当該データが再生・閲覧されることを可能にし継続させる行為である。したがって、リンク行為の場合と同様に、この放置行為が正犯者による陳列行為を容易にしたとは認められず、よってこれが当該データの記憶・蔵置者に対する関係での幇助とはなりえないと解される。

二　以上より、ここで問題となりうるプロバイダの責任はわいせつ物公然陳列罪の不作為正犯としての責任であると解されるが、この点との関連で、プロバイダにはなお不作為による共犯の責任が問題となりうる場合もあるとの指摘もある。それは、犯罪的な情報を含むホームページは情報の追加や更新によって法益侵害性を高め、あるいは被害を拡大させる場合が多いことから、プロバイダがこのようなホームページを放置することでこれら情報の追加や更新を容易にし促進していると認められる場合についてである(39)。

確かに、例えばわいせつ画像を公開するサイトでもその内容の追加や更新は頻繁であり、またその背景には、プロバイダがこれらの画像の公表を停止させるために当該データを削除し、あるいはその記憶・蔵置者に対し警告を行うなどの措置を一向に講じないことで、当該サイトの開設・運営者が新たにわいせつ画像データを記憶・蔵置していくことを物理的にも精神的にも促進されているという状況を想定することもできる。そうであるとすれば、このような場合については、プロバイダにはなお不作為による幇助の可能性があるとも考えられる。

これらを前提としつつ、以下に、その管理するサーバーに記録されたことを知った違法なデータの公開を阻止する作為義務がプロバイダに認められるかを具体的に検討する。

②　作為義務の発生根拠

プロバイダにおける作為義務の有無の検討の前提として、不真正不作為犯の作為義務の類型ないしその発生根拠の確認を要するが、周知の通り、この問題については今日、いわゆる保障人（保証人）説に基づいて、一定の結果の発生を回避すべき作為義務の認められる地位（保障人的地位）にたつ者を保障人とし、この保障人の不作為のみが作為と同価値であって構成要件に該当するとすべきとの点では学説上おおむね見解の一致がみられ、これを前提として、現実に保障人的地位が肯定される場合（作為義務の発生根拠）の具体的な類型化について、いくつかの見解が提起されているところである。(40)

それらの見解をここで詳細に検討する余裕はないが、保障人説それ自体に関しては、この見解が、犯罪成立要件として区別・分離して段階的にそれぞれの判断が行われるべき構成要件該当性判断と違法判断とを、不真正不作為犯について融合させてしまう傾向があること、つまり、たとえ保障人的地位と保障人義務（作為義務）とがそれぞれ構成要件要素と違法要素とに区別されるとしても（いわゆる分離説ないし二分説）、各々の存否の判断が一体化・同一化する可能性があり、類型的判断たるべき構成要件該当性判断において個別具体的非類型的事情まで判断対象とされ、あるいは逆に、実質的評価たる違法性判断が構成要件該当性の類型的判断に近接し個別具体的事情の評価が不十分となるといった傾向を有することに、留意される必要があると思われる。犯罪論体系において、構成要件該当性判断の類型性と違法判断の実質性は不真正不作為犯においても維持されるべきであり、その構成要件段階では、その該当性判断として、類型的に基礎づけられた作為義務に類型的に違反する不作為であるか否かが検討されることが必要であるとともにそれで足り、続く違法性段階において、構成要件に該当し類型的に違法な不作為が、非類型的な事情も含む全具体的事情を考慮してもなお実質的に違法な（作為義務違反の）行為であるか否かが終局的に判断されると解されるべきである。(41)

このような観点からは、その構成要件該当性判断のために、当該不作為の類型的な違法性の前提となる作為義務を根拠づける事情（作為義務の発生根拠）の類型化が重要となるが、その際には、基準の簡潔性や判断の容易性を重視するばかりに、一元的な基準の追求や抽象的包括的な事情類型の定立に拘泥されるべきではないと思われる。そのような基準や類型化では、作為義務の発生根拠と評価されるべき事情の類別に過不足を生じるおそれがあるからであり、その限りで、より細分化された明確な類型化が望ましい。もとより、それらの類型に該当すれば直ちに刑法上の作為義務が生じるわけではなく、それに違反するとして類型的に違法性の推定される当該不作為を実質的にも違法たらしめる具体的事情の存否が違法性段階で慎重に検討されることが不可欠となるが、このような観点から挙げられる作為義務の発生根拠の類型としては、法令、契約、事務管理、先行行為、施設・設備等の所有者・管理者たる地位、の五類型が提示されうる(42)。

③　不作為正犯としての可罰性

以上を前提として、まず、プロバイダが、自己のサーバーにわいせつ画像データが記憶・蔵置されていることを認識しつつこれを放置した場合について、すなわちわいせつ物公然陳列罪の不作為正犯としての責任が問題となりうる場合について、その作為義務の有無を検討する。

ー　自己の管理し提供するサーバーにわいせつ画像のデータが記憶・蔵置されたプロバイダにつき作為義務を発生させうる類型的な事由としては、まず、事実上の引き受けを意味する事務管理は問題となりえない。また、いわゆる先行行為も、社会的に許容された完全に合法的な行為であることはもとより、それ自体何ら法益侵害の危険を伴わないサーバー提供行為しか行っていないプロバイダについては、問題とならない。

次に、契約としては、プロバイダとその会員との間に締結されているサービス契約がある。プロバイダによるサービスの提供を希望して入会を申請し、会員資格を得た者にはいわゆる会員規約が適用され、プロバイダと会員間の権利・義務を定めるこのような会員規約はサービス契約約款に当たると解されるが(43)、ここにおいて、プロバイダの提供するサービス上で会員が名誉毀損行為、わいせつ画像の表示、その他公序良俗違反の行為等を行った場合に、これらに係る情報をプロバイダが削除等しうる旨の条項が設けられている場合が多い。しかし、この条項は、当該情報の発信者たる会員に対する関係でプロバイダにそのような削除等の権限があること（削除等につき当該会員に対し契約違反の責任を負わないこと）を定めるものであり(44)、また、特に名誉毀損表現等の個人的利益の侵害が問題となる場合に、被害者により（特に、被害者も当該プロバイダの会員である場合）、このような条項の存在をも理由として、プロバイダの民事責任が追求されることはありうるとしても、(45) この条項が、プロバイダがその扱う情報による個人的ないし社会的利益の侵害を阻止する旨を定めるものではない以上、この条項がその刑事責任の前提としての作為義務の発生根拠となりうるとは類型的にも認められない。よって、プロバイダと会員との間のこのような契約は、違法情報に対するプロバイダの不作為につきその構成要件該当性を基礎づけることもない。

続いて、法令としては、プロバイダについて一般的に適用されるものではないが、すでにみたように、その一定の義務を定める風適法上の規定が存在する。すなわち、わいせつ画像（または児童ポルノ画像）データの記憶・蔵置が一般ユーザーではなく映像送信型性風俗特殊営業者によって行われた場合のみに限定されるが、この場合プロバイダに対しては、風適法上の送信防止措置努力義務に関する規定（同法三一条の八第五項）の適用があり、その限りで、これは法令に基づいてプロバイダに作為義務が認められる場合であるということができる。しかし、その場合の不作為の実質的な違法判断においては、この努力義務規定自体はもとより、その違反に対する勧告（三一条の九第二項）もまた、プロバイダの刑法（または児童ポルノ等規制法）上の作為義務までも発生させるものではないと解されるべきである（前節二**2**参照）。

二　最後に、施設・設備等の所有者・管理者たる地位により作為義務が認められうる場合についてであるが、自己の提供するサーバーにわいせつ画像データが記憶・蔵置されたプロバイダは、そのサーバーという装置の管理者であることから、この類型には該当すると考えられる。もっとも、プロバイダがこのような設備等の管理者等の類型に該当すること自体は、これら所有者や管理者は対象物を排他的に支配していることが多い、あるいは対象物による法益侵害の危険の回避を期待される、という類型的評価により認められる作為義務発生事由へのいわば形式的な該当性に基づいた構成要件該当性判断であり、さらに違法判断の段階において、実際の排他的な支配の具体的な程度や、その者の管理者たる立場上の作為責任が社会的にいかに強く要請されているかなどについての実質的具体的な検討が行われなければならない[46]。

この点、自ら管理するサーバーに第三者によりわいせつ画像データを記憶・蔵置された状況を認識したプロバイダにはその公開の阻止につき刑法上の作為義務が認められうるとする見解は、先に紹介したように、プロバイダが当該データ（ないし法益侵害に至る経過）に対する排他的支配を有していることをその本質的な理由としている。確かに、そもそも故意に基づき一定の犯罪の実行に着手した者に対し、結果発生やその後の違法状態の回避・解消を義務づけることには疑問もあり、違法な内容のデータを記憶・蔵置した者自身に対して当該データを削除等することは期待しがたいと解されることから、当該データが記憶・蔵置されたサーバーを実際に管理しているプロバイダは、当該サーバーに記憶・蔵置された違法データについて、それゆえ法益侵害に至る具体的な経過について、排他的支配を有していると認められうる[47]。

ただし、装置の管理者としての地位とそれに基づく排他的支配により、プロバイダがその管理するサーバーから生じている法益侵害の危険を除去すべき作為義務を認められうるかということで問題となっている具体的な状況は、わいせつ画像データの記憶・蔵置という他人の（犯罪）行為により、本来は何ら危険源ではない自己の管理するサーバーが危険源へと転化され、当該データ（による法益侵害に至る経過）への排他的支配も具備させられるに至ったという状況であり、本来的に危険源たるべきものを自ら設置しそれを管理しているという、（差し迫った法益侵害の危険を創出させているわけではない点で先行行為としては評価されないが）危険源の管理者としてこれを監視する作為義務が認められうる典型的な場合とは異なる。したがって、自発的に設定したものではないこのような排他的支配を中心的要素としてプロバイダに刑法上の作為義務を認めることは妥当ではないと思われる。この場合には、設備等の所有者・管理者としての社会的地位のゆえにこの者に向けられる、結果発生の回避あるいは違法状態の除去等を行うことの社会的な要請ないし期待という規範的要素が認められ、具体的な諸事情を考慮してこのような要請ないし期待が特に強いと認められることが、その刑法上の作為義務（その不作為の実質的違法性）の肯定に必要な要素とされるべきように思われる。[48]

これをプロバイダの不作為責任との関係でみると、その作為に対する社会的な要請ないし期待という規範的要素は、これは確かに、インターネットでの通信媒介を行い、その情報流通経路のボトルネック的位置に立つというプロバイダの社会的地位に基づくものであり、それが当該違法データの送信を阻止しうる唯一の存在であるとともに、そのような措置を講じること自体も比較的容易であることからしても、それ自体として十分合理的な要請ないし期待であると認められる。

しかし、その一方で、これが他人によって行われた言論活動としての表現の具体的内容に基づいてその公表を遮断することの要求であること、このような要請ないし期待に基づいて刑法上の作為義務が肯定されることとなれば、わいせつ等の性表現に限らず表現内容の違法性についての判断が困難な場合もある（名誉毀損表現など）ことからすれば、プロバイダによる過剰な表現規制を招来する可能性があること、さらに、わいせつ表現に関しては、その規制の保護法益は少なくとも判例・通説上は個人的法益とは解されていないこと、[49]などの点を指摘することもできる。これらの事情を考慮するならば、サーバー管理者との社会的地位に基づいてプロバイダに向けられる社会的要請ないし期待という規範的要素が、自己のサーバーに他人からわいせつ画像データを記録されたプロバイダにつき、その公開を阻止すべき刑法上の作為義務までも課しうるほどの強さや重大性をもつと評価されうるかには、なお疑問があるように思われる。

以上より、自己の提供するサーバーに他人からわいせつ画像データが記憶・蔵置されたことを知りつつこれを放置したプロバイダについて、不作為によるわいせつ物公然陳列罪の正犯の成立を認めることは困難であると解される。[50]

④　不作為による幇助犯としての可罰性

こうしてプロバイダの不作為正犯としての責任は否定されるとしても、プロバイダがこのようにその認識したわいせつ画像データにつき何らの措置も講じないことで、その後、アダルトサイトなどでは頻繁に行われるその内容の追加や更新のための、わいせつ画像データの新たな記憶・蔵置が促進され容易にされるという関係性も想定される。このようなデータの追加・更新に際しては、その不作為が他人によるデータの記憶・蔵置行為自体を促進し容易にしていると評価されうるため、プロバイダには、この他人に成立すると解されるわいせつ物公然陳列罪の（片面的）幇助としての不作為責任が問題となりうる。

この不作為による幇助の成立の可能性を検討すると、作為義務の発生根拠としては、事務管理はもとより、わいせつ画像データを記憶・蔵置されたのちのその送信防止に関する、契約としての約款条項や法令としての風適法の規定は問題とならない。

次いで、施設・設備等の所有者・管理者たる地位という類型であるが、確かにプロバイダはその提供するサーバーの管理者である。ただ、ここでは、他人によるわいせつ画像データの記憶・蔵置によりサーバーが危険源と化し、プロバイダによるこの状態の（不可罰的な）放置のゆえに他人の新たな実行行為が助長・促進される可能性があるという状況が問題となっており、プロバイダの管理する（他人によって危険源へと転化された）対象物自体が法益侵害を生じうるといういわば直接的な危険が問題となっているわけではない。つまりここでは、プロバイダについて、自己の管理するサーバーを利用した他人の犯罪行為を阻止すべき作為義務が認められるか否かが問題となっているのであって、このような場合に、サーバーの管理者たる地位にあるとの事情が理由となってそのような刑法上の作為義務までもが認められうるとは解しがたいように思われる。

むしろ、ここで問題となっている状況については、先行行為という作為義務根拠類型の方が（あるいは、これが管理者たる地位という類型と競合的に）問題となりうるようにもみえる。というのも、ここでの状況は、プロバイダが、先に、自己のサーバーにわいせつ画像データが記憶・蔵置されていることを認識しつつこれを放置したことに由来する状況であるから、この場合、自己の（不可罰の）先行行為により新たな法益侵害の危険を招来していると解されなくもないからである。しかしながら、先行行為に基づいて作為義務が認められうるのは、たとえ不可罰であれ、[51]その先行行為自体から直接に更なる結果発生の危険が生じている場合であって、その先行行為の結果として他人の犯罪行為が招来される可能性がある場合ではないと解されることからすれば、プロバイダには、先行行為に基づく作為義務もまた類型的にも問題とはなりえないように思われる。

以上より、当初わいせつ画像データを記憶・蔵置した者がその内容の更新等のため新たにこれを行う場合についても、プロバイダには、これに対する不作為による幇助は成立しないと解される。

（１）一九九八年（平成一〇年）の風適法改正の解説・分析としては、後藤啓二「風俗営業等の規制及び業務の適正化等に関する法律の一部を改正する法律について」ジュリスト一一四〇号（一九九八年）六四頁以下、山口いつ子「風営法改正と青少年保護―インターネット上の表現に対する規制を中心として」法律時報七〇巻一一号（一九九八年）四一頁以下、片桐裕「風適法改正と今後の風俗警察行政の諸問題」警察学論集五二巻二号（一九九九年）一頁以下、廣田耕一他「『風俗営業等の規制及び業務の適正化等に関する法律の一部を改正する法律』逐条解説（一）（二）（三・完）」警察学論集五二巻二号（一九九九年）三三頁以下、同三号（同年）一一一頁以下、同四号（同年）九七頁以下、風俗問題研究会『最新風営適正化法ハンドブック』（一九九九年）一二頁以下などがある。

（２）九八年改正のうち、九九年（平成一一年）四月一日とされたこれら新設規制に係る部分の施行日前の二月に公表された解釈基準であって、風俗問題研究会・前掲注（１）五〇〇頁以下にも掲載されている。

（３）「単に客が十八歳以上であることを自己申告するだけでは足りない」ため、無料での内容閲覧が可能なアダルトサイトなどのトップページにしばしばみられるような、「あなたは一八歳以上ですか」との質問、および「はい」、「いいえ」との答えの文言を掲載し、ユーザに答えのボタンをクリックさせるような形態のものは、通常「客が十八歳以上である旨の証明」を受けたことにはならない（廣田他・前掲注（１）「『風俗営業等の規制及び業務の適正化等に関する法律の一部を改正する法律』逐条解説（三・完）」一〇五頁注（1））。

（4）　一八歳未満の者を客とすることの禁止に関する三一条の八第二項に違反したときは罰則のない指示処分がなされるのみであるのに対し、一八歳未満の者を客としないために採るべき措置を定める同三項または四項に違反した場合には罰則を伴う改善措置命令の対象となる理由は、一八歳未満の者を客としないとの規範（二項）を遵守するためには原則として三項または四項を遵守することが必要であり、これらすら遵守しない者に対しては罰則で担保された改善措置命令により厳しく対処する必要がある一方、「インターネット上に発信された映像に誰がアクセスしているかを正確に知ることは現在の技術では極めて困難であることにかんがみ」て、三項または四項を遵守したにもかかわらず結果として二項違反となってしまった場合については罰則のない指示処分で対処することとしたためである、とされる（吉田英法「性風俗関連特殊営業に関する規制の在り方」警察学論集五四巻一一号（二〇〇一年）一四頁）。

この点、今回の改正による映像送信型性風俗特殊営業に関する規制の創設が青少年保護を目的とするものであるにもかかわらず、受信者から一八歳未満者を排除するための三一条の八の三項および四項の定める措置も、インターネットのメディア特性上その実効性に乏しいことが本法自体において認識されていることを示している。

（5）　例えば、松井茂記『日本国憲法』（一九九九年）四四七頁以下、四五五頁以下。

（6）　公正（公平）原則（fairness doctrine）とは、地上波周波数の希少性などを根拠として、放送番組の内容についての政治的中立性や見解の多様性の確保を要求する原則であり（なお、第二章第一節四**2**②も参照）、わが国においても、放送法による番組準則規定において定められている（三条の二第一項「放送事業者は、国内放送の放送番組の編集に当たつては、次の各号の定めるところによらなければならない。……二　政治的に公平であること。……四　意見が対立している問題については、できるだけ多くの角度から論点を明らかにすること。」）。この番組準則規定は、有線テレビジョン放送法一七条により同法にも準用されている（この番組準則による性表現の規制や、準則違反に対する制裁などについては、第三章注（1）を参照）。

（7）　牧野二郎『市民力としてのインターネット』（一九九八年）二〇一頁以下、松井・前掲注（5）四七五頁、同

「インターネット上の表現行為と表現の自由」高橋和之・松井茂記編『インターネットと法』（第二版）（二〇〇一年）二六頁以下、佐々川直幸「ネット情報を規制する法律・条例１―改正風営法」インターネット弁護士協議会（ＩＬＣ）編『インターネット事件と犯罪をめぐる法律』（二〇〇〇年）二〇八頁以下等。

（８）廣田他・前掲注（１）「『風俗営業等の規制及び業務の適正化等に関する法律の一部を改正する法律』逐条解説（三・完）」一〇一頁。

（９）片桐・前掲注（１）一六頁以下。また、後藤・前掲注（１）六六頁も参照。

（10）園田寿他「（座談会）ハイテク社会と刑事法」現代刑事法一巻八号（一九九九年）一二頁（露木康浩発言）。

（11）解釈基準においても、「バナー広告（インターネットのホームページ等に設けられた横断幕状の映像であって、広告の内容を表示するとともに、当該広告の部分をクリックすることにより、当該広告の広告主が希望するホームページに自動的にアクセスすることができるようにしているものをいう）を表示すること等により広告収入を得て、当該バナー広告を依頼した者の客となるべき者に映像を伝達する形態のものは、映像送信型性風俗特殊営業に当たらない。」（第七７）として、このような広告収入により運営されている、多数のいわゆる無料アダルトサイトが規制対象外であることが明示されている。

（12）しかも、国外に由来するものも合わせ莫大な数に達する無料ポルノサイトの存在からすれば、国内サイトとして、従来から当該映像の提供に対する対価を得るという形態での営業により運営されていた、今回の改正で新たに映像送信型性風俗特殊営業として規制対象とされた営業は、それが改正以前のごとく一八歳未満者を客としないための措置をとる必要がなかった場合にも、そもそも有償での映像提供であること自体のゆえに、青少年に対して十分に閲覧抑制的なサイトであったと思われる。

（13）この点、すでにみたようにアメリカにおいては、未成年者に有害なサイバー・ポルノの規制を意図された一九九六年通信品位法が、情報提供につき営利非営利の区別などをすることなく一律的に規制対象としていたこともあって違憲無効と判断されたことを受けて、規制対象を商業目的によるものに限定していた一九九八年児童オンライン保護法が、その違憲訴訟において、本法制定後も非営利のサイトや国外に由来するサイトからの有害ポルノが自由に閲覧可能であるとして、その規制手段の必要性が認められないとされていることが注目される（ACLU Ⅲ判決。第二章第二節三参照）。

(14)　佐々川・前掲注（7）二一三頁以下。

(15)　なお、ここでは、閲覧を希望する受信者がその重要な個人情報を発信者へ開示することを事実上義務づけられていることに関して、牧野二郎弁護士は、それがオンラインで行われる場合のセキュリティの問題のほか、これらの顧客情報を収集することになる発信者（営業者）側の個人情報保護システムが不十分でありえ、しかも、営業者の採るこの情報管理体制の如何を閲覧希望者は知りえないこと、さらに、これらアダルトサイトが暴力団関係者の運営に係る場合が多いとする警察庁自身が、閲覧を希望する受信者に、これらの者へ個人情報を伝達すべきことを指示していることとなる問題性、などを指摘されている（同「感情論排し重大な欠陥指摘せよ」新聞研究五六二号（一九九八年）四九頁以下。園田他・前掲注（10）一三頁（牧野二郎発言）も参照）。

(16)　片桐・前掲注（1）一七頁。しかし、「これらの文言は概念として曖昧さを免れず、アメリカ型の表現の自由の合憲性審査基準を尺度とすれば、漠然ないし過度に広範な規制と評価されることになろう」とされる山口助教授は、たとえこれらの文言が本法上従来から用いられているものであっても、その意味内容についてある程度の予測をなしうるのは以前から「店舗型」の営業を行ってきた者のみであり、新規事業者の安易な市場参入も予想される「映像送信型」の営業者にとってはそうはいえない、と指摘されている（同・前掲注（1）四三頁）。

(17)　解釈基準の第七4(2)では、この「性的好奇心をそそるため」との文言への該当性の判断基準として、多くの青少年保護育成条例等が著しく性的感情を刺激するなどの図書を有害図書であると包括指定する際に用いている基準を参照し、これに依拠して、客に見せる映像の中に次の映像がおおむね二割以上含まれている場合には、「性的好奇心をそそるため」のものであると評価することができると解される、としている。

「○　衣服を脱いだ人の姿態で、次に掲げるもの

・　大腿部を開いた姿態

・　陰部、臀部又は胸部を誇示した姿態

・自慰の姿態
・排泄の姿態
・愛撫の姿態又はこれを連想させる姿態
・緊縛の姿態
○性的な行為を表す場面で、次に掲げるもの
・男女間の性交又は性交を連想させる行為
・強姦、輪姦その他のりょう辱行為
・性交類似行為
・変態性欲に基づく性行為」

(18) 佐々川・前掲注（7）二二〇頁参照。
(19) 風俗問題研究会・前掲注（1）六三頁、六六頁参照。
(20) ただし、この三一条の八第五項が新設された一九九八年（平成一〇年）の改正当時には、本項で規定された、自動公衆送信装置設置者による送信防止措置の対象は「わいせつな映像」のみであったが、これに加えて、「又は児童ポルノ映像（児童買春、児童ポルノに係る行為等の処罰及び児童の保護等に関する法律第二条第三項各号に規定する児童の姿態に該当するものの映像をいう。……）」が追加されたのは、その後の二〇〇一年（同一三年）の風適法一部改正法によってである（同法によるこの改正部分は、同年九月二〇日より施行されている）。この二〇〇一年改正の解説としては、高須一弘「風俗営業等の規制及び業務の適正化等に関する法律の一部を改正する法律」捜査研究五九九号（二〇〇一年）四頁以下、同「風俗営業等の規制及び業務の適正化等に関する法律の改正の経緯及び概要」警察学論集五四巻一一号（二〇〇一年）二九頁以下、吉田・前掲注（4）一頁以下、加藤伸宏・佐野裕子「『風俗営業等の規制及び業務の適正化等に関する法律の一部を改正する法律』逐条解説」警察学論集五四巻一一号（二〇〇一年）五五頁以下、鬼塚友章「児童買春の温床となっているテレホンクラブ営業に対する規制等」時の法令一六五五号（二〇〇一年）五五頁以下がある。

(21)　廣田他・前掲注（1）「『風俗営業等の規制及び業務の適正化等に関する法律の一部を改正する法律』逐条解説（三・完）」一〇五頁以下、一〇七頁注（2）。
(22)　塩見淳「インターネットとわいせつ犯罪」現代刑事法一巻八号（一九九九年）三九頁。
(23)　山口・前掲注（1）四三頁以下、佐々川・前掲注（7）二二三頁。
(24)　佐藤雅美「プロバイダーの刑事責任について」刑法雑誌四一巻一号（二〇〇一年）九〇頁以下。
(25)　佐々川・前掲注（7）二二三頁以下、牧野・前掲注（15）四九頁参照。
(26)　総務省編『平成一四年版情報通信白書』（二〇〇二年）一五一頁。
(27)　財団法人ニューメディア開発協会による「平成一二年度電子ネットワーク実態調査」における、二〇〇一年（平成一三年）三月末現在のインターネットプロバイダ会員数（同協会ホームページ（http://www.nmda.or.jp/nmda/netchousa/net0103. html）参照）。
(28)　速水幹由「インターネットプロバイダの法的責任論（通信役務説の立場から）」インターネット弁護士協議会（ILC）編『インターネット法学案内』（一九九八年）一八九頁以下、同「有害・違法な情報や行為とプロバイダの責任」インターネット弁護士協議会（ILC）編『インターネット事件と犯罪をめぐる法律』（二〇〇〇年）五九頁以下。また、プロバイダが、電気通信事業法によりコモン・キャリアと位置づけられている電気通信事業者に該当すること自体を強調され、ここから同法上の義務のプロバイダへの無条件の適用を認められている園田寿「サイバーポルノと刑法―『物』を規制する刑法一七五条の限界」法学セミナー五〇一号（一九九六年）八頁、同「改正風適法」サイバーロー研究会・指宿信編『サイバースペース法』（二〇〇〇年）一三九頁の立場も、この（I）の見解と同一趣旨と思われる。
(29)　牧野二郎「インターネットプロバイダの法的責任論（付随役務説の観点から）」インターネット弁護士協議会（ILC）編『インターネット法学案内』（一九九八年）二〇〇頁以下。この（ii）付随役務説を採られる牧野弁護士は、（i）の見解の前提とする「公然性を有する通信」との概念について、郵政省等により提唱されてきたこの概念は、情報内容の公開性が高いに過ぎず本来的に通信と位置づけられるべきホームページなどによる情報提供につき、その内容への干渉や妨害を合法化するために用いられうる、と批判されている（同・前掲二〇〇頁以下。「公然性を有する通信」概念に対する批判としては、さらに、立山紘毅「インターネットを見極める—効用と反効用」インターネット弁護士協議会（ＩＬＣ）編『インターネット法学案内』（一九九八年）三一頁以下、特に三六頁以下も参照）。

(30)　自己の提供するサーバーに映像送信型性風俗特殊営業者によって記録されたわいせつ映像または児童ポルノ映像についての、プロバイダの送信防止措置努力義務を定める改正風適法三一条の八第五項（前節二1参照）もまた、同法の解釈基準が本項における「知ったとき」との文言の意味に関し、「なお、この規定は、自動公衆送信装置設置者が『知った』場合の措置について規定したものであり、自動公衆送信装置設置者に対し、その者の自動公衆送信装置の記録媒体に記録された映像等の一般的な調査義務を課すものではない。」（第二二1⑵）と説明しているように、その努力義務につき、プロバイダが自己の提供するサーバーに記憶・蔵置された当該映像のデータの存在を何らかの理由で知った後の状況を前提としている。

(31)　プロバイダやパソコン通信開設者自身の刑事責任が問題とされた事案は存在するものの、そこではいずれもこれらの者が会員等に対し積極的に違法データの記憶・蔵置を推奨するなどしており、これらは単なる違法データの放置にとどまらないケースである（第三章第一節一にて紹介した「アルファーネット事件」（⑥、⑫、⑮の諸判例の事案）のほか、検挙に止まる事案など。これらの事案につき、山口厚「プロバイダーの刑事責任」法曹時報五二巻四号（二〇〇〇年）五頁以下参照）。

これに対し、民事の領域においては、自己の管理するコンピュータに、公表を目的とした情報としての名誉毀損表現を会員等から記録されたパソコン通信主宰者や（電気通信事業者ではないが）大学内のネットワーク管理者などの責任について、いくつかの判例が登場している。

パソコン通信における名誉毀損に関するわが国初の事案であって、当該表現を行った者自身とともにパソコン通信主宰者の不法行為責任も争われた、いわゆる「ニフティサーブ事件」第一審判決（東京地判平成九年五月二六日判時一六一〇号二二頁、判タ九四七号一二五頁（控訴）。本判決の評釈としては、山口いつ子「パソコン通信における名誉毀損」法律時報六九巻九号（一九九七年）九二頁以下、高橋和之「パソコン通信と名誉毀損」ジュリスト一一二〇号（一九九七年）八〇頁以下、手嶋豊「パソコン通信を利用したフォーラムの電子会議室において個人に対する発言が名誉毀損にあたるとして、書込みをした者に不法行為責任を認めると共に、フォーラムを運営・管理するシステム・オペレーターもフォーラムの電子会議室に他人の名誉を毀損する発言が書き込まれたことを具体的に知った場合にその者の名誉が不当に害されることがないよう必要な措置をとるべき条理上の作為義務があり、パソコン通信主宰者にもシステム・オペレーターの使用者責任があるとされた事例―いわゆるニフティサーブ事件第一審判決」判例評論四七〇号（一九九八年）二七頁（判例時報一六二八号一八九頁）以下などがある）では、パソコン通信主宰者によりそのフォーラムの管理・運営を委託されていたシステム・オペレーター（シスオペ）が、当該フォーラムに書き込まれた名誉毀損表現を認識しつつ直ちに削除等の措置をとらなかったことで不作為による不法行為責任を認められ、このシスオペに対する関係で、パソコン通信主宰者が使用者責任を認められている。個々のフォーラムの具体的な管理・運営が契約によりシスオペに委託されていた本件では、パソコン通信主宰者自身の責任はシスオペの不法行為責任に対する使用者責任であるとされているが、実際にフォーラムを運営しているシスオペの責任につき、本判決が、当該フォーラムに書き込まれる内容を常時監視し、名誉毀損表現がないかを探知したり、すべての書き込みの問題性を検討するといった重い作為義務を負わせるのは相当ではないが、名誉毀損表現が書き込まれたことを具体的に知った場合にはその者の名誉が不当に侵害されないよう必要な措置をとるべき条理上の作為義務がある（判時一六一〇号三七頁以下、判タ九四七号一四三頁）、と判示していることは注目される。

ところが、本判決の認めたシスオペとパソコン通信主宰者の責任は、その控訴審判決（東京高判平成一三年九月五日判タ一〇八八号九四頁（確定）。評釈として、山下幸夫「サイバースペースにおける名誉毀損とプロバイダーの責任―ニフティ事件・控訴審判決の紹介と分析」ＮＢＬ七二三号（二〇〇一年）三四頁以下）により取り消され、原告によるこれらの者に対する損害賠償請求は棄却されるに至っている（一審判決で認められた名誉毀損表現者本人の不法行為責任は維持されている）。控訴審判決は、その論拠を、原告からの要求を受けたのちに一定の手続きを経たうえで問題の書き込みを削除したというシスオペの対応が許容限度を超えて遅滞しているとまでは認められない、ということに求めており、一定の場合にシスオペに作為義務が認められること自体については、一審判決と同様にこれを肯定している。ただし、この点の具体的な判示においては、「会員による誹謗中傷等の問題発言については、フォーラムの円滑な運営及び管理というシスオペの契約上託された権限を行使する上で必要であり、標的とされた者がフォーラムにおいて自己を守るための有効な救済手段を有しておらず、会員等からの指摘等に基づき対策を講じても、なお奏功しない等一定の場合、シスオペは、フォーラムの運営及び管理上、運営契約に基づいて当該発言を削除する権限を有するにとどまらず、これを削除すべき条理上の義務を負うと解するのが相当である」（判タ一〇八八号一〇三頁以下）とされており、一審判決が、名誉毀損表現を認識すればその時点で条理上の作為義務が発生し、一定期間内に必要な措置を講じなかった場合には作為義務違反が認められると判断しているのに対して、この控訴審判決は、名誉毀損表現を認識しただけでは削除すべき条理上の義務は負わないとしている点で、削除義務が発生する場合が限定されていると解される（山下・前掲三七頁以下）。

また、プロバイダ等の電気通信事業者に関するものではないが、大学内のコンピュータ・システム管理者がそこに開設された名誉毀損表現を含むホームページを削除するなどの義務を負うかが争われた事案として、いわゆる「都立大事件」判決（東京地判平成一一年九月二四日判時一七〇七号一三九頁、判タ一〇五四号二二八頁（控訴））がある。本判決は、「名誉毀損行為は、犯罪行為であり、私法上も違法な行為ではあるが、基本的には被害者と加害者の両名のみが利害関係を有する当事者であり、当事者以外の一般人の利益を侵害するおそれも少なく、管理者においては当該文書が名誉毀損に当たるかどうかの判断も困難なことが多いものである。このような点を考慮すると、加害者でも被害者でもないネットワーク管理者に対して、名誉毀損行為の被害者に被害が発生することを防止すべき私法上の義務を負わせることは、原則として適当ではないものというべきである」、「そうであるとすれば、ネットワークの管理者が名誉毀損文書が発信されていることを現実に発生した事実であると認識した場合においても、右発信を妨げるべき義務を被害者に対する関係においても負うのは、名誉毀損文書に該当すること、加害行為の態様が甚だしく悪質であること及び被害の程度も甚大であることなどが一見して明白であるような極めて例外的な場合に限られるものというべきである」（判時一七〇七号一四五頁、判タ一〇五四号二三四頁）としたうえで、本件事案はこれに当たらないとして、ネットワーク管理者の責任を否定している。本判決については、責任の有無が争われたのが大学内のネットワーク管理者であって通信事業者ではないこと、名誉毀損表現がホームページによる公表という一回的な行為によりなされており、掲示板やフォーラムへの書き込み等継続的に行われる場合とは異なることなど、ニフティサーブ事件の事案とは異なる面がある。そのためもあるとは思われるが、本判決が、問題となる表現が名誉毀損に該当するかの判断の困難性などを理由に、ネットワーク管理者は名誉毀損的な表現の存在を認識した場合であってもこの発信を阻止する作為義務は原則として負わず、それが生じるのは当該表現の名誉毀損性やその態様の著しい悪質性、被害の甚大性等が一見明白な極めて例外的な場合に限定されるとして、情報媒介者の責任をニフティサーブ事件控訴審判決におけるよりもより限定的に解している（山下・前掲三八頁参照）点は、注目に値する。

以上のように、民事事件の判例では、フォーラムやホームページ等その内容の公開が前提となるサービス上で他人から名誉毀損表現（違法情報）が掲載され、そのコンピュータを管理するパソコン通信主宰者等がこれを認識した場合、これらの者はその放置につき常に完全に免責されることはないが、しかしこれを現実に認識した以上直ちにそれを削除するなどの義務を負うのでもないとして、このような作為義務の発生が一定の場合に限定されているということができる。

このようななかで、二〇〇一年（平成一三年）一一月には、掲示板やウェッブページなどで公開された名誉毀損、著作権侵害、プライバシー侵害等他人の権利を侵害する情報についての、当該情報の記録されたサーバーの管理者等やプロバイダの責任の範囲を定めた「特定電気通信役務提供者の損害賠償責任の制限及び発信者情報の開示に関する法律」（平成一三年法律第一三七号。以下「プロバイダ責任法」）が制定されている（本法では同時に、コンピュータ・ネットワーク上の情報による権利侵害につき、被侵害者にとって当該情報の発信者の特定が困難であることが当事者間での紛争解決の妨げとなることに鑑みて、被侵害者に、プロバイダやサーバー管理者等に対し一定の要件のもとに発信者情報の開示を請求する権利を認める規定（四条）も設けられている。なお、本法の解説・分析としては、松本恒雄「違法情報についてのプロバイダーの民事責任」ジュリスト一二一五号（二〇〇二年）一一三頁以下、大村真一他「特定電気通信役務提供者の損害賠償責任の制限及び発信者情報の開示に関する法律」ジュリスト一二一九号（二〇〇二年）一〇一頁以下がある）。従来、フォーラムやホームページ等（不特定の者によって受信されることを目的とする電気通信の送信である「特定電気通信」（プロバイダ責任法二条一号））における情報による権利の侵害を主張する者と当該情報の発信者との間で紛争が生じた場合、当該情報の記憶されたサーバーの管理・運営者等やプロバイダ（特定電気通信の用に供される電気通信設備（「特定電気通信設備」（同条二号））を用いて他人の通信を媒介し、その他特定電気通信設備を他人の通信の用に供する者である「特定電気通信役務提供者」（三号））は、その送信を防止する措置を講じなかったが当該情報が実際に権利を侵害するものであった場合には、権利侵害を主張する者から責任を問われる可能性があり、また、このような送信防止措置を講じたが当該情報が実際には権利を侵害するものではなかった場合には、当該情報の発信者から責任を問われる可能性があった。そこで、この各々の場合につき、プロバイダ等が損害賠償責任を負わない一定の場合を明確化するために制定されたのがプロバイダ責任法であり、本法はこれにより、権利を侵害すると主張される情報についてのプロバイダ等の自主的かつ迅速な対応を促進することを目的としている（大村他・前掲一〇二頁以下参照）。

本法はまず、三条一項において、実際には権利を侵害する情報であるにもかかわらずその送信を防止する措置をとらなかったプロバイダ等の、権利侵害を主張する者に対する免責の範囲を規定している。そこでは、プロバイダ等が、当該情報の送信防止措置を講ずることが技術的に可能であり（同項柱書）、かつ、当該情報により他人の権利が侵害されていることを知り（同項一号）、または、当該情報の存在を知り、その流通により他人の権利が侵害されていることを知りえたと認めるに足る相当の理由があるとき（二号）以外は、それにより生じた損害の賠償責任を負わないとされている。次に、三条二項においては、実際には権利を侵害する情報ではなかったにもかかわらずその送信を防止する措置をとったプロバイダ等の、当該情報の発信者に対する免責の範囲が規定されている。ここでは、当該措置が当該情報の不特定の者に対する送信を防止するために必要な限度で行われたものであって（同項柱書）、かつ、プロバイダ等が、当該情報の流通によって他人の権利が不当に侵害されていると信じるに足る相当の理由があったとき（同項一号）、または、プロバイダ等が、権利侵害を主張する者から当該情報の送信を防止する措置を求められた場合に、その発信者に対し当該送信防止措置に同意するかを照会したが、発信者が照会を受けた日から七日を経過しても当該措置に同意しない旨の申出をしなかったとき（二号）には賠償の責任を負わないとされている。

プロバイダ責任法によるこのようなプロバイダ等の民事免責規定は、アメリカにおいて一九九六年通信品位法により創設されたプロバイダ等の民事免責規定（合衆国法典第四七編二三〇条（c）項。第二章補論参照）と同一趣旨のものである。ただ、わが国のプロバイダ責任法による、その媒介する情報内容についての責任（権利を侵害された者に対する責任・三条一項）は、アメリカにおける、他人による名誉毀損表現の媒介者の不法行為責任についての、それを知っていたかまたは知る理由があった場合にのみ責任を負うとする「配布者」責任の類型（第二章注(99)参照）に類似すると考えられるが、同国における、プロバイダ等は「公表者」としては扱われないとする合衆国法典第四七編二三〇条（c）項（一）号は判例上この「配布者」責任の余地も認めない趣旨であると解されており（この点につき、学説上は争いがある。第二章注(100)参照）、また、わが国での、情報の送信を阻止された者に対する免責（発信者に対する責任・三条二項）は、送信防止措置等が誠実な意図に基づくものであることのみが要件とされているアメリカでのそれ（同法典第四七編二三〇条（c）項（二）号）に対し、送信防止措置の必要限度性を前提としたうえで、権利侵害性の誤信についての相当な理由または発信者からの明示的な反対の不存在が要件とされており、いずれもアメリカにおけるよりは、免責を認められる範囲が適度に限定的である。

(32)　稲垣隆一「インターネット犯罪をどう防ぐか」藤原宏高編『サイバースペースと法規制』（一九九七年）三二一頁以下。

(33)　只木誠「インターネットと名誉毀損」現代刑事法一巻八号（一九九九年）四七頁以下。

(34)　山口・前掲注（31）八頁以下。

なお、作為義務ないし保障人的地位についての積極的な論証はなされていないが、結論としてプロバイダの刑事責任が肯定される可能性を認めるその他の論者として、わいせつ画像データにつき、浦田啓一「インターネットを利用したわいせつ画像の提供につき、わいせつ図画公然陳列罪の成立を認めた事例」警察公論五一巻一一号（一九九六年）一二二頁、小向太郎「インターネット・プロバイダーの責任―会員の情報発信をめぐって」ジュリスト一一一七号（一九九七年）二〇頁、詐欺的情報等につき、佐久間修「電子取引と刑法―詐欺、違法な取引、コンピュータ犯罪」高橋和之・松井茂記編『インターネットと法』（第二版）（二〇〇一年）二〇七頁。

(35) 堀内捷三「インターネットとポルノグラフィー」研修五八八号（一九九七年）一〇頁以下。

(36) 山中敬一「インターネットとわいせつ罪」高橋和之・松井茂記編『インターネットと法』（第二版）（二〇〇一年）九七頁以下。

(37) 高橋和之「インターネット上の名誉毀損と表現の自由」高橋和之・松井茂記編『インターネットと法』（第二版）（二〇〇一年）六五頁、六七頁。

(38) 高橋・前掲注（37）六四頁以下、松井・前掲注（7）三六頁以下参照。

(39) 佐藤・前掲注（24）九六頁注（19）。

(40) 作為義務の発生根拠となるべき事情として、判例・通説では従来から、法令、契約・事務管理、および慣習・条理が挙げられていたが（形式的三分説）、近時はこれら形式的根拠を実質的考慮から限定するとともに一元的な基準による判断を可能にするべく、いわゆる先行行為説（日高義博『不真正不作為犯の理論』（一九七九年）一四八頁以下）、事実上の引き受け説（具体的依存性説）（堀内捷三『不作為犯論』（一九七八年）二四九頁以下）、支配領域性説（西田典之「不作為犯論」芝原邦爾他編『刑法理論の現代的展開・総論Ⅰ』（一九八八年）八九頁以下）、機能的二分説（町野朔『刑法総論講義案Ⅰ』（第二版）（一九九五年）一三三頁以下、山中敬一『刑法総論Ⅰ』（一九九九年）二二四頁以下。なお、本説における法益保護義務と危険源監視義務とにある程度まで対応するとされる「保護義務」または「危険の創出・維持」の認められる場合であって、かつ排他的支配の存在をこれらに共通の前提要件とされるのは、山口厚『問題探求刑法総論』（一九九八年）四三頁以下）、危険創出と排他的支配とを要件とする見解（佐伯仁志「保障人的地位の発生根拠について」内藤謙他編『香川達夫博士古稀祝賀・刑事法学の課題と展望』（一九九六年）一〇八頁以下）、法益または危険源に対し自ら排他的支配を設定したことを要件とする見解（林幹人『刑法総論』（二〇〇〇年）一六一頁以下）、などが提唱されている。

(41)　岡本勝「『不作為による遺棄』に関する覚書」法学五四巻三号（一九九〇年）一一頁以下（同『犯罪論と刑法思想』（二〇〇〇年）九九頁以下所収）。

(42)　岡本・前掲注（41）一八頁以下参照。ただし岡本勝教授は、作為義務の発生根拠について、これら諸類型に加え、特に詐欺罪において問題となるものとして、取引上の信義誠実の原則（に照らし真実告知義務が生じる場合）を挙げられている。

(43)　新美育文「パソコン通信での名誉毀損」法学教室二〇五号（一九九七年）七四頁参照。

(44)　契約約款上のこの種の条項の効力については、前述のいわゆる通信役務説からは、疑問も提起されている。速水・前掲注（28）「有害・違法な情報や行為とプロバイダの責任」七五頁以下参照。

(45)　ただし、現在は、先に紹介したプロバイダ責任法による責任範囲の定めがある（本章注（31）参照）。

(46)　岡本・前掲注（41）二三頁以下参照。

(47)　作為義務の発生（あるいはその違反の実質的違法性）が認められるには、不作為者が法益の維持・存続につき一定の排他的支配を有していることが（も）必要であるとする思考が近時は定着しつつあるが、排他的支配という概念自体は多義的であって、論者によって念頭に置かれている支配の態様やその具体的な対象、支配の程度などについて、必ずしも一致した理解がなされているわけではないように思われる。

なお、排他的支配が要請される理論的根拠の観点から考察した近時の論稿であって、これを作為犯と不作為犯に共通の単独正犯性の要件と解するものとして、島田聡一郎「不作為犯」法学教室二六三号（二〇〇二年）一一三頁以下がある。

(48)　なお、作為義務の発生根拠に関しいわゆる支配領域性説を採られる西田教授は、不作為者が結果へと向かう因果の流れを掌中に収めていたこと、因果経過を具体的・現実的に支配していたことが不作為と作為の同価値性を認めるために必要であるとの見地から、自己の意思に基づいて事実上の排他的支配を有しまたは設定した場合には当然に作為義務が認められるとされ、これに対し、支配の意思に基づかないで事実上結果を支配する地位（いわゆる「支配領域性」）が生じた場合（いま検討している、プロバイダの不作為責任が問題となるような場合）には、親子、建物の所有者、賃借人、管理者のように、その身分関係や社会的地位に基づき社会生活上継続的に保護・管理義務を負う場合に限定されるところの、不作為者こそが作為すべきであったとの規範的要素が存在する場合に限り、作為義務が認められるとされている（このような規範的要素の存在は認められるが事実上の排他的支配を有していない場合には作為義務は発生しない、とされる。同・前掲注（40）八九頁以下）。

(49)　それが性的感情を害されない利益という個人的法益（のみ）と解されるならば、少なくとも現時点においては情報の侵入性というメディア特性を伴わないコンピュータ・ネットワーク上で公開されるわいせつ表現に対しては、刑事規制の正当化自体が困難となるように思われる。

(50)　なお、山口教授は、不真正不作為犯の構成要件該当性に関して、ドイツ刑法典におけるごとく不真正不作為犯処罰規定を有しないわが国刑法典については、罪刑法定原則の要請に照らして、不真正不作為犯は行為（作為または不作為）による構成要件の実現を処罰する罰則に、不作為で構成要件を実現することにより該当する場合であると解されるべきであって、その構成要件該当性は、単なる当罰性や処罰の合理性などからする作為犯との同価値性のゆえではなく、不作為による構成要件的結果の惹起が作為によるそれと同視可能であることのゆえに肯定されなければならない、という作為と不作為の同視可能性の要件を特に強調されており（同『刑法総論』（二〇〇一年）七三頁以下、七七頁、八四頁以下。また、同・前掲注（31）八頁以下も参照）、よってすでに紹介したように、プロバイダ責任に関しては、保障人的地位が認められうるのは、プロバイダはそのコンテンツを記録する手間を省いただけであり、プロバイダ自身がその違法コンテンツを発信しているとみることができる、ごく例外的な場合に限られるとされ、こうしたことを認めることは通常できない、と結論づけられている（同・前掲注（31）一四頁以下）。

(51)　なお、いわゆる先行行為説においては、原因力を欠く不作為の作為との同価値性を担保するためには、不作為者がそれ以前に結果へ向かう因果の流れを設定していることを要するとの見地から、故意・過失に基づく先行行為が存在すること（のみ）が作為義務の発生根拠とされているが（日高・前掲注（40）一五四頁）、この見解による、作為義務の発生を認められる範囲の過不足というその実際上の帰結の不都合とともに、特に故意による先行行為については、それから生じうるさらなる法益侵害の危険につき、行為者自身にはその除去を期待しがたいように思われることなどからすれば、それが有責な行為に限定される必要はないと思われる（なお、いわゆる機能的二分説を採られる山中教授は、危険源監視義務類型として、先行危険創出行為に基づいて作為義務の発生が肯定される場合を挙げられているが、この先行危険創出行為自体を不可罰な行為に限定されている。同・前掲注（40）二二七頁以下）。

終章　サイバー・ポルノ規制のあり方についての一提案

その高度の利便性のゆえの急激な普及と、それによる利便性のさらなる向上という相乗効果によって、短期間のうちに驚異的に拡大発展したインターネットに代表されるコンピュータ・ネットワークは、これにより提供される電子メールやＷＷＷなどをはじめとする各種のサービスにより、従来にはない新たなメディアとして人々の日常生活に深く浸透しているとともに、高度情報通信インフラの構築を国家戦略とする先進諸国にみられるような、行政サービスの電子化による効率的な行政府たる「電子政府」構想の基礎ともなるなど、(1)すでに世界的規模で、社会・経済・行政・政治等をはじめとする様々な分野における必要不可欠の情報通信基盤となりつつある。今後の人類の発展過程においても、インターネット等の活用の重要性はあらゆる分野において増大しこそすれ、それが減じることはありえない。

しかしながら、このようなコンピュータ・ネットワークの普及、利用の拡大に伴い、コンピュータ・システムが犯罪的行為の対象となり、あるいはその手段として利用される危険も増大してきた。すでにわが国においても、コンピュータや電磁的記録を対象としたデータの改ざん、ファイルの破壊や、これらの攻撃を意図した不正アクセスやハッキングなどの事案も発生しており、したがってまた、これらの攻撃を政府機関やライフライン施設等の重要な社会システムに対して行い、国家機能等を不全に陥れるいわゆるサイバー・テロの発生する可能性も否定されえない状況にある。また、ネットワークをその手段として利用することによって行われる詐欺的取引や禁制品の売買、著作権侵害、個人情報やプライバシーの侵害、名誉毀損などの違法行為も、現実空間にはない匿名性や非対面性、無痕跡性などの誘因とともに、情報伝達の大規模性、無国籍性、即時性などにより、その発生件数も被害規模も拡大傾向にある。本書では、コンピュータ・ネットワークが犯罪活動の手段として利用されることの後者の類型において、近年社会問題化しているわいせつ画像をはじめとする性表現画像の流布に対する、わが国における刑事法的規制に関する法的諸問題を採り上げ、今日までに現れた判例とこれに関する学説とを分析し、再検討することを試みた。

一　法的規制の現状と技術的規制の可能性

1　法的規制の現状

一　いわゆるサイバー・ポルノとして世界各国においてもその対応策が講じられているこの問題につき、本書で参照したアメリカの連邦レベルでの具体的な法的規制の現状は、おおむね次のように要約することができる。

アメリカおいて従来から法的規制の対象とされてきた性表現は、わいせつ表現、未成年者に有害な表現、および（本書では検討の対象外とした）児童ポルノの三類型に分類されるが、このうちわいせつ表現については、これがそもそも表現の自由を定めた合衆国憲法修正一条による保障を完全に否定されることが従来から判例上確立されていることもあって、特に議会や裁判所においては、わいせつなサイバー・ポルノも当然に、有体物を前提とする従来からの規制立法の適用対象となるとの認識が先行しており、事実その旨の判例もあることで、これが現行法上規制されること自体はすでに完全に定着している。そのためもあって、わいせつなサイバー・ポルノの規制のための具体的な法規定のあり方などについての精緻な議論の展開は十分ではなく、その規制に関して行われた近年の法改正も、これが、わいせつなサイバー・ポルノを当然に規制可能な現行法につきこの点を明確化する意義しかもたないものとして行われたに過ぎないことから、その具体的な規定方法は、従来からこれら性表現物（有体物）の流通等を規制していた連邦刑法典上の各条項に「双方向コンピュータ・サービス」を利用する場合などの文言を追加する改正にとどまっており、客体たる無体物としての画像データや実行行為としてのその送信等、サイバー・ポルノの実態に即した新たな構成要件を定立するまでには至っていない(2)。

これに対し、アメリカにおけるサイバー・ポルノの法的規制に伴い最大の焦点となったのが、わいせつ表現や児童ポルノには該当しないために憲法上は保障されるが、未成年者の保護のためにこれらの者への提供の規制は許容される性表現の類型である。これを下品な表現あるいは未成年者に有害な表現との文言によって類型化したサイバー・ポルノ規制立法として、これらを未成年者に提供することを禁じた一九九六年通信品位法、ならびにこの規制を業としての提供に限定した一九九八年児童オンライン保護法と、連邦議会は精力的な立法活動を展開してきたが、いずれも情報発信者の表現の自由や情報受信者たる成人の知る権利に過度の負担を課し、他方で国外に由来するデータを規制しえない等実効的を欠くことなどが理由となって、裁判所により違憲無効と判断されあるいはその執行を差し止められることとなった。その結果、この類型のサイバー・ポルノの法的規制は事実上断念されつつあり、現在は、コンピュータ関連技術の活用による受信者側での自主的規制を公的に支援するという方向へと向かいつつある。

二　アメリカでのこのような現状に対して、わが国では、従来からの性表現規制としては、わいせつ表現と青少年に有害な表現との二元的な類型によって行われており、前者については刑法典が、後者については地方自治体レベルでの条例がそれぞれ主要な規制法令であって、後者に対しては営業規制としての風適法も存在している。このうち、わいせつ物規制に関する現行刑法一七五条については、明治期の制定以来、メディアの技術的進歩に対応するための改正は行われていないものの、客体の具備すべきわいせつ性につき当該物体からの直接的な認識可能性を要件としないなどの判例による柔軟な解釈の蓄積により、その延長線上に位置づけられうる解釈として、サイバー・ポルノに対してもわいせつ物（図画）公然陳列との構成要件によりその適用が肯定されている。また、青少年に有害なサイバー・ポルノについては、条例等の適用例はないが、これを営業として提供する者に対しては、風適法の一九九八年（平成一〇年）の改正による映像送信型性風俗特殊営業との規制類型の創設により、従来型のアダルト・ショップ等に対してと同程度の営業規制（届出制・利用者年齢の確認等）が課されることとなった。なお、一九九九年（平成一一年）には、児童買春等と並んで、わが国における第三の性表現類型としての児童ポルノを新たに禁止する児童ポルノ等規制法が制定されたが、そのネットワーク上での流通についての具体的規制は、刑法典を踏襲した公然陳列罪の創設に依っている。

これら諸法律によって実施されているわが国におけるサイバー・ポルノの法的規制の現状について、本書で行った検討の結論を簡潔に示すと、まず、解釈論上の最大の問題というべき刑法一七五条による公然陳列罪の成否については、ユーザーのもとでの画像表示の自動性が確保されている、インターネットおよび一部のパソコン通信上でのわいせつ画像の公開であって、かつその画像にマスク処理が施されていない場合など、行為者自身が当該画像データをサーバー・コンピュータないしホスト・コンピュータ内のハードディスクに記憶・蔵置した時点で、この行為のみによってわいせつ性が発現されていると評価することが可能な事案に限り、本罪の成立をこの時点で肯定することが可能であると解される。しかしながら、このような事案も、本罪についての従来からの判例・通説による解釈を前提とした場合にのみ対応することの可能な、しかも本罪の限界的な適用領域にあるケースと捉えられるべきものであって、すでに発生し始めている、画像の公開を行うことなしに電子メールの添付ファイルとして当該画像データを個別的に送信するケースなどに対しては、客体の有体物性を前提とすると解されるべき現行刑法一七五条の適用はもはや不可能であるといわざるをえない(3)。

また、性表現の受け手としての青少年の保護を意図された、有害なサイバー・ポルノ規制のための改正風適法については、ここではむしろ立法論的な問題がある。参入障壁の低さに基づく情報発信の容易性を特色とするインターネットにおいては、これら有害と評価されうる程度のポルノグラフィーは、わいせつ表現あるいは児童ポルノのごとくその内容自体が（おおむね世界各国においても）違法と評価される性表現よりも一層自由に、無制約的に公表・流通がなされており、このような類型の性表現に対しては、風適法などの営業規制では、現実に入手可能な情報量に比して規制対象となりうる情報量が極めて僅かであって、その規制目的を達成することが実際上不可能であり、それゆえにその規制の存在意義自体が失われるという問題がある(4)。そのため、この規制を営業による場合に限定せず一般的に拡大するとすれば、未成年者保護という同様の目的に基づくアメリカでの規制立法に対する相次ぐ違憲判決の際にも示されたような、年齢認証措置等の技術的経済的な実行不可能性などに基づく表現の自由保障との抵触という重大な問題が生じることとなる。結局、青少年に対する提供という相対的な局面でのみ違法と評価されるに過ぎないこの類型の性表現の法的規制は、インターネットというメディアにおいては著しく困難であると考えざるをえない。

三　もっとも、わが国におけるサイバー・ポルノの法的規制に伴うこれらの個々の問題が、新たな立法や解釈論の展開などによりたとえ解決されうるとしても、そのような法的規制の実効性、規制の意義は、極めて限定的なままとならざるをえない。インターネットというコンピュータ・ネットワークにおいては、それが物理的地理的限定とは無関係な地球的規模の情報通信ネットワークであるために、画像データのサーバーへの記憶・蔵置自体とともにそのための送信行為も日本国外で行われた、いわば完全に国外に由来するポルノ画像もまた、これを日本国内で閲覧することが技術的にも当然に可能なのであって、すでに検討したように、これに対するわが国刑法の適用も理論的には不可能ではないと解されうるにもかかわらず（第三章第六節三**2**参照）、国際関係的な制約や法執行当局の事案処理能力の事実上の限界などをはじめとする実際上の種々の事情から、それを行うことができないからである。完全に国内に由来し、あるいは少なくとも画像データのサーバーへの記憶・蔵置のための送信（発信）行為は国内で行われているという、現在の判例により日本刑法の適用が肯定される事案と同様のケースで閲覧可能なポルノ画像と、完全に国外に由来するケースでのそれとでは、後者の方が、わが国で閲覧可能なサイバー・ポルノの全体量に占める比率が高いことは明らかであるから（量のみならず、性描写の質的側面でも、後者はしばしば前者を圧倒しているように思われる）、国内での性秩序等の維持や青少年の保護などが性表現規制の法益と解されるのであれば、これらを規制する必要性はそれだけ高いといえるにもかかわらず、前述のごとく、捜査当局や裁判所により積極的に行われている規制法規の運用も前者に対するのみであるため、結局のところ、現在においてもなお、世界中のあらゆる性表現がほとんど無制限無制約的に閲覧可能なままとなっている。

このような状況からすれば、従来からの判例・通説の理解による、わいせつ表現の法的規制についての性秩序や健全な性風俗の維持という社会的法益はもとより、青少年に有害な性表現の規制についての年少者の保護という利益もまた、もはや十分に保護することが不可能な状態に至っていると評されざるをえないが、特に性表現の受け手としての年少者の保護など、一定の利益のための性表現規制の必要性自体は否定しがたいように思われる。したがって、サイバー・ポルノについても、表現の自由保障とも調和しうる実効性のある規制手段が探究されなければならないとすれば、その際には、（わいせつ表現の法的規制の法益を成人の性的感情および青少年の保護と構成したうえで）超国家的で非中央集権的な構造を有するインターネットのメディア特性に鑑みて、現状のような、一国の法規による情報発信者に対する規制ではなく、技術的方法を利用した、ユーザー自身の情報選択による自主的な規制の促進が図られるべきであるように思われる。これは、成人たる情報受信者に、自己とその監督する青少年の受信すべき情報とそうでないものとを選択することを委ねるものであり、ユーザーのもとでのこのような情報選別、受信可否のコントロールを可能にする技術的手段の存在を必要とするが、このような受信者側での規制は、少なくとも現時点では、コンピュータ・ネットワーク上で提供される情報はすべて受信者本人が自発的にこれを検索しなければ受信できないという点で、とりわけ放送メディア等と比較した場合、これが本来的に受信者に高度の情報コントロール能力を与えているメディアであることにも調和している。さらに、このような規制は情報受信者のもとで行われるものであるため、情報発信者に対してはその表現の自由の権利に負担をかけることがない。そして、このような受信者側での情報規制に際して、特に情報の受け手としての年少者の保護のために重要な役割を果たす技術的手段が、アメリカでのACLU III判決において、その存在が児童オンライン保護法を違憲無効と判断する根拠ともされた、いわゆるフィルタリング技術である。

2　フィルタリング技術

すでに実施されているように、インターネットが学校等の教育現場や図書館などで活用される場合には、全世界の膨大な情報が瞬時に入手可能となるなどの利点があるが、同時に青少年の閲覧がふさわしくない有害情報にもアクセスが可能となるなどの問題がある。また、例えば企業においても、情報収集やマーケティング手段としてのインターネットの活用はもはや必須となっているが、社内でのアダルト情報やギャンブル情報へのアクセスなど、企業活動とは関係のない利用により業務効率の低下を招くなどの問題が生じる。このような問題の技術的な解決策として研究開発が進められてきたのが、フィルタリングと呼ばれる、受信者側での自主的な情報選別のための技術である。(5)

フィルタリングは、学校、図書館、企業、公共施設や未成年者をもつ家庭など、コンピュータ設置者とその利用者とが分離する場合に行われ、ホームページのみならず、特に法的規制の困難な電子メールやチャット・ルームなどのサービスをも対象とすることが可能である。不適切と評価される一定の情報の表示を制限するために受信者側のパーソナル・コンピュータで利用されるソフトウェアであるフィルタリングソフトには、大別して二つの方式がある。一つは、コンテンツチェック方式と呼ばれるもので、ユーザー（教師やネットワーク管理者、親など）の指定した単語や語句（キーワード）が含まれているコンテンツの表示を規制する方式であり、もう一つは、表示を規制すべきコンテンツのURLの一覧をデータベース化しておくURLチェック方式であって、これら二つの方式を組み合わせて利用することも可能である。(6)

コンテンツチェック方式のフィルタリングソフトは、例えば“sex”等、ユーザーの指定したキーワードを対象となるコンテンツが含むかをリアルタイム解析し、自動的にその表示・非表示を制御する。ここでは、コンテンツに対する事前の格付けやそのデータベース化が不要であり、チャット・ルームや電子掲示板など、刻々と内容の変化する情報についても対応が可能であるという利点がある。その一方、この方式では、ソフトによっては、"sex"とのキーワードによって"Sussex"というイギリスの地名を含むコンテンツまで規制してしまうなどの過剰制御の問題がある。

他方、URLチェック方式では、インターネット上で提供される様々なコンテンツに事前に付加されたレイティング（格付け）値を、受信者側のフィルタリングソフトがユーザーによってこれに設定された値（フィルタリング値）と比較して、前者が後者を下回る場合にのみ当該情報を表示する。このURLチェック方式については、ウェッブ技術の標準化と推進とを目的とした国際産業団体であるW３C（World Wide Web Consortium）によって、レイティング情報形式と通信方式の標準化のための技術標準PICS（Platform for Internet Content Selection）が開発されており、様々なレイティング基準に基づいた様々なフィルタリングソフトの間でもその互換性が確保されている。[7]また、この方式で必須となるコンテンツについての事前のレイティングの基準の代表例としては、RSACi（Recreational Software Advisory Council rating service for the Internet）があり、この基準は米国におけるセルフレイティング（情報発信者自身によるレイティング）の際の実質的な基準となっているほか、国際的なレイティング基準作成の基礎ともなっている。RSACiでは、暴力（violence）、ヌード（nudity）、セックス（sex）、言葉（language）のカテゴリがあり、各カテゴリに関して0から4までの値での格付けが可能となっている。[8]

このレイティングを行う主体としては、現時点では発信者自身や第三者などが主流となっている。セルフレイティングと呼ばれる発信者によるレイティングは、情報発信者自身が自己規制として行うものであり、その提供するホームページ等の中に不可視的文字でレイティング情報を埋め込む。受信者側のフィルタリングソフトは、受信者によって設定されている規制指令（フィルタリング値）とこのレイティング情報（レイティング値）とを比較して表示制御を行う。このセルフレイティングにおいては、発信者自身には表現行為についての過度の負担が課せられることがなく、また第三者により意に反する格付けをなされることもないという利点がある。その反面、ここではレイティングの付加自体が発信者の任意に委ねられており、未レイティングのコンテンツに対してはフィルタリングソフトによる非表示という対応が可能であるが、不正確な（虚偽の）レイティング値を付されたコンテンツについては対応が困難という問題がある。

また、第三者によるいわゆるサードパーティレイティングは、対象となるコンテンツのＵＲＬに対するレイティング情報をこのＵＲＬとともにデータベースとして蓄積することにより実施される。このデータベースは、上記のＲＳＡＣ等の非営利団体やフィルタリングソフト開発会社によって、人間の目視により構築されるため、レイティング自体が誤りであることは少ないが、インターネット上に存在するすべてのコンテンツに対する目視によるレイティング自体が困難であることによる未レイティングＵＲＬへの対応をはじめとして、レイティング済みコンテンツにおいても頻繁に行われる内容の追加・更新やＵＲＬの変更への対応などが課題となる。そのためここでは、ブラックリストおよびホワイトリストと呼ばれるフィルタリングの二つの方式が重要となる。前者は指定されたページ以外はすべて情報通過を許容する方式であるが、リストに漏れた問題のあるページが表示される可能性がある。これに対し後者は、指定された安全なページのみの表示を許容する方式であって、問題のあるページが表示される危険性はないが、インターネットの特性である自由な発想に基づく関連情報の表示という機能は減殺されることとなる。

以上が、情報受信者の側でその受信すべき情報内容の選別を可能にするための、現時点でのフィルタリング技術の概要である。

二　法的規制の本質的な問題性と望ましい規制のあり方

1　法的規制における本質的な問題

このようなフィルタリング技術についても、有害コンテンツの遮断という情報制御の技術的な精度の問題のほか、[9] すでにアメリカでは、これらの公立学校や公立図書館での使用の義務づけは表現の公的規制と等しいとする議論や訴訟が生じているなど、[10] 課題も多い。しかし同国においては、コンピュータ・ネットワーク上の性表現からの青少年の保護を目的として、これに対する発信者規制を課すべく制定された通信品位法や児童オンライン保護法の相次ぐ違憲無効、執行差止の判決を経て、近時はむしろ、情報発信者に対するこれら公的規制の方針が転換され、未成年者保護との要請と表現の自由の保障との調和を図るため、情報受信者の側での主体的自主的な技術的規制として、上記のようなフィルタリング技術のさらなる研究開発とその普及とを公的に促進、支援するとの方向が採られつつあることが注目される。

これに対して、わが国では、サイバー・ポルノ事案として最も主要なわいせつ画像の公開につき、従来からの判例・通説による解釈を前提とした現行刑法一七五条の適用が必ずしも不可能ではないと解されうることもあり、違法・有害なサイバー・ポルノの規制につき、情報発信者に対する規制に基づく現在の法的規制の枠組みの維持・強化の議論一辺倒となっている。

しかしながら、前述のように、物理的地理的限定をもたない超国家的な情報通信システムであるインターネットにおいては、一国の法規による発信者規制の実効性は極めて限定的とならざるをえないのであるから、このような法的な規制手段に固執するままでは、これらの規制の維持・強化を主張する論者の意図に反して、違法・有害な性表現画像が無制限無制約的に閲覧可能であるという状況はむしろ放置されたままとなる。このような状況は、現行刑法一七五条の客体についても無体物たる情報としてのデータが含まれるとする解釈が可能であるとか、あるいは、新たにデータをも客体と明示する法改正がなされる必要があるなどといった発想の次元で解決されうる問題ではない。つまり、サイバー・ポルノの法的規制に際しての、従来までの性表現規制におけるとは全く異なる最も根本的な問題性は、その実体が画像データの流通であることなどの技術的な特性のゆえに生じる現行法適用の可能性などといった解釈論（ないし立法論）上の問題ではなく、むしろ、これらの問題がたとえすべて解決されうるとしても、それでもなお、国際関係的な事情や規制当局における事案処理能力の事実上の限界などにより、わが国で実際に入手し閲覧することのできる違法・有害な性表現の大部分につき、これらの法の適用による公的規制を行うことができず、よってこれらの規制法が存在しようとしまいと、そのような性表現画像が無制限無制約的に入手、閲覧可能であるという現実の事実状況にはほとんど何らの変化もない、ということにある。サイバー・ポルノの登場が、わいせつ表現規制の法益を性秩序や健全な性風俗の維持と解してきた従来からの判例・通説の妥当性を失わせ、その規制の根本的意義自体の再検討までも要請する契機となりうる理由も、まさにこの、サイバー・ポルノはその大半は何ら法的に規制されえないままであるという点で、これに対する規制法適用の理論的な可能性を凌駕した存在であるという点にある。[11]

コンピュータ・ネットワーク上でのポルノ画像の氾濫という問題への対応に際しては、一国の刑罰法規による情報発信者に対する法的規制を中心に据え、これを維持・強化する姿勢を採り続けるほどに、それによる表現の自由との抵触の問題などもさることながら、むしろその意図する青少年保護などの重要な目的の達成とはかけ離れた状況を創出する結果となることが、認識されなければならない。[12]

2　規制のあり方についての一提案

この点を踏まえ、表現の自由保障の維持や違法・有害情報の規制の必要性、その規制の実効性の確保などの諸要請を考慮した、望ましいサイバー・ポルノ規制のあり方を考えると、それはおおむね次のように要約されうると思われる。

一　まず、青少年保護を目的とした一定の有害情報の規制については、この目的が正当であると認められるべきであるとすれば一層のこと、フィルタリング技術などを活用した、受信者側での情報選別を可能にする技術的な規制手段の普及・促進が図られるべきであると思われる。このような規制方法は、この目的に基づく法的な情報発信者規制が、規制の実効性の面でも憲法上の表現の自由保障との調和の面でも著しく困難であることのゆえに、受信者自身にその受信すべき情報の選別、受信可否の決定を委ね、この情報選択を実行あらしめる技術的手段を利用させることで、青少年に不適切な性表現を閲覧させないというものであることから、ここでは、青少年の利用するコンピュータの設置者や管理者に当たる保護者や学校などが、そのような情報選択のための技術的手段を導入すべき責任を負うこととなる。したがってまた、インターネット関連の組織や業界団体などに対しても、フィルタリングソフトに代表される情報選別技術のさらなる研究開発やその必要性の啓蒙活動、ならびにこれらの普及促進などについての社会的要請が向けられる(13)。

二　次いで、わいせつであると評価される違法なサイバー・ポルノについてである。繰り返し述べてきたように、わいせつなサイバー・ポルノは、これに対する、規制当局や裁判所による刑法一七五条の積極的な適用にもかかわらず、これが完全に国外に由来する場合に本条の適用が実際上不可能であるために、現在においてもなお、その算定さえ不可能なほど莫大な量の画像が、国内でほとんど無制約的に閲覧することが可能となっている。これらの画像は、判例・通説におけるごとく、一七五条による性表現規制の法益が性秩序ないし健全な性風俗の維持と解され、かつ本条の罪が抽象的危険犯と解されるのであれば、本来は当然に規制対象となるはずのものである。

これらの画像は、メディアとして書籍や写真、あるいは映画やせいぜい放送などしか存在しなかった従来までの時代には、その国内での流通や公開はある程度の確実性をもって一七五条により規制されていた。ところが現在では、インターネットの登場により、わが国においてもこれらの画像が事実上自由に入手・閲覧可能となっているのであって、このような状況の到来は、国民社会における性表現についての意識、ひいては、わいせつ表現の法的規制の存在意義自体に変容をもたらす契機ともなる可能性を伴っている。つまり、現在では、一七五条の現実の適用可能性が、これまでその法益と理解されてきた利益の保護に対応しえなくなっているともいえるのであり、そうであるとすれば、より現実状況に即した理解として、その規制の存在意義ないし規制利益が、従来からの有力説に従って、意図しない性表現にさらされることで性的感情を害されることからの個人の保護、ならびに、情報の受け手としての青少年の保護へと再構成される可能性を検討することも、このインターネット時代において新たな意義を有するように思われる[14]。

そして、このように、個人の性的感情の保護がわいせつ表現規制の法益の一つを構成しうるとすれば、少なくともサイバー・ポルノに関しては、現時点でのインターネットがその技術特性上情報内容の侵入性をほとんど伴わず、その入手・閲覧のためには受信者自身が能動的にこれを追求しなければならないことから、現状のままであっても、この法益の侵害は認められないこととなる。もっとも、今後の技術革新などにより、インターネットが情報内容の侵入性を獲得し、放送類似化を強めることで、いわゆるとらわれの聴衆を発生させるメディアと化した場合には、規制の必要性は生じる。ただし、この場合にも、受信者のもとで、この者自身の性表現への寛容度に応じた情報の選別、受信の可否の決定を可能にするフィルタリングなどの技術が、情報発信者の表現の自由に負担を課することなく、かつ一国の法規による規制よりもはるかに実効的に、受信者の性的感情の保護との利益を擁護するために活用されうる。

これに対し、情報の受け手としての青少年の保護というもう一つの規制利益については、この場合は、わいせつ表現を欲する年少者にもこれを入手・閲覧させないことが必要となるため、この場合には、当該メディアにおける情報内容の侵入性の有無とは関係なく規制は認められることとなる。ただし、この場合にも、一国の法規による発信者規制が実効性をもちえないインターネットにおいては、青少年に有害なサイバー・ポルノの規制に際してと同様に、フィルタリング技術などを活用した、受信者側での情報の選択に基づく技術的規制の方が、はるかに実効的である。(15)

（1）　わが国では、一九九四年（平成六年）一二月の閣議決定による「行政情報化推進基本計画」（総務省ホームページ内 http://www.soumu.go.jp/gyoukan/kanri/a_01_f.htm）における、行政の質の高度化と国民サービスの質的向上を目的とする行政情報化の一環としての、国民等との間の各種行政手続の電子化の推進計画が、インターネット利用に係るオープン・ネットワークの活用を念頭に置いた初めての政府方針であって、その後、同年八月の閣議決定により内閣に設置されていた高度情報通信社会推進本部の決定による、九五年（同七年）七月の「高度情報通信社会に向けた基本方針」（首相官邸ホームページ内 http://www.kantei.go.jp/jp/it/990422ho-7.html）においても、国民の立場にたった効率的・効果的な行政の実現のための行政情報化として、「『紙』による情報の処理からネットワークを駆使した電子化された情報の処理へ移行し、『電子的な政府』の実現を進める」（基本方針II（1）②）ことが課題とされた。行政業務のオンライン化・ペーパーレス化というこの政策課題は、情報通信技術（IT）戦略本部・IT戦略会議による二〇〇〇年（同一二年）一一月の「IT基本戦略」、高度情報通信ネットワーク社会推進戦略本部（IT戦略本部）による二〇〇一年一月の「e-Japan 戦略」、およびそれ以降の e-Japan 構想関連の諸決定へと受け継がれているほか、内閣総理大臣決定たる一九九九年（同一一年）一二月の「ミレニアム・プロジェクト」（「IT基本戦略」以降の諸決定ならびに「ミレニアム・プロジェクト」の本文は、序章注（3）で引用した首相官邸ホームページ内のアドレスから閲覧可能）においてもプロジェクト化され、実施されつつある（これら行政情報化、電子政府、およびその地方公共団体レベルでの計画たる電子自治体に関しては、さしあたり、宇賀克也「電子化時代の行政と法」ジュリスト一二一五号（二〇〇二年）八頁以下、石川敏行「電子政府―見えてきた『懐かしき未来』」ジュリスト一二一五号（二〇〇二年）六三頁以下を参照）。

なお、政府の行政機関の情報を総合的に検索・案内するシステムとして設けられている、電子政府の総合窓口のアドレスは、http://www.e-gov.go.jp/である。

(2)　本書では、児童ポルノとの性表現類型については独立に採り上げることをしなかったが、アメリカでは、これが従来から、憲法による表現の自由の保障を完全に否定されていることは、わいせつ表現についてと同様である(同国における児童ポルノ規制の一般的な理解には、山田敏之「先進諸国における児童ポルノ規制」外国の立法三四巻五・六号(一九九六年)一三九頁以下、加藤隆之「児童ポルノ法理の形成」中大大学院研究年報二七号(一九九八年)五九頁以下などが参考となる)。ただし、同国では、児童ポルノについては、その当時徐々に普及しつつあったコンピュータ・ネットワーク上での流通に対応すべく、すでに一九八八年には、その輸送等を禁止していた従来からの規制法規に、新たにコンピュータの利用に係る場合を追加する改正が行われており、さらに、児童への現実の性的虐待を伴わずコンピュータ・グラフィックス(CG)等により作成されるいわゆる擬似的児童ポルノを規制するための一九九六年の改正に際しては、画像データそのものの客体性が明示されるに至っている(本改正による擬似的児童ポルノ規制自体は、連邦最高裁による二〇〇二年四月一六日のAshcroft v. Free Speech Coalition判決(122 S. Ct. 1389 (2002))により、違憲無効と判断されている)。しかしながら、これらの改正も、ネットワーク上でのその流通の技術的実体に即した新たな構成要件を創設するものというよりはむしろ、客体の有体物性を前提にその輸送・受領等を規制していた従来からの規制構造を前提に、これに「コンピュータ」、「データ」等の文言を追加するに止まるものである点では、当該法規の本来的な適用可能性の明確化に過ぎないとの前提のもとに行われた、わいせつなサイバー・ポルノ規制に関する法改正と同様である(これらの改正経過も含め、アメリカにおける児童ポルノの法的規制の経緯と現状については、法学六七巻三号(二〇〇三年)、同四号(同年)に掲載予定の拙稿を参照)。

(3)　第三章注(12)参照。なお、上述のように、当該画像の公開が行われており、かつユーザーのもとでの画像表示が自動化され、さらにマスク処理等も行われていないことから、行為者による当該データのサーバー(ないしホスト)・コンピュータへの記憶・蔵置行為のみによって、この時点で当該データの内容性の発現が認められると評価可能な場合に限り、公然陳列という類型の犯罪の成立を肯定することが可能であって、画像の公開を伴わないそのデータの個別的な送信のみの事案についてはもはや対応が不可能であるとの問題性は、その具体的な規制対象の客体性や実行為類型につき基本的に現行刑法一七五条を踏襲している、児童ポルノ等規制法によるオンライン上の児童ポルノ規制についてもまた当てはまることとなる。

(4)　営業規制であるがゆえではなく、当該画像データが完全に国外に由来するものであるがゆえの、国内法の実際上の適用不可能性に基づく規制の実効性の欠如という問題は、後述のように、およそサイバー・ポルノ（ひいては、インターネット上の表現）の法的規制一般に共通する根本的な問題性である。

(5)　フィルタリング技術に関しては、さしあたり、国分明男・清水昇「インターネットにおけるコンテンツ・レイティングとフィルタリング」情報処理四〇巻一号（一九九九年）五七頁以下、井ノ上直己・橋本和夫「フィルタリングソフトの現状」情報処理四〇巻一〇号（一九九九年）一〇〇七頁以下、丸橋透「インターネットにおける子供の保護」法とコンピュータ一八号（二〇〇〇年）六六頁以下、Ari Staiman, Note, *Shielding Internet Users from Undesirable Content: The Adantages of a PICS Based Rating System*, 20 Fordham Int'l L.J. 866, 882-84 (1997) などのほか、財団法人インターネット協会のホームページ内のレイティング・フィルタリング情報（http://www.iajapan.org/rating/）を参照。フィルタリング技術に関する以下の論述は、おおむねこれらに拠った。

(6)　現在市販されているフィルタリングソフトの多くは、数年前から米国企業によって開発・販売が行われてきたものであるが、すでに日本語化され、わが国において市販されているものも多い。それらのうち、一般に普及しているもののなかで、コンテンツチェック方式を採るものとしてはCYBER sitterなどが、URLチェック方式を採るものとしてはCyber Patrolなどがある。

(7)　W３Cは、政府によるインターネットの公的規制に反対する業界団体などからなる私的組織であり（America Online, AT&T, CompuServe, IBM, Microsoft, Netscape, Prodigy 等をはじめとする多数の企業・組織が加盟している）、インターネット・ユーザー自身による問題のあるコンテンツの受信拒否を可能にするための価値中立的なフィルタリングの技術標準として、一九九六年五月九日からＰＩＣＳの使用を開始させている（*see* John F. McGuire, Note, *When Speech Is Heard around World: Internet Content Regulation in the United States and Germany*,

74 N.Y.U. L. Rev. 750, 783 (1999))。

アメリカの法律学説では、このW3CによるPICSの導入は、インターネット上のコンテンツに対する法的規制に代わる技術的基盤を提供するものとして評価されている（*see, e.g.*, Adrianne Goldsmith, Note, *Sex, Cyberspace, and the Communications Decency Act: The Argument for an Uncensored Internet*, 1997 Utah L. Rev. 843, 863; Staiman, *supra* note 5, at 904-10; Brian M. Werst, Comment, *A Survey of the First Amendment "Indecency" Legal Doctrine and Its Inapplicability to Internet Regulation: A Guide for Protecting Children from Internet Indecency after* Reno v. ACLU, 33 Gonz. L. Rev. 207, 218-19 (1998); McGuire, *supra*, at 779, 783-91）。

（8）　RSACiとは、公衆、特に両親が電子メディアについて必要な決定をする際に、オープンで客観的なコンテンツ勧告システムによる支援を行う、米国の非営利団体たるRSAC（Recreational Software Advisory Council（娯楽ソフト諮問会議）．本会議は、一九九八年に、国際的なレイティングシステムの開発を行う非営利団体であるICRA（Internet Content Rating Association（インターネット・コンテント・レイティング協会））に吸収合併されている）が、スタンフォード大学で二〇年以上にわたりメディアが子供に与える影響を研究してきたロバーツ（Donald F. Roberts）博士の研究成果に基づいて作成した、インターネット上のコンテンツのレイティング基準である。RSACiの具体的な内容は、次のとおりである（上段はカテゴリ、数値はレイティング値のレベルを表す）。

「暴力	0	すべての暴力を制限
	1	闘争
	2	殺害
	3	流血を伴う殺害
	4	残忍で過激な暴力
ヌード	0	なし
	1	露出的な服装

2　部分的なヌード
3　全裸
4　刺激的な全裸
セックス　0　なし
1　情熱的な接吻
2　着衣状態での性的な接触
3　性的接触の不鮮明な描写
4　性行為の鮮明な描写
言葉　0　不快感を与えない俗語
1　穏やかな悪口
2　悪口
3　性的なジェスチャー
4　不快感を与える露骨な表現」

なお、広く普及しているMicrosoft社のブラウザであるInternet Explorer for Windowsのバージョン三・〇一以降には、RSACiに基づいたPICS準拠のフィルタリング機能が標準搭載されている（*see* Staiman, *supra* note 5, at 883 n.139）。

(9)　いま紹介したように、フィルタリング技術として存在するいかなる方式も一長一短であり、情報の過剰規制ないし過少規制というこの技術の最大の問題はいまだ十分には克服されていない。ただし、複数のフィルタリング方式の組み合わせによりその機能を高めることは可能であり、また、研究開発に基づくフィルタリング技術自体の性能向上も日々図られている。

(10)　すでに紹介したように、アメリカでは、未成年者保護の目的に基づく有害なサイバー・ポルノの規制を意図された一九九八年児童オンライン保護法の執行差止を認めたACLU Ⅳ判決ののち、二〇〇〇年一二月には、同様の目的に基づくものではあるが、従来からの発信者規制の方針を転換し、連邦政府から割引料金によるインターネット接続のための塡補を受けている小中学校および図書館にフィルタリングソフトの導入を義務づけるという受信者規制の方法を採用した児童インターネット保護法が、新たに制定されている。しかし、その後の違憲訴訟において、本法は、現在の技術水準ではその情報選別精度が低く、規制の許されない表現までも過剰に規制してしまう可能性が高いフィルタリング技術の利用を義務づけているがゆえに、図書館とその利用者の表現の自由権（情報受領権）を侵害しているとして、連邦地裁により違憲無効と判断されている（第二章第二節三**6**、および同章注（94）参照）。

さらに、フィルタリングソフトの導入という規制方法との関連では、ヴァージニア州の公立図書館がその図書館利用規則によって、館内で提供されるインターネット端末につき、一定の性表現等青少年に有害な画像の表示を阻止するためにこのソフトの導入を定め、それを実施したことが、憲法上保障された国民の情報受領権を不当に制約しているなどの点で合衆国憲法修正一条による表現の自由の保障を侵害するとして、図書館利用者等により違憲確認の訴訟を提起された事案について、原告の訴えを認めたMainstream Loudoun v. Broad of Trustees of the Loudoun County 判決（24 F. Supp. 2d 552, 561-70（1998））もまた参考に値する（本判決を素材に、公立図書館におけるフィルタリングソフト利用の合憲性を検討するものとして、前田稔「フィルターソフトを用いた公立図書館による『わいせつ物』インターネット利用規制の合憲性―ルーデューン判決の評価」筑波法政二九号（二〇〇〇年）一三一頁以下がある。また、本判決についてを含め、アメリカの図書館におけるフィルタリングソフトの導入に関する諸問題について詳細に論じた文献として、川崎良孝・高鍬裕樹『図書館・インターネット・知的自由―アメリカ公立図書館の思想と実践』（二〇〇〇年）一頁以下がある）。ただし、本判決もまた児童インターネット保護法の違憲訴訟と同様に、図書館という広く公衆に解放された公共施設でのフィルタリングソフトの使用をめぐる事案であるのに対し、小中学校等基本的に生徒児童のみが利用対象となる場でのこのようなソフトの導入の法律による義務づけについては、その憲法的評価はまた異なりうるとも考えられる（もっとも、この問題は本書の射程を超える）。

（11）　園田教授も、この点を、世界中のポルノ画像を自由に閲覧しうる状況の到来が、「わいせつ」概念についてのわが国の社会通念に変容をもたらしうるとの観点から、つとに指摘されているが（同「メディアの変貌―わいせつ罪の新たな局面―」『中山研一先生古稀祝賀論文集第四巻・刑法の諸相』（一九九七年）一七〇頁以下参照）、全く同感である。

（12）　伊東研祐教授も、「一つの主権国家がインターネット上での犯罪に関して刑事法的に全面的な制御を成し得る、為すべきであると前提したようなアプローチ・解釈論は、既に実態に即さないものといわざるを得ない」とされたうえで、サイバー・ポルノ問題に対しては、ユーザー自身による防御策の導入、ポルノサイトへの接続をブロックする技術の開発、民間団体による自主規制の促進などの対応策に委ねられるべきことを指摘されている（同『現代社会と刑法各論第三分冊』（二〇〇〇年）三九七頁以下）。

自国の規制法規のみによるサイバー・ポルノの発信者規制がほとんど実効性をもちえないという点では、世界各国に共通した実体法上の規制体系と手続法上の捜査・訴追等の手続措置とが整備され、国際的な相互協力体制が構築されることで、サイバー・ポルノの最大の特性というべきグローバル性への対応が実現されうるのであれば、実効性のある発信者規制も必ずしも不可能ではないように思われる。また実際にも、二〇〇一年一一月には、世界初のコンピュータ犯罪対策条約として、締約国に対し、刑事実体法としてサイバー・スペースにおける一定の行為の犯罪化、刑事手続法としてコンピュータ犯罪に対応した捜査手続等の確立、国際協力として捜査共助等を要請する、欧州評議会の策定による「サイバー犯罪条約」が採択されており（条文内容やその解説については、序章注（19）に引用の諸サイトないし諸文献を参照）、本条約は、全G7諸国の署名をも得たことで、サイバー犯罪対策についての事実上のグローバル・スタンダードとして機能することが確実となっている。

しかしながら、コンピュータのデータやシステム自体への攻撃、あるいはネットワークを利用した著作権侵害など、具体的な侵害の把握が比較的容易な犯罪についてとは異なり、サイバー・ポルノの規制に関しては、被写体となる者自身の保護を本来的目的とする点で世界的に共通した規制規範の形成も相対的に容易であると考えられる児童ポルノとの性表現類型を除き、当該性表現に対する評価や寛容度等が国家的、社会的、文化的、宗教的等の様々な要因により大幅に異なりうることのゆえに、世界的規模での各国共通の規制体系を構築することは実際上極めて困難であると予想される。事実、サイバー犯罪条約においても、刑事実体法としてコンピュータを対象としあるいは利用する一定の犯罪構成要件を定める諸条項のなかで、児童ポルノ規制に関連する条文（九条）が、唯一のサイバー・ポルノ規制に関する条項となっている（本条約においては、純粋にその扱う情報内容（コンテンツ）自体を理由として犯罪化されているものは、児童ポルノに関連する行為と、商業的規模での著作（隣接）権侵害に関するもの（一〇条）のみであり、これは、児童ポルノ規制の必要性の高さとともに、コンテンツ自体を根拠とした世界的に共通の規制枠組を設定することの困難さを表しているように思われる）。

(13)　木岡保雅「インターネット上の少年に有害なコンテンツ対策」警察学論集五五巻六号（二〇〇二年）一〇七頁以下では、青少年に有害なコンテンツへの一対応策としての、フィルタリングの効果的な実施と具体的な普及のための方策が検討されている。

なお、このような、青少年保護を目的とした受信者による規制そのもの、すなわちフィルタリング技術等に基づく規制措置の導入自体が、（刑事）法的に義務づけられうるかは、とりわけ憲法上の表現の自由保障との関係で重要な論点となりうる。確かに、この規制措置の採否が完全に受信者の自主的判断に委ねられるとすれば、特に、青少年の生活の本拠であって、保護者のメディア・リテラシーの不十分さも予測される家庭において、これらの規制措置が何ら講じられることがなく、青少年がいかなる性表現も自由に入手・閲覧しうる状況に置かれる場合も多いことが予想される。しかしこの問題は、基本的には、従来型メディアにおける青少年に有害な性表現への、子供による家庭内での接触が、保護者自身の判断に基づいて統制されるべきであることと同様ではある。

なお、アメリカでは、二〇〇〇年一二月に制定された児童インターネット保護法が、連邦政府によりインターネット接続料金の補塡を受けている小中学校および図書館に対してフィルタリングソフトの導入を義務づけているが、本法が、現時点でのフィルタリング技術自体の精度の低さが理由とされてではあるが、図書館利用者らの情報受領権を不当に侵害し違憲無効であると判断されていることはすでに紹介した（本章注（10）、および第二章第二節三6、第二章注（94）参照）。

(14)　刑法一七五条の保護法益について、これを性秩序ないし健全な性風俗の維持とする理解には問題があることは前述した（第三章序論2参照）。本条においても、わいせつ物の受領や単純所持が不可罰であることからすれば、個人の性的感情の自由をその保護法益の一つと解することも正当化されうるように思われる（合憲限定解釈としての正当性という意味ではない）。ただし、これを法益と解する場合には、性的感情を侵害する態様で提供されているがゆえに規制対象となりうる性表現から、性描写自体が軽微な性表現を排除するために要件とされるべき、その具備すべき最低限度の性描写の程度の確定など、困難な問題は残ることとなる（なお、第一章注（45）参照）。

(15)　以上の、わいせつあるいは青少年に有害なサイバー・ポルノに対する規制の場合とは異なり、その本質的な規制根拠のゆえに性表現としての法的規制の必要性が極めて高いために、そのサイバー・ポルノとしての規制についても、法的にも事実的にも困難な課題を提起するのが児童ポルノである。

児童ポルノは、同じく違法な性表現とされるわいせつ表現とは異なり、また、基本的には合法な性表現であって、その青少年への提供の禁止という相対的な規制のみが正当化される有害な性表現とも異なって、当該表現の受け手の側の利益のゆえにではなく、その作成に際し、被写体となる児童が実際に性的に露骨な行為を行わされること（性的虐待）からの、当該児童自身の保護という利益のゆえに、法的に規制される性表現である（もっとも、児童ポルノの法的規制に際し、このような被写体となる児童自身の保護以外の利益、つまり当該表現の受け手の側の利益などまでもが規制根拠と認められうるかは重要な論点であって、この問題の解決如何が、児童への現実の性的虐待を伴わない擬似的な児童ポルノを児童ポルノそのものとして規制することの肯否につながる。なお、序章注(20)参照)。したがって、児童ポルノとの性表現は本来的に、そのサイバー・ポルノとしての規制が、実効的な法的規制の困難性などを理由として受信者側での技術的規制に委ねられうるような性表現類型ではない。つまり、サイバー・ポルノとしてもその発信者規制の必要性が極めて高いのであるが、それ以上に、児童ポルノの作成自体が国際的な規模で法的に規制される必要がある。そのうえで、違法なサイバー・ポルノとしての規制のためにも、同様に世界各国に共通した法的規制体系が整備されることが要請される。このような世界的規模での統一的な規制体系の構築は容易ではないと思われるが、少なくとも、国家間、地域間の社会的文化的相違などのゆえにそれに対する規範的評価の著しい格差が予想されるわいせつ表現・有害な性表現に関する場合よりは、各国共通の規制基準等の形成も困難ではないと考えられ、また現に、前述のように、欧州評議会の採択によるサイバー犯罪条約においても、唯一のサイバー・ポルノ規制条項として、児童ポルノ規制についての規定も設けられているところである（本章注（12）参照）。

［付記］　脱稿後、松井茂記『インターネットの憲法学』（二〇〇二年）に接した。

著者紹介

永 井 善 之（ながい・よしゆき）

1972 年　兵庫県に生まれる

2002 年　東北大学大学院法学研究科博士後期過程修了

現　在　東北大学大学院法学研究科研究生

サイバー・ポルノの刑事規制

2003 年（平成 15 年）4 月 30 日　第 1 版第 1 刷発行

著　者　永　井　善　之

発行者　今　井　　貴

渡　辺　左　近

発行所　信山社出版株式会社

〒113-0033　東京都文京区本郷 6-2-9-102

電　話 03（3818）1019

FAX 03（3818）0344

印　刷　東洋印刷株式会社

製　本　大　三　製　本

Printed in Japan

ISBN 4-7972-2256-5 C 3332